大学通识教育教材

生活垃圾分类
治理十二讲

主　编　王延寿　陆安静

SHENGHUO LAJI

FENLEI ZHILI

SHIER JIANG

高等教育出版社·北京

内容提要

本书共十二讲,主要内容包括:垃圾分类就是新时尚、垃圾之战的是非曲直、生活垃圾分类势在必行、生活垃圾分类方法、生活垃圾分类治理的理论构建、生活垃圾分类治理的宣传教育、生活垃圾分类治理的体制机制、节约与利用是最好的分类、生活垃圾分类治理的国际视野、生活垃圾分类治理的国内试点、综合治理是最终的出路、生活垃圾分类治理的突破创新。

本书适合作为高等学校相关课程教材,也可作为社会人员参考用书。

图书在版编目(CIP)数据

生活垃圾分类治理十二讲 / 王延寿,陆安静主编
.—北京:高等教育出版社,2020.9(2024.8 重印)
ISBN 978-7-04-054785-6

Ⅰ.①生…　Ⅱ.①王…②陆…　Ⅲ.①垃圾处理-高等学校-教材　Ⅳ.①X705

中国版本图书馆 CIP 数据核字(2020)第 156851 号

策划编辑　刘自挥　熊柏根　**责任编辑**　熊柏根　刘自挥　**封面设计**　张文豪　**责任印制**　高忠富

出版发行	高等教育出版社	网　址	http://www.hep.edu.cn
社　址	北京市西城区德外大街 4 号		http://www.hep.com.cn
邮政编码	100120	网上订购	http://www.hepmall.com.cn
印　刷	上海盛通时代印刷有限公司		http://www.hepmall.com
开　本	787mm×1092mm　1/16		http://www.hepmall.cn
印　张	16		
字　数	305 千字	版　次	2020 年 9 月第 1 版
购书热线	010-58581118	印　次	2024 年 8 月第 3 次印刷
咨询电话	400-810-0598	定　价	35.00 元

本书如有缺页、倒页、脱页等质量问题,请到所购图书销售部门联系调换

序　言

2019 年 8 月，王延寿研究员将《生活垃圾分类治理十二讲》目录请我一阅，并征询我的意见。我的总体感觉是：选题切合当下我们强调的环境建设主题。在国内此题尚未受到普遍的、真正的重视，还缺少有效的实践方法，处于点到但尚未破解、在抓但尚在起步、有研究但尚属零散的阶段。本书既有很强的针对性，又有很好的现实性，我当即表示支持与期待，盼望他们的著作早日完成。

2020 年年初，读到王延寿、陆安静主编的《生活垃圾分类治理十二讲》，有耳目一新之感。延寿研究员自 2011 年从高校到地方挂职锻炼就关注生活垃圾分类问题，在繁忙的工作之余，以观察者、研究者的视角，对生活垃圾分类治理的理论与实践进行了较为系统的观察、调研和思考；安静老师凭借医药卫生管理专业的学养和在工业和信息化部消费品工业司多年的历练，对生活垃圾分类治理政策法规和体制机制有较深入的思考。两人互补性强，合作的约三十万字《生活垃圾分类治理十二讲》教材，突破了长期以来生活垃圾分类治理理论滞后的局面，填补了我国高校生活垃圾分类治理公共课教材的空白。把这些奉献给读者，我认为是值得称道的。

宇宙是一个吐纳转换、相互依赖、相互补充的复杂系统。认识和解决生活垃圾的产生和处理、转换和再生，变害为宝，进入良性循环是非常重要的。而生活垃圾分类治理就是其中的一个大课题，参与人不仅需要热情和干劲，而且需要遵循认识和实践的客观规律。作者从实践出发，从众多存在的现象出发，抓住重点和本质，辩证地、联系地看待问题，分析问题，提出解决问题的方法和路径。生活垃圾分类治理既是社会治理的现实要求，又是经济社会发展的必然阶段。垃圾是放错位置的资源。作者运用对立统一的观点，深刻地揭示了生活垃圾的双重属性——资源性和有害性，并以此作为生活垃圾分类治理的逻辑起点，建立生活垃圾分类治理的理论体系。

管理学告诉我们，人类的自由、散漫、从众等属性需要法的规定予以规范和约束；需要技术规范予以引领和指导。作者通过介绍生活垃圾分类治理的国际先进经验，解析我国生活垃圾分类约 20 年三阶段试点的经验教训。生活垃圾分类由提倡到强制、由自主到自觉，生活垃圾分类治理由局部到全面、由分散到系统，这是管理实践必经的过程。生活垃圾分类治理需要建立以法治为基础，以政府为主导，以民众为主体，以市场为调节的管理体制；需要实行"全员治理和全程治理"的运行机制；既有道理上的宣教，又有实践的印证。

解决生活垃圾分类治理问题，不仅要注重资源化利用，而且要着重解决无害化处理。作者在"减量化、资源化、无害化"的基础上，加上"主体性和优先性"，更进一步明确生活垃圾分类治理的责任主体以及费用分担机制，更进一步明确生活垃圾分类的优先顺序，这些无疑会使生活垃圾分类治理更具有规范性和操作性。

人类社会和自然环境是相互依存不可分割的统一整体，必须遵循其客观规律，坚持绿色和谐发展。作者通过梳理生活垃圾的起源和去向，国内外生活垃圾分类治理的经验教训，将生活垃圾减量化和循环利用意识作为核心理念贯串全书。提倡在物质生活丰富的今天，努力做到不浪费，从源头上减少生活垃圾，用自然和人力回收再利用生活垃圾；提倡有机物自然降解进入生态循环；提倡对不可降解、可回收、有辐射及毒害的生活垃圾进行收集封存等。

习近平总书记多次为破解生活垃圾分类难题指明方向，生活垃圾是人制造出来的，生活垃圾的源头在人，治理生活垃圾关键是规范人的行为习惯。生活垃圾分类，说到底是人们日常的卫生行为习惯；生活垃圾分类治理说到底是一场全民性的、改革性的、长期性的、艰巨性的爱国卫生运动。因此，习近平总书记强调，垃圾分类工作就是新时尚；垃圾分类引领着低碳生活新时尚。

习近平总书记关于人类命运共同体理论指导我们，生活垃圾分类治理问题是实实在在的社会治理问题。它不是抽象的，而是具体的；它不仅仅是中国的问题，而且是世界生态环境面临的共同问题。山川异域，风月同天。面对日益严重的生活垃圾治理问题，任何一个国家或地区都难以独善其身，需要在世界的范围内加强团结和协作，建立起全球范围内的共建共治共享生活垃圾分类治理体系。

在全面建成小康社会的新时代，我们所做的一切，都离不开从社会主义初级阶段的实际出发，在中国共产党领导下，坚定不移地走中国特色社会主义道路这个主题。探索中国特色的生活垃圾分类治理的路子，就是要从国情出发，在实践中解决各种问题和矛盾，着眼大局，把目光放长远，建立体制奠基、机制定调、文化铸魂、素养铺底、创新着色的战略工程、基础工程、铸魂工程，为生活垃圾分类治理提供中国方案，贡献中国智慧。

一个民族有一些仰望星空的人，民族才会有希望；一个国家多一些为民族利益而忠诚守望的人，国家才会有希望。作者有仰望星空的情怀，忠诚守望绿色发展的战略，专注于生活垃圾分类治理研究，脚踏实地做一些有益于生活垃圾分类治理的工作。

本书涉及知识面较广，涉猎的资源、环境、生态、人文知识很丰富，关联的新现象、新事物、新观点也较多，显现出作者有较高的学养。作者以问题为导向，高度关注当前生活垃圾分类治理的一些现象、一些问题，特别是矛盾现象和热点、难点、焦点问题，以不回避、不遮掩的态度，以人为本，实事求是，广泛收集素材，认真梳理现象，深入分析原因，审慎提出生活垃圾分类治理过程中化解矛盾的见解和解决问题的建议：补短板，强弱项，激活力，抓落实。本书贴近基层、贴近生活、贴近群众，有较强的针对性、指导性，而且有相当的深度。

　　大学的根本任务是立德树人。生活垃圾分类既是当代大学生劳动教育最基础的理论素养，又是大学生劳动实践最基本的行动要求。如果大多数老师和同学都能这样做，在校园内外、课堂上下形成互动，那么我们的教育会更务实接地气，讲环境保护一定是生动的、真实的，讲资源利用一定是实在的、乐观的。大学生在人文素养和劳动教育等方面也会有较大的提升，社会各方面对我们的大学教育也会更加满意。

程天权

中国人民大学原党委书记，教授、博士生导师

中国教育后勤协会原会长

前　言

习近平总书记在 2018 年 11 月考察上海时指出,垃圾分类工作就是新时尚;在 2020 年新年致辞中再次强调,垃圾分类引领着低碳生活新时尚;在 2023 年 5 月回信上海市虹口区嘉兴路街道垃圾分类志愿者时勉励,用心用情做好宣传引导工作,推动垃圾分类成为低碳生活新时尚。党的二十大报告明确提出,"推动形成绿色低碳的生产方式和生活方式"。近年来,生活垃圾分类在我国得到前所未有的重视,取得了令人可喜的成绩,无论是生活垃圾分类治理体系构建,还是生活垃圾分类治理能力建设都取得了明显成效。本书正是在全面提高社会治理体系和社会治理能力的新时代背景下编写而成的。

生活垃圾分类治理是一门理论性与应用性相统一的课程,可惜的是,其理论研究尚处于破题阶段,实践探索也仅是迈步不远。当前,我国生活垃圾分类治理的目标非常明确,就是减量化、资源化与无害化,而现行的管理体制、运行机制、设施设备、技术技能、资金投入、宣传教育、人员素养、生活习惯、理论研究、实践操作都存在一些制约因素,需要一系列的创新与突破。

本书主要从完善城市生活垃圾分类治理体制和运行机制提出一些尝试性的建议,对于城市生活垃圾分类治理的精细化以及农村生活垃圾分类治理的研究,还有待进一步加强,希望这些尝试性的建议与探索能够起到抛砖引玉的作用,引起社会人士、专家学者以及学习者的注意,共同关注生活垃圾分类治理。生活垃圾分类治理是个动态理念,其理论和实践将会随着社会治理体系和治理能力以及改革深化而进一步发展,我们期待着生活垃圾分类治理体制机制的理论不断深入发展,期待着我国生活垃圾分类治理在实践中日臻完善。

本书的编写、出版得到中国教育后勤协会、安徽省高等院校后勤协会各级领导和同仁的热情指导和鼓励。出版过程中,中国人民大学原党委书记、中国教育后勤协会原会长程天权教授多次给予热情鼓励并拨冗赐序;高等教育出版社原副社长陈建华、上海市黄浦区南京东路街道副书记姚恒衡给予了热情的支持与帮助;池州学院资源环境工程学院副院长胡和兵博士、教授,田晓四博士,叶三梅教授,许卫兵副教授,方宇媛副教授,龚淑芬,陈婷,多次参与讨论修改；朱勇、叶蔓、刘嘉勇参与图表的制作；潘桂莲、王颖、郑小红、张池、胡秀娟参与资料搜集与整理，他（她）们都为本书付出了大量的心血，在此，我们表示衷心的谢忱！

鸣谢支持单位：
中国教育后勤协会
安徽省高等院校后勤协会
池州学院
北京达盛仁科技发展有限公司
国轩高科股份有限公司
劲旅环境科技有限公司
安徽国科检测科技有限公司
侨银环保科技股份有限公司
隆中环保有限公司
安徽新瑞集团有限公司
安徽多维生态科技有限公司

我们在本书的撰写过程中，力求建立生活垃圾分类治理的理论体系，并尽最大努力使生活垃圾分类治理理论与我国的具体实际结合起来。但是主观的愿望与客观的效果往往难以一致，由于我们在理论水平、知识结构及其他方面存在不足之处，加上这一课题的原创性和复杂性，书中的缺点和错误在所难免，有些观点还需要在实践中不断检验等。敬祈读者诸君、同行专家批评指正。

作　者

目　　录

第一讲

垃圾分类就是新时尚

2018 年 11 月,习近平总书记在上海考察时强调,垃圾分类就是新时尚。一场践行"新时尚"的垃圾分类,在全国地级及以上城市全面启动。

但垃圾从哪来的,到哪里去? 过去人们鲜有关心,及今虽全民关注生活垃圾分类,但民众关心的是"这是什么垃圾",似乎很少有人,即便政策的制定者、制度的实施者,也难以真正从源头和学理上对其进行深入的研究。了解垃圾的释义、垃圾的产生、垃圾的构成、垃圾的特性、垃圾的处理,是我们研究生活垃圾分类的知识基础与推进生活垃圾分类治理的理论根基。

第一节　垃圾的产生与处理

一、垃圾的释义

"垃圾"一词在《现代汉语词典》中除了用作名词表示"脏土或废弃物",也用作形容词"比喻失去价值的或有不良作用的"。此外,在日常生活中还有很多其他方面的引申用法,属于使用率比较高的一个词汇。

细究"垃""圾"二字的源来,通查古代收字最为丰富的《康熙字典》,发现"垃"字不在其中,在一般的字书或者典籍里也没有发现它的踪迹。"圾"字虽然收录在《康熙字典》中,但是含义跟现在一般的使用意思却有不同,在古文中通"岌岌可危"的"岌"字,意思就是"危险"。可见,"垃""圾"二字出现时间比较晚且相对生僻。现在,专家学者更多是从该二字的字形结构上尝试解析它们的具体含义。"垃"字从"土"从"立","圾"字从"土"从"及",两者的偏旁相同为"土",表示"土块、土粒"的意思。"立"指"独立",故"垃"字指散落在平地上的独立土块、土粒。"及"指"手头""伸手可及",引申为"身边""近处",故"圾"字指身边的土块。二字组成的"垃圾"一词,也就是指"身边的散落土块或土粒"。

"垃圾"一词,本是方言吴语词,最早见于宋代吴自牧所著《梦粱录》一书中,在卷十二《河舟》中"寺观庵舍船只,皆用红油滩大小船只,往来河中,搬运斋粮柴薪。更有载垃圾粪土之船,成群搬运而去。"又在卷十三《诸色杂卖》中"供人家食用水者,各有主顾供之。亦有每日扫街盘垃圾者,每日支钱犒之。"这几处所用的"垃圾",主要是指当时生活中所扔掉的东西。之后,到明清时期"垃圾"一词使用开始变得更为频繁。但是其写法一直没有固定,主要有"拉杂""拉闸""拉撒""拉飒""癞洒"等书写方式,意思基本上都是指"细碎之物""秽杂之物"以及"肮脏不洁"等意思。到了现代才稳定为"垃圾"一词。

在英文中,垃圾 garbage 一词,最早出现在 16 世纪 80 年代,由单词 giblets 演变而来,意指人类食物当中的废弃部分。最早使用 garbage 一词的原因不明。现代美国,使用 garbage 一词通常被限定为厨房和蔬菜废物。现在,对应垃圾的英文词汇是 solid waste,翻译成中文就是固体废弃物的意思,这种观点在国内也得到了普遍认同。

二、垃圾的产生

(一)远古几乎没有垃圾

在相当长的一段时期内,在太阳的作用下,地球上的植物、动物还有微生物形成了一种十分稳定的生态平衡关系。植物从土壤里吸收养料并靠太阳的能量进行光合作用生长,动物主要以植物为食,动植物死亡、凋谢后又由微生物进行分解重回大地。一切在这种美妙的平衡中,随着时光的推进周而复始地进行着。

可以说,这个时期并没有"垃圾"的概念,有的只是各个生命体在生命过程中产生的"废弃物",这些"废弃物"在大自然的循环中重新为生命所需要、所利用。某种程度上可以说,如果没有废弃物的循环,地球就不会有生命的延续。在地球上,每种生物都会产生废弃物,智慧的大自然把这些生物进行循环,从而创造出新的生命,这就是生态平衡的规律。

人类出现后的很长一段时间,这一循环都还没有被打破,一直稳定持续地发挥着作用。早期,人类居无定所,随遇而栖,三五成群渔猎而食。但是,在对付个体庞大的凶猛的动物时,三五个人的力量显得单薄,需要更大的群体力量。随着群体扩大,收获也就丰富起来,抓获的猎物不便携带,久而久之便定居下来,形成了早期的村落。也正是在这个时候,人类因为聚居的出现而要开始面对如何处理垃圾的问题了。据考证,早在 8 000 年前,古人就会将垃圾集中处理,尤其在掌握了火的使用后,垃圾处理最便捷的方法就是直接烧掉,烧不掉的就利用天然的或挖掘而成的土坑来堆放。这些垃圾也就是些动物的皮毛、骨头,植物的枝干和叶子,还有一些废弃的土块和石头。基本上都是些自然物,数量也不多,大自然可以慢慢地分解掉。

(二)城市是垃圾的催生地

研究表明,直到城市的出现,才对这古老的循环产生第一次挑战和破坏。随着人口的繁盛,村落规模不断地扩大,分工机制慢慢出现并发挥重要作用,物品开始变得更加丰盈,多余的物品可以用来与其他群体换取自己没有的东西,于是,早期的"城市"便形成了。据考证,城市文明最早出现在公元前 3000 年至公元前 3500 年的青铜时代,新石器时代的土著社会村落开始向早期的城市转变。人口的增多,物品的丰富,空间的聚集,带来的一个重要的问题就是废弃物的增长。这些废弃物的大量堆积,超出了当地自然分解的能力,破坏了局部的平衡。

在这种背景下,最早管理垃圾的办法就随之而生。据《史记·李斯列传》:"商君之法,刑弃灰于道者。"《韩非子·内储说上》:"殷之法,刑弃灰于街者。""殷之法,弃灰于道者,断其手。"这里的"灰",即是指垃圾。大意是居民如果将垃圾倾倒在街道上,就会受到斩手的严厉处罚。说明当时垃圾问题已经严重影响了居民的生活,使得当政者不得不颁布严厉的刑法加以管控。

秦朝对乱扔垃圾的重典是黥刑。据《汉书·五行志》记载:"秦连相坐之法,弃灰于道者黥。"黥是在人体上刺文字或图案并涂上墨。在秦朝,乱扔垃圾可是要在脸上刺字,告诉所有人:"此人不讲文明。"

唐朝对乱扔垃圾的重典是杖责。据《唐律疏议》记载:"其穿垣出秽污者杖六十,出水者勿论。主司不禁,与同罪。"唐朝的人权意识有了一定的发展,乱扔垃圾这种行为被政府抓到后,在屁股上打 60 大板,不过这要比剁手或者在脸上刻字好多了,至少疼在屁股上,外人不会知道。若政府管理部门履职不力的话,还将与乱扔垃圾者同罪。

唐朝时垃圾回收已成产业。除了官府的政令,更大进步就是运用强大的经济手段。这与唐朝发达的农业生产相关,对排泄物等垃圾的回收,也渐成火热产业。还有人因此走向发家致富之路,成为百万富翁。《朝野佥载》:"长安富民罗会以剔粪为业。"唐代的淘粪大王——罗会,不仅捞得了剔粪状元的美誉,而且还将这一行业发展成家族支柱产业,传给子孙,真正达到了"祖传家业"的境界。《太平广记》:"唐裴明礼。河东人。善于理生。收人间所弃物。积而鬻之。以此家产巨万。"山西人裴明礼收购废品,积攒到一定数量后再卖出去,为此他积攒了万贯家财。靠回收转卖垃圾一举获得百万身家,简直是商界奇才,可谓是"破烂界"的祖师爷。

城市的出现虽然打破了局部的循环,但人类在生产、劳动及消费过程中产生的各种垃圾,总体上还都能在大自然这个循环系统中得到降解与消化,除了少数的城市及其周边,人类基本上没有感受到垃圾污染所带来的困扰。

(三) 工业革命是垃圾产生的加速剂

垃圾大量的产生还是从工业革命开始,工业化大生产才是真正给予大自然的循环系统最为沉重的打击。随着工业的进步与发展,各类工厂的增多、各种商品的数量及种类的剧增、人口的增加及人们消费方式的多样化,人们将自认为无用的固体废弃物随意丢弃。尤其是人类对无机物的开发和利用,大大加大了微生物的劳动负担,延长了垃圾自然降解的时间。最为重要的是,工业革命带来的生产力的提高极大地促进了人们对消费品的使用,进而导致了垃圾量的大幅增长。

刘易斯·芒福德(Lewis Mumford)在《城市发展史:起源、演变和前景》(*The City in History*)一书中提过:几千年来城市居民都在忍受不够完美,甚至常常是恶劣的卫生设备,终日在那些他们必然有能力处理掉的垃圾与污秽中,颠簸前进。人们对周围垃圾的忍受度,在史前时代至启蒙时代这段时间中,尚属正常,到了工业革命时却提高到令人惊恐的程度,因为工业革命吸引了数百万人涌向原本已属拥挤的城市,同时也大幅度增加了消费商品的数量,而这些商品又都将成为垃圾。

三、垃圾的构成

垃圾是人类生产和生活的产物,人类开始聚集在一起之后,除了享受聚居生活的便利,也要开始面对垃圾的困扰。可以说,垃圾是人类生产生活、社会文明的"传记",通过对垃圾的分析,能够窥探到人类社会发展的变迁。20世纪末,有本书在美国流行,那是美国威廉·拉什杰(William Rathje)和库伦·默菲(Cullen Murphy)合著的 *Rubbish: the Archeology of Garbage*《垃圾:垃圾的考古学》。中文译本给它取了个好听的书名《垃圾之歌》,副标题是"垃圾的考古学研究"(中国社会科学出版社1999年7月版)。书中揭示了垃圾在人类文明发展过程中的诸多奥秘。垃圾是人类存在的万年物证,犹如一面文明之镜,忠实地反映了社会变迁兴衰和人类的生活风貌。

从垃圾产生的源头看,垃圾来自三个方面,分别是日常生活、工业制造、建筑行业,人们将其确定为生活垃圾、工业垃圾及建筑垃圾。① 生活垃圾,指的是以法律法规形式规定的固体废弃物以及在人们生活中产生的废弃物的总和;② 工业垃圾,指的是重工业、轻工业及其他工业因生产活动而产生的固体废弃物总和,比如碎瓦砾、碎屑、碎磨、煤渣等;③ 建筑垃圾,指的是个人、集体或单位在建筑施工过程中产生的碎土、碎泥、弃料及其他的固体废物的总和。作为垃圾最大比例来源的生活垃圾,因未进行严格分类治理,成为"垃圾围城"、环境污染的重要原因,与人类生活息息相关且成为威胁人类生存的重大隐患。

"生活垃圾"在《中华人民共和国固体废物污染环境防治法》(2020年修正)第九章附则第一百二十四条中得到了界定:"生活垃圾,是指在日常生活中或者为日常生活提供服务的活动中产生的固体废物,以及法律、行政法规规定视为生活垃圾的固体废物。"《环境学词典》认为:生活垃圾一般指居民在日常生活中丢弃的废物以及商业地区、办公场所等产生的废物,如被服、塑料制品、玻璃、桌椅橱柜、剩饭剩菜、果皮、废纸等。

学界将生活垃圾分类区分为两种，即广义与狭义。广义的生活垃圾分类，指的是依据生活垃圾分类的原则，将不同性质的生活垃圾分别进行装置，同时根据规定的时间，将规定种类的生活垃圾投入规定的地点，并由垃圾回收车收集，运输至生活垃圾分类处置系统或回收系统。也就是说，广义的生活垃圾分类包括生活垃圾的分类收集、分类投放、分类运输、分类处理等所有的环节。因此生活垃圾分类要真正地实现"减量化、资源化与无害化"目标，就必须重视各个环节间的衔接与各个环节的执行质量。狭义的生活垃圾分类，通常指的是生活垃圾的分类收集，即将生活垃圾依照不同的性质进行分类，并在指定的时间将指定的生活垃圾投入指定的地点的过程。狭义的生活垃圾分类，即生活垃圾的分类收集投放。

在"两网融合"（即融合城市环卫系统和再生资源系统）背景下的生活垃圾应包含：进入填埋场、焚烧厂、堆肥厂等集中处理设施，或被简易处置的生活垃圾；人们生活中产生和利用的可再生资源（也称为可回收物），包括废钢铁、废有色金属、废纸、废塑料、废弃电器电子产品、废电池、废玻璃、废旧纺织品等。生活垃圾回收利用可定义为经生物、物理、化学转化后作为二次原料的生活垃圾处理，包括生活源再生资源回收和有机易腐垃圾生物处理及利用。

起先，在生产力还不够发达的时期，垃圾基本上就是生活垃圾。后来，生产力急剧发展，工业垃圾和建筑垃圾的比重快速上升，但是对人类生活产生最为直接影响的主要还是生活垃圾。生活垃圾的来源非常广泛，只要与衣、食、住、行等日常生活相关的单位和个人都会产生生活垃圾，其来源主要包括居民家庭、机关、部队、企事业单位以及社会团体等其他组织和公共场所等。其成分也比较复杂，主要包括餐厨垃圾、废纸、塑料、玻璃、金属、织物、竹木以及废电池、灯管、墨盒、硒鼓、过期药品、废日用化学品等有害物质。

随着经济的发展和人民生活水平的提高，生活垃圾产量逐年增高。此前，我国城市生活垃圾规划的人均指标标准为 0.6～1.2 千克/（人·天），实际上，我国城市生活垃圾产生量为 1.0～1.2 千克/（人·天）。一般认为，人均生活垃圾产生量 1 千克/（人·天）为衡量城市生活垃圾产生量的标准指标。许多城市人均生活垃圾产生量已经超过了 1 千克/（人·天）这个标志性的水平线。

根据住房和城乡建设部（以下简称住建部）的统计资料，我国现阶段生活垃圾主要是以厨余垃圾、塑料、玻璃、纸类为主，其中，厨余垃圾占比 59.3%、塑料占比 12.1%、玻璃占比 10.3%、纸类占比 9.1%（图 1-1）。

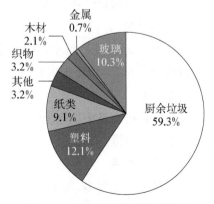

图 1-1　中国生活垃圾构成情况

四、垃圾的特性

通常所述的垃圾,是指在日常生活中或为日常生活提供服务的过程中,产生的固体废弃物,主要包括城市管理和综合执法部门管理的生活垃圾,国家发展和改革委员会(以下简称国家发改委)管理的废品资源和生态环境部门管理的有害垃圾(工业废渣及特种垃圾等危险固体废物除外)。它包括有机物、无机物、金属、残余有机物和水分在内,是具有复杂性、不稳定性、不可选择性、高度非均质化的混合垃圾。

(一)垃圾(混合垃圾或称为垃圾土)的物理特性

1. 含水率

垃圾土中的水除了孔隙水之外,还有大量赋存于有机质内的各种有机营养液体,而这正是其区别于普通土体的特点。生活垃圾的含水率除受有机物含量的影响外,还受季节和气候变化的影响。阴雨绵绵的季节,含水率就比较高;高温少雨的季节,含水率就比较低。因各场地填埋操作方式(如是否每天往填埋垃圾上覆土,或者对每层覆土进行浇水除尘)的差异也会造成填埋场中生活垃圾含水率随堆填深度的增加而不同。

2. 密度

根据现有的研究结果得出影响垃圾土密度的因素主要有以下几个:组成成分、埋龄、埋深、密实程度、天气条件、产气率和渗滤液收排系统。有机物含量多,则密度小;无机物含量多,则密度大。

3. 孔隙比

根据填埋场的填埋规律,垃圾土中含有大量的可降解有机物质随着填埋时间的增加,内部降解反应产生的渗滤液自上而下发生渗透作用,降解反应在深层比浅层要激烈,从而引起垃圾土各种挥发性颗粒和可降解物质的大量消失,最终导致孔隙比的减小。

(二)垃圾的化学特性

反映垃圾的化学特性的主要参数有挥发份、灰份、元素组成和热值。

1. 挥发份

挥发份又称挥发性固体含量,是反映垃圾中有机物含量近似值的指标参数,它以垃圾在 600℃ 温度下的灼烧减量作为指标。

2. 灰份

灰份是指垃圾中不能燃烧也不挥发的物质,即反映垃圾中无机物含量,其数值是灼烧残留量。

3. 元素组成

垃圾中元素很多,其中有营养元素、微量元素,也含有毒元素和稀有元素,其基本组成元素有碳、氢、氧、氮、硫、氯,此外还有硅、钙、钠、钾、磷、铁、铜、铝、镁、锌,部分垃圾还含有微量重金属元素如汞、铅、镉、锡等。城市生活垃圾中化学元素组成是很重要的特性参数。

4. 热值

热值是废物焚烧处理的重要指标,分高热值和低热值。垃圾中可燃物燃烧产生的热值为高热值。垃圾中含有的不可燃物质(如水和不可燃惰性物质),在燃烧过程中消耗热量,当燃烧升温时,不可燃惰性物质吸收热量而升温;水吸收热量后汽化,以蒸汽形式挥发。高热值减去不可燃惰性物质吸收的热量和水汽化所吸收的热量,称为低热值。显然,低热值更接近生活垃圾实际情况,在实际工作中意义更大。热值的测定可以用量热计法或热耗法。垃圾的热值和垃圾中有机组分的含量密切相关,燃煤区垃圾的热值明显低于燃气区的热值。垃圾中的有机物基本都为可燃物而且热值相对较高,尤其是纸类、木竹类、纤维类、塑料类、橡胶类垃圾,其水分含量较低,净发热值高,直接影响着垃圾作为燃料的品质。

五、垃圾的处理

(一) 国内消化

对于数量如此庞大而且源源不断的垃圾,如何找到比较好的处理方式一直是比较头疼的问题。世界各国因为具体情况不同,所以对垃圾的处理、处置方法也有所不同,广泛采用的生活垃圾处理方式主要有填埋、堆肥和焚烧等。垃圾处理方式的选择和占有比重,一般因地理环境、垃圾成分、经济发展水平等因素不同而有所区别,即便是一个国家中各地区也采用不同的处理方式,很难有统一的模式,但最终都是以减量化、资源化、无害化为处理目标。

我国城市生活垃圾处理主要采用卫生填埋、高温焚烧和高温堆肥等技术方法。2016 年前,卫生填埋是最主要的生活垃圾处理方式,占全部处理量的 70%以上;其次是高温堆肥,占 20%以上;焚烧量甚微。2019 年,卫生填埋占全部处理量的 45%,高温焚烧占到 40%以上,而且这一数据还将持续上升。

1. 填埋处理

作为生活垃圾的传统和最终处理方法,目前仍然是我国大多数城市解决生活垃圾出路的最主要方法,约占处理总量的 45%。填埋技术的广泛应用,造成我国大、小城市周边遍布着生活垃圾填埋场。垃圾填埋按等级可以分成三个层次:

(1) 简易填埋场(非卫生填埋场)。这是几十年来在我国一直沿用的填埋场,其特征是:基本上没有考虑环保措施,或仅有部分环保措施,也谈不上执行环保标准。目前我国相当数量的县级以下生活垃圾填埋场属于这个等级。这类填埋场为衰减型填埋场,在使用过程中它不可避免地会对周围的环境造成污染。

(2) 受控填埋场(准卫生填埋场)。这类填埋场目前也占较大比例,其特征是:有部分环保措施,但不齐全;或者是虽然有比较齐全的环保措施,但不能全部达标。目前的主要问题集中在场底防渗、渗沥水处理、露天无覆盖等不符合卫生填埋场的技术标准。这类填埋场为半封闭型填埋场,也会对周围环境造成一定的影响。

（3）卫生填埋场。这是采用环保理念的垃圾填埋场,一般在发达国家比较普遍,其特征是：既有完善的环保措施,又能满足环保标准,为封闭型或生态型的填埋场。由于建设和运行的要求比较高,产生的费用也较高,目前在我国大部分中小城市尚难以接受,管理水平也有较大差距,所以真正意义上的卫生填埋场目前在我国县级城镇较少。

2. 高温堆肥

作为生活垃圾的传统处理方式,高温堆肥的方式在我国具有悠久的历史,但总体上堆肥处理率并不高,目前只有 5% 左右。在我国常用的生活垃圾堆肥技术可分为两类：

（1）简易高温堆肥。这类技术的特征是：工程规模较小、机械化程度低、采用静态发酵工艺、环保措施不齐全、投资及运行费用均较低。该技术一般在中小型城市及农村乡镇应用比较多。

（2）机械化高温堆肥。这类技术的特征是：工程规模相对较大、机械化程度较高、一般采用间歇式动态好氧发酵工艺、有较齐全的环保措施、投资及运行费用均高于简易高温堆肥技术。机械化高温堆肥技术在我国曾有辉煌时期,从 20世纪 80 年代初期到 90 年代中期在北京、上海、天津、武汉、杭州、无锡、常州等城市均建有这类堆肥厂。但由于堆肥质量不好、产品销路不佳、收不抵支而难以为继,到 1995 年大多数已先后关闭。进入 21 世纪后,随着堆肥技术的发展,这种生活垃圾处理方法又得到了重视。

3. 焚化处理

焚化处理即生活垃圾焚烧,关于此方法的研究在我国起步于 20 世纪 80 年代中期。目前已有深圳、上海、北京等多数大中城市采用了焚烧技术,该技术已迈过起步阶段,正在向推广普及阶段挺进。据推算,我国已投入使用和在建的生活垃圾焚烧炉数量约为 1 000 座。综合当前我国生活垃圾焚烧技术应用的现状,焚烧设施大致可以归纳以下三个等级：

（1）简易焚烧炉。其主要是利用原有的煤窑或砖窑等改造而成,工艺简单、价格低廉,往往缺乏基本的供风和烟气处理系统,垃圾无法充分燃烧、污染物也不能达标排放。

（2）国产化焚烧技术设备。目前我国有关单位,在吸取经济发达国家成功经验的基础上,正努力研制国产化的生活垃圾焚烧技术和设备。这些焚烧技术和设备大多数尚处在研发、安装、调试或试运转过程中,技术水平有待提高。

（3）综合型焚烧技术设备。其主要是把技术引进设备与国产技术设备有机结合起来的垃圾焚烧系统。已采用或拟采用这种模式的有深圳、珠海、广州、上海、北京、厦门、宁波等城市,正式建成运行的目前只有深圳和上海等几个城市。

垃圾焚烧技术主要有三大类:层状燃烧技术,主要是炉排炉燃烧;旋转燃烧技术,主要是回转窑燃烧;流化床燃烧技术,主要是循环流化床燃烧。

4. 方法比较

最为常用的三种方法在处理生活垃圾的同时也带来了不少问题。如填埋法要占用大量的土地,而且产生的渗滤液还会污染地下水源;焚烧法会向空气中排放重金属微粒、多环芳香族化合物及有害气体,产生大气污染;堆肥法如果混入塑料袋、电池、有毒金属等有害物质,就会带入土壤造成二次污染。

比较好的生活垃圾处理方式,应该是在生活垃圾分类的基础上,借助现代技术综合采用以上三种方式。通过生活垃圾分类,将可以回收再利用的材料收集起来作为生产原料,可以把热值比较高的部分用来焚烧产生热能或者发电,有机质部分用来堆肥,实现变废为宝的同时,还有效地减少了对土壤、大气以及水源的污染,真正做到减量化、资源化、无害化。

(二) 跨境输出

1. 垃圾转移没有最终解决垃圾问题

垃圾的跨境输出,从根本上说,并没有消弭垃圾,因此人们称之为垃圾转移。由垃圾跨境转移引发的垃圾战争,从世界范围看,主要是国与国之间的垃圾大转移,发达国家向发展中国家、欠发达国家、落后国家跨国输出固废垃圾,可以称之为"洋垃圾"。

2. 垃圾转移战略有其深刻的根源

垃圾转移是大多数发达国家处理垃圾之首选,中国则成为垃圾输入地首选。2017 年 12 月以前,在美国、日本、澳大利亚等国家,一个个垃圾回收站将垃圾分拣后,将塑料垃圾打包,统统运往一个地方:中国。

在澳大利亚,垃圾主要分为可回收利用垃圾、生活垃圾以及不可再生利用垃圾三类。独栋房屋或者联排别墅的每户人家都有黄、绿、红三色滚轮塑料桶,每家每户都要自觉将生活垃圾分类并放置在不同颜色的垃圾筒内,并根据相关部门安排的回收时间将垃圾筒拖放到指定位置等待回收。居民公寓楼安排有垃圾房,各类垃圾同样需要分类放置到对应颜色的垃圾筒内。

根据相关部门规定,树叶、剪草等园林有机废弃物应放入绿色塑料桶内;红色塑料桶则对应放入不可再生利用的垃圾,如生活垃圾。可回收利用垃圾包装上通常有三角形可回收标志,如废纸、玻璃瓶、铁罐、铝罐等应放入黄色垃圾筒,旧衣服、镜子、陶器等除外。

当地居民将自己认为可回收的垃圾放入黄色垃圾筒的时候,有认真想过这些被认定是可回收性质的垃圾会被运到哪里呢? 事实上,答案可能会让许多澳大利亚民众惊讶：这些垃圾运送的目的地就是中国。有报道称，中国是全球主要垃圾进口国家，接收全球56%的垃圾，2016年进口逾1 460万吨，总值37亿美元。据世界贸易组织（WTO）资料，不算中国台湾、香港地区，中国主要废弃塑胶是来自日本和美国。

3. 中国实施垃圾拒止战略后的世界格局

2017年7月18日，中国正式通知WTO将于该年年底开始不再接收包括废弃塑胶、纸类、废弃炉渣与纺织品在内的外来垃圾。受此影响，"垃圾大国"出口显著放缓，与此同时其他亚洲国家的垃圾进口量出现剧增。2017年，4类24种垃圾流向中国的最大来源国为美、日、英、泰、德五国，2018年中国"洋垃圾"主要来源国是日、英、美、加、菲五国（图1-2）。

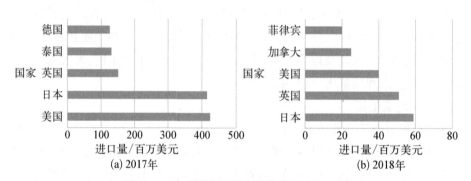

图1-2　中国"洋垃圾"主要来源国及进口量

2017年到2018年，垃圾进口量增长最多的国家几乎都在亚洲。这些亚洲国家中，垃圾进口增长最多的五国为印度、马来西亚、泰国、印尼与沙特阿拉伯。其中，马来西亚与泰国的垃圾进口量都增加了两倍多。2017年仅进口极少量垃圾的沙特阿拉伯，在2018年成了垃圾来源国的新目标。

中国是4类24种"洋垃圾"进口量减少最多的国家，2018年，印度和马来西亚的垃圾进口量都超过了中国。然而，由于中国在2017年进口的垃圾体量太过于庞大，导致这五国在2018年增长的进口垃圾量之和仅为中国减少的进口量1/3左右。

垃圾进口剧增，亚洲各国也纷纷开始"禁废"。数据显示，从2017年到2018年，垃圾进口增长最多的五国进口的4类24种垃圾中，占比最大的类别是废塑料与废纸；而废纺织原料和钒渣进口量非常少。具体来看，印度和印尼主要进口的垃圾类别是废纸，泰国和马来西亚主要进口的垃圾类别是废塑料。泰国和马来西亚的垃圾总进口量，从2018年7月开始也发生了巨大下滑。减少的大部分垃圾，都属于废塑料。这与两国在2018年推出的一系列政策不无关系。

长期以来，国际回收市场形成的可回收性垃圾流动模式存在不负责任现象，这些发达国家往往作为规则制定者有三种不正常心态。

一是文化上的傲慢。先发优势让这些国家往往自命清高，认为生产和消费属于自己，回收和处置垃圾则应该属于别人，甚至自认出口"可回收性垃圾"也是为了帮助欠发达地区发展，有一种占据道义制高点的施舍心态。

二是只考虑自身利益。在废物回收问题上，发达国家经常以经济利益、市场逻辑为借口和诱饵，向欠发达地区转嫁废弃物处理成本与环境污染。

三是不负责任。拥有技术优势的发达国家比欠发达地区更加清楚，一些污染暂时是无法治理的。对于某些废弃物，发达国家本已具备比发展中国家更有效的处理技术，但依然出于成本等各种考量选择不自己处理，而是转移出去。

人类赖以生存的地球始终都只有一个，在哪里处理废弃物，污染造成的损害都一样存在地球上。即使发展中国家垃圾处理成本比较低，也仅仅是低在人力成本上，环境能够承载的压力总量不会变。任何一个国家都应该承担属于自己的环境责任，把自己的事情先管好。

中国自身发展也已经积累了大量废弃物，在废弃物回收领域，现在中国需要的是担负自己的责任，中国把自己的事情做好就是对世界的贡献。

"亡羊补牢，未为迟也。"不论对正面临严重环境治理挑战的中国，还是对垃圾处理机制并不完善的世界各国来说，都一样管用。

第二节　时代大发展与垃圾大爆炸

科技力量的快速发展推动着时代迅猛向前。当前，人类以一种前所未有的速度在大步向前，经济社会的发展使人们的衣食住行等各个方面都得到了极大的改善，新材料、新产品层出不穷。但与此同时，人类生产生活产生的垃圾也迎来暴增。

一、垃圾爆发的前奏

人们往往只关心身边看得见、闻得着的垃圾，对那些看不见、闻不着的垃圾，往往漠不关心，一副事不关己，高高挂起的样子。垃圾就在人们视而不见中爆发式增长。

（一）海洋垃圾爆满

海洋垃圾的来源包括以下几个方面：从沿海或河岸附近的垃圾场释放出来的废物；海滩垃圾包括塑料袋、烟头、塑料泡沫快餐盒、渔网和玻璃瓶等冲入海洋；渔业活动中丢失或丢弃的渔具。据联合国环境署估计，每年有超过 640 万吨垃圾进入海洋。据美国国家海洋和大气管理局（NOAA）的调查数据表明，每年约有 800 万吨垃圾被扔进海洋，相当于近 90 艘航空母舰的重量。海洋里的垃圾平均个数为 0.04 个/百平方米,平均密度为 62.1 克/百平方米。其中金属类、玻璃类和木制品类分别占 22%、15% 和 11%,塑料类垃圾的数量最大,占 41%。更为糟糕的是,塑料垃圾需要 400 年,甚至更久的时间才能被降解。由于人类活动,海洋上已经产生了 5 个巨大的垃圾带。当人造垃圾卡在循环的大洋环流中时,这些东西就会形成垃圾带,其中最大的是太平洋垃圾带。随着这些垃圾带覆盖的面积还在不断地快速扩大,海洋生态问题也会越来越严峻。

(二) 极地垃圾爆发

科学家已经发出警告,北极原始水域正在变成一个漂浮的垃圾场。在北冰洋的海岸上,人们找到了大量废弃物,包括日常使用的塑料瓶、棉签棒、烟头、湿纸巾等。在格陵兰岛和斯瓦尔巴群岛之间的两个极地研究站,发现了塑料垃圾,根据德国 Alfred Wegener 研究所研究人员的记录,该地区塑料垃圾的数量从 2004 年的每平方千米 346 件,增加到 2014 年的每平方千米 6 333 件。甚至在北冰洋边缘地带巴伦支海里的塑料垃圾在短短的十年时间内,都已经增加了近 20 倍,在水面以下 2 000 多米处的碎石里,也发现了塑料袋和渔网的痕迹。除了可见的垃圾,研究团队通过取样发现,从北极的海水里还能够找到大量漂浮的塑料微粒,一部分碎片甚至来自非常遥远的地方。不仅北极熊这种大型动物濒危告急,鸟类、鱼类、哺乳动物等都在这种环境里受到极大的生存威胁。

(三) 珠峰垃圾遍地

世界最高峰喜马拉雅山的主峰珠穆朗玛峰,每年有 7 万到 10 万名游客涌向这里的大本营,他们离开时会留下 12 吨的排泄物,以及数不清的垃圾。根据联合国环境规划署提供的数据,自 20 世纪 50 年代首次有登山者进驻珠峰以来,共有超过 140 吨垃圾被留在这里,包括氧气瓶、登山设备、食品罐头等各种废弃物,触目惊心。

近二十年来,全球气候变暖让曾经被冰层覆盖的废弃物无所遁形,也让珠峰垃圾问题日益受到重视。2018 年西藏自治区组织春季珠峰登山垃圾清理专项行动,珠峰高山环保大队在珠峰大本营及以上区域共进行了三次大规模登山垃圾清理行动,清理区域为登山大本营(海拔 5 200 米)至前进营地(海拔 6 500 米),共清理各类登山垃圾 8.5 吨,包括大约 5.2 吨生活垃圾、2.3 吨人体排泄物和 1 吨登山垃圾。游客带来的大量垃圾如果得不到妥善处理,将会严重损害珠峰大本营本就十分脆弱的生态环境,还会进一步造成"亚洲水塔"的污染,导致更恶劣的影响。

(四) 太空垃圾隐忧

人迹罕见的太空早有了人为制造的垃圾。太空垃圾是由各种人造物体、废弃的空间站、人造卫星、航天员遗落在外太空的工具以及火箭爆炸的碎片组成。这些碎片在太空中经过互相碰撞会形成新的碎片,就这样不停地分裂,加上人类毫无节制地进行发射试验，导致太空垃圾越积越多。尤其是冷战期间，美苏两国争先开发航天事业以及反卫星武器实验，在短短的十几年里，制造了大量的太空垃圾。

据统计，太空中的大尺寸垃圾有三分之一来自俄罗斯，共有 5 500 块。美国是第二垃圾制造者，共有 4 780 块。2019 年 3 月 27 日，印度总理莫迪称："印度试射反卫星导弹，在 3 分钟内成功击落了一颗低轨道卫星，展示了印度的技术能力。"但是美国对此行为进行了谴责，称此举制造了至少 400 片轨道碎片，对国际太空站形成新的安全威胁。

（五）垃圾种类暴增

除了垃圾量的增长，垃圾种类的增加也不可小觑。随着技术的进步，很多新材料或者合成材料涌现出来，然后生产成新的生活用品。在经过消费后，如果没有妥善地进行回收，最后又统统变成新的垃圾种类。现阶段，主要的生活垃圾种类有：

（1）纸类垃圾。废旧报纸、书籍、旧课本、企业宣传册、快递盒、包装盒、牛奶盒、塑胶覆膜、复写纸、蜡纸、塑胶光面废纸、卫生纸、纸尿片、合成纸等。

（2）纺织物垃圾。旧纺织衣物和纺织制品，包括废弃衣服、床单、窗帘、桌布、毛巾、书包、布鞋等。

（3）金属类垃圾。各种类别的废金属物品，包括易拉罐、铁皮罐头盒等。

（4）塑料垃圾。废容器塑料、包装塑料等塑料制品，包括各种塑料袋、塑料包装物、一次性塑料餐盒和餐具、牙刷、杯子、矿泉水瓶、牙膏皮等。

（5）玻璃垃圾。有色和无色废玻璃制品，包括各种玻璃瓶、碎玻璃片、镜子、灯泡、暖瓶等。

（6）厨余垃圾。主要包括剩菜、剩饭、果皮等。

（7）电子垃圾。废弃不再使用的电器或电子设备，除了手机、电脑、计算器等电子废弃品，还包括电冰箱、空调、洗衣机、电视机等家用电器的淘汰品。

（8）有害垃圾。主要包括电池、油漆颜料、废弃灯管、废水银温度计、过期药品等。这些垃圾种类在短短的几十年间数量急剧增长，并且还在进一步的"丰富"当中。

（六）垃圾总量惊人

（1）每年产生的垃圾总量。统计显示，每年全世界大约产出 21 亿吨城市固体废弃物，这些垃圾足以填满 82.2 万个标准尺寸泳池。

（2）全球垃圾蓄积总量。看起来这是一个难以测量的难题，不过还是有研究团队给出了估算。英国莱斯特大学地质学家马克威廉姆斯教授牵头组织了一个国际科学调查团队，将地球上每个人产生的垃圾全部纳入统计，连同地表之下的沉积物，最后得出的结论是 30 万亿吨。报告称，每平方米约有 50 千克废物

（地球表面积约 5.1 亿平方千米）；按全球 77 亿人口计算，差不多每人 4 000 吨。专家还指出，人类在地球上制造了大量废物，但能以可用形式回收的并不多。

二、垃圾爆炸的警醒

当我们追求经济高速增长，沉迷 GDP 的快速增长，陶醉于高耸的摩天大楼，追逐繁华的都市生活，相伴而生的是巨量的垃圾。我们不得不停下追逐的脚步，按下尽情享受的节奏，环望城市周边一处处超大的垃圾填埋场，犹如无底的黑洞，吞噬一切；一座座巨大的垃圾山，好似血淋淋的伤疤，向人类无声地泣诉。

（一）韩国垃圾火焰山

2018 年 12 月，在气温零摄氏度下的韩国，有一场大火，却在无边无尽地燃烧，不停不歇。这座山，不是一个普通的山，而是一座垃圾山，现在俨然是垃圾火焰山。而据外媒报道，这场大火将要燃烧整整五年。

（二）印度垃圾山高度直逼泰姬陵

2019 年 6 月 4 日，据《印度时报》报道，由于长期进行垃圾堆弃，加吉浦镇已经形成了一座垃圾山，其面积超过 40 个足球场大小，高达 65 米。其实，该处早在 2002 年就已过度堆积，但现在每天仍有约 2 000 吨垃圾运往加吉浦，造成"垃圾山"每年增高约 10 米。依照这样的速度，在 2020 年年底加吉浦镇的"垃圾山"有望取代高 73 米的泰姬陵，成为印度的"新地标"。

（三）菲律宾垃圾山崩塌

在菲律宾首都马尼拉也同样存在一座垃圾山，由于菲律宾有着世界最大贫民窟，不少人通过在垃圾中淘宝来满足生存所需。贫民窟周围环绕着成堆的垃圾和受污染的水流，除了每日都要面对火灾隐患以及致命的有毒烟雾，日益增高的垃圾山也给他们带来另外的危险。2019 年，位于马尼拉东北约 20 千米的贫民窟附近的一座垃圾山发生山崩导致百人丧生。

（四）罗马街头垃圾成堆

2018 年，罗马每日产生垃圾预估为 340 万吨，然而 Malagrotta 大型垃圾处理厂于 2013 年被关闭后，再也没有其他垃圾填埋场有能力处理如此庞大的垃圾。罗马街头日渐变成了垃圾场，成堆的垃圾不但恶臭难闻，且容易传播细菌，令居民苦不堪言。

这样的新闻在近几年不胜枚举，通过这些报道我们发现，好像一时间全世界都开始"盛产"垃圾山，其中不少甚至在一些国家的首都。这说明，垃圾量的增长速度可能超出了很多人原本的想象。由于塑料制品的广泛使用，塑料垃圾也开始暴增，从 19 世纪 50 年代帕克斯发明塑料以来，人类大约制造了 83 亿吨塑料垃圾，塑料垃圾已经成为气候变化的主要成因，也逐渐成为环境的"致命杀手"。

英国风险评估公司 Maplecroft 在对 194 个国家垃圾产生和回收情况进行调查评估后发现,美国是"世界头号垃圾制造者",且美国是唯一一个垃圾生产能力超过回收能力的发达国家。其以占世界 4% 的人口,产生了 12% 的垃圾,从人均的角度来看,可以被称作"世界头号垃圾制造者"。但若从制造的垃圾总量来看,我国和印度由于人口基数的庞大,在制造垃圾总量方面是首屈一指的,两国人口占全球总人口的 36%,生产的垃圾占总量的 27%。

(五)我国的天量垃圾

我国早在 2004 年就已经超越美国成为世界第一垃圾制造大国。德中环境与能源促进中心的报告显示,我国目前全国生活垃圾年产量为 4 亿吨左右,并以每年 8%~10% 的速度递增。

现有 700 多亿吨垃圾包围着大中小城市和乡镇,全国许多城市都面临着垃圾围城,我国人均生活垃圾年产量高达 440 千克。每天,我国都产生天量的垃圾。数据显示,2016 年我国大、中城市生活垃圾产生总量为 18 850.5 万吨,用装载量为 2.5 吨的卡车来运输,所用卡车长度能绕赤道 12 圈。这还不包括小城市、农村居民所产生的生活垃圾,也不包括建筑、尾矿、废渣等其他类型的垃圾。

中国人口基数大,经济发展迅速,制造的垃圾自然也多。以前,饭都吃不饱,哪还有什么厨余垃圾;塑料制品太稀罕了,塑料袋也没那么猖獗,即使产生一定的垃圾,量也不大,埋了就好,大自然会帮我们搞定;电子产品,更是稀罕。然而再看看现在,剩饭剩菜到处都是,塑料垃圾随处可见,废旧电器积压成堆,大自然的分解速度远远跟不上人类生产垃圾的速度。以往自然环境赖以保持的平衡被打破,再也不能一埋了事。

北京告急、上海告急、广州告急、深圳告急,几乎所有的大中城市都告急。按照现在杭州一天的垃圾量计算,三年多就可以把西湖填满;上海一周的垃圾量就可以堆一座金茂大厦,假如这些城市不处理垃圾或者处理不好垃圾,难以想象。

(六)悲惨的海洋世界

垃圾爆发使环境恶化,除人类要承担其后果外,海洋里的生物也是直接的受害者,甚至可以说,那里已是悲惨世界。

2018 年夏天,泰国南部的海滩上出现了一头生命垂危的鲸鱼。经过 5 天的紧急抢救,这头鲸鱼艰难地吐出 5 个塑料袋后,被宣告死亡。工作人员解剖了它的尸体,他们在鲸鱼的肚子里,发现了 80 多个塑料制品,这些塑料袋重达 8 千克。

据加拿大哥伦比亚广播公司的报道,2018 年 11 月 21 日,在印尼又出现一头死亡的鲸鱼,研究人员解剖后发现它肚子里有大量的人类生活垃圾,包括 1 条塑料绳、2双人字拖、4个塑料瓶、25条塑料袋和115个塑料杯以及其他塑料垃圾。仅塑料碎片的重量，就达13磅（约5.9千克）。

英国斯凯特岛，也有一头鲸鱼在岸边搁浅而亡。研究人员解剖它的尸体，竟然在它的胃里发现了足足4千克的塑料垃圾。挪威动物学家在一头搁浅的鲸鱼胃里解剖发现，体内有30多个塑料袋的鲸鱼，几乎没有任何脂肪，胃和肠道全被各种垃圾堵塞。

还有被渔网困死的海龟，被尼龙绳活活勒断身体的海豹，被塑料袋弄得快窒息了的海鸥，被钢丝勒死的海豹，错把塑料当食物喂给宝宝的鸟妈妈，误食塑料惨死的海龟。

残酷的现实告诉我们：人与自然就是生命共同体，生态兴则文明兴，生态衰则文明衰。党的十九大指出，人与自然是生命共同体，人类必须尊重自然、顺应自然、保护自然。

复习思考题

1. 垃圾是如何产生的？它有哪些危害？
2. 生活垃圾的来源有哪些？
3. 关于垃圾是"废弃物"，垃圾是放错位置的资源，说说你的理解。
4. 发达国家为什么要将垃圾越境转移？
5. 近十年我国生活垃圾产生量有什么变化？
6. 垃圾爆炸会产生怎样的后果？

案例精选

案例1 垃圾填埋场就在你我身边

可能很多人都会想当然地认为，澳大利亚地广人稀，垃圾处理这种产业一定离我们所居住的城市很远。但事实上，这些垃圾填埋场主要集中在大城市附近，甚至离我们很近。以悉尼为例：因工地冒出恶臭，西连高速公路项目承包商被勒令在两天之内清理干净位于悉尼西区的工地。据悉，St Peters居民总能闻到从西连高速公路M5立交桥建设工地那边传来的"臭鸡蛋"味道。究其原因，原来立交桥建在原来的Alexandria垃圾填埋场之上。据《悉尼先驱晨报》报道，皮尔斯（Emma Pierce）住的地方距离工地约500米远。她说，这股臭味时有时无，但现在令人难以忍受，她和她的家人一闻到那臭味都觉得恶心。那真的是一种令人作呕的味道，很像臭鸡蛋的味道，有时候闻了简直想吐。

当地居民都被迫"囚禁"在家里，关上门窗以躲过恶臭。通过查看国家数据库（如国家污染物清单或国家温室和能源报告计划）可以得到澳大利亚的垃圾填埋场数量，或者拨打每一个地方议会电话找到这些垃圾场。

在国家废物管理设施数据库（National Waste Management Facilities Database）的地图可查澳大利亚所有已知的废物管理、回收和再处理设施地点，昆士兰州的垃圾填埋场最多，其次是新南威尔士州和西澳大利亚州。维多利亚州和塔斯马尼亚州大中型垃圾填埋场最多，由于人口相对较多所以新南威尔士州大型垃圾场最多。昆士兰州、西澳大利亚州和南澳大利亚州的小型填埋场相对较多，也反映出其人口分散。北领地是唯一没有填埋场的地区，废弃物量只占澳大利亚的1%。

案例 2   京沪与 GDP 同步增长的生活垃圾

有数据显示，从 2013 年至 2017 年，北京、上海一直稳居我国城市生活垃圾产生量数一数二的位置。而这五年，两座城市的常住人口数量变化并不大，北京 GDP 增长了 43.59%，垃圾产生量增加了 34.26%；上海 GDP 增长了 39.49%，垃圾产生量增加了 22.21%。可以看出，GDP 和垃圾数量之间是存在着非常明显的正相关关系的。

北京有 400 多个生活垃圾填埋场形成 7 环，上海则有面积达 28 平方千米老港生活垃圾填埋场。

案例 3   农村痛点难点俱在，"乡臭"驱"乡愁"

广大的农村在推行生活垃圾分类时，都建有简易的垃圾收集池（图 1-3），露天修建，水泥和砖砌筑。经风吹雨打，烈日曝晒，臭气冲天，蚊蝇遍地。回乡探亲的人说，"乡臭"驱散了"乡愁"。农村生活垃圾已经严重影响到人们的生活质量，"垃圾围城"扩大到"垃圾围村"，"乡愁"变"乡臭"（图 1-4）。

图 1-3   简易的垃圾收集池

图 1-4 "乡愁"变"乡臭"

　　越来越多的问题让农村成为回不去的故乡,其中,就有越来越重的"乡臭",覆盖并驱赶着越来越淡的"乡愁",找寻乡愁之人,望得见山,看得见水,却忍不了臭。

开放式讨论

　　1. 为什么地广人稀的澳大利亚的垃圾填埋场离居住区很近,而且臭气熏人;而人口稠密的日本、新加坡却空气清新?每座城市干净整洁的街道和清新的空气背后,是否都隐藏着"卫生死角"?调查了解你所在的城市哪些地方臭气熏天。

　　2. 说明为什么GDP和垃圾数量之间存在着正相关关系。

　　3. "回不去"的乡村是指什么?分组讨论怎样才能彻底治好我们已经伤痕累累的生态环境,推进绿色发展战略,实现真正的"美丽乡村""美丽中国"。

第二讲

垃圾之战的是非曲直

　　垃圾转移战略，是大多数发达国家处理生活垃圾问题之首选。开始阶段，这种做法未能引起人们足够的重视，随着生态环境问题的凸显，垃圾爆炸引发的垃圾之战，不仅仅存在于人类与垃圾之间，而且存在于人与人之间。国与国之间的垃圾转移，地区之间的相互倾倒，使这个世界有些乌烟瘴气。从源头上解决垃圾之战和生态环境问题，仅靠《巴塞尔协议》或部分国家参与是不够的。

第一节　东京之战——敲响垃圾分类的警钟

一、垃圾围城：不堪回首的东京

　　日本东京整洁干净、环境优美，光鲜的背后，也有一段不堪回首的过去。谁曾想，1970 年代东京亦曾垃圾围城。

　　20 世纪 70 年代初，东京东部的江东区，数十年来一直就是"江户垃圾筒"。这里承载着东京 70％的垃圾，而且是被直接堆放的。其结果便是恶臭熏天、污水横流，江东人苦不堪言。苦垃圾久矣的江东人也一直在反对将江东区变成东京的垃圾场。1964 年，东京都政府在江东筹建第 15 号填埋场时，引发民众强烈抵制；1965 年夏天，江东更爆发"蝇灾"，苍蝇多得爬衣服、钻鼻孔，以致学生无法上课。迫不得已，东京都政府只有火烧垃圾山，才暂时平息了这场生态灾难。

　　火烧垃圾山只是权宜之计，并未从根本上解决问题，垃圾还得有地方堆埋。为缓解江东的压力，东京都政府决定，到江东之外的其他区兴建垃圾焚烧厂，并且向江东承诺：1970 年之后，不再往江东运垃圾。然而在当时，这个承诺实在难以兑现。

二、垃圾之战：不可避免地爆发

此时，"邻避效应"在东京各区蔓延。江东极力拒绝，其他各区也概不欢迎，都不愿在自己的地盘兴建焚烧厂，西部的杉并区是最难啃的钉子。主要原因有：一是没有公布选址理由；二是事先没有跟居民商量；三是一半土地属于私有。无奈之下，杉并区强烈抵制了政府的计划。其他区的进展，同样也不顺利。

垃圾车只能卷土重来，大量的垃圾还需要往江东运。1971 年，日均 5 000 辆垃圾车开进江东，让江东父老的希望彻底破灭了。9 月 27 日，江东人走上街头拦阻垃圾车，并向东京其他 22 个区发表公开信：谁不同意在自己区内建垃圾处理厂，就不让这个区的垃圾车进入江东区。

"东京垃圾战争"正式爆发，各区陷入旷日持久的扯皮。1972 年 12 月，东京都政府计划设立 8 个临时垃圾收集所，杉并区也包括其中。这次，杉并区直接和东京都政府打起了官司。杉并区这种态度，令江东区十分愤怒，第二次禁止杉并区的垃圾进入。结果，杉并区垃圾遍地，恶臭盈天，杉并人也饱尝了江东人的苦楚。即便如此，杉并区还是不肯屈服。

1973 年，江东区第三次抵制杉并区垃圾，并向东京都政府发出了最后通牒：再不解决杉并区垃圾问题，就让全东京给杉并区"陪葬"。这让东京都政府无路可退，只得给杉并区施加强压：如果再不同意，都政府将强征土地，开建垃圾焚烧厂。

1974 年，在东京地方法院调解下，"垃圾战争"终于和解，并确立了"各区垃圾自己处理"的总原则。这个原则非常重要，不仅为旷日持久的垃圾之战画上了句号，而且确立了垃圾处理的主体责任。

三、警钟敲响：不作分类的隐患

"各人自扫门前雪"的最大好处是避免扯皮，明确了主体责任，没有建垃圾焚烧厂的区，只能花钱交给别的区处理，矛盾也因此化解。

日本国土面积严重受限，垃圾既不能外运倾倒，便只能就地焚烧。要焚烧，就要考虑是混烧，还是分类烧。一帮"焚烧派"专家更认为，垃圾分类不必强求。只要引进发达国家的焚烧炉技术，将炉温保持在 850℃ 以上，二噁英即可分解，排放就能达标。

受此观点影响，当时日本的生活垃圾都没有经过细致分类，而是直接拖进了焚烧炉里。这样就带来了一个新问题，也是一个巨大隐患：日本空气与土壤中的二噁英含量，飙升到其他工业国家的 10 倍。据介绍，20 世纪 80 年代，日本大力发展生活垃圾焚烧，建起了 6 000 座焚烧厂，冠绝全球。

四、埼玉蔬菜事件：直面二噁英

（一）埼玉蔬菜事件

1999年2月，朝日电视台报道了日本埼玉县菠菜中二噁英严重超标事件，引发日本恐慌。超市对埼玉蔬菜全面拒收。

二噁英究竟有多可怕？二噁英，一级致癌物，毒性比砒霜大100倍，且具有危及生殖和遗传的毒性。垃圾混烧，正是二噁英来源的罪魁祸首。而垃圾分类后，如果只投放可燃垃圾，并对焚烧炉进行改造，便能有效降低二噁英排放。但这个污染机理，直到20世纪90年代才彻底搞清楚。

面对埼玉蔬菜事件，农林水产大臣要求彻查，时任首相亲自过问。但查来查去，却引发了埼玉农民的愤怒。他们指责朝日电视台和民间检测公司造谣生事。最后，电视台和检测公司向蔬菜商赔了1 000万日元了事。

（二）事件的后续影响

1.强力推进二噁英减排

这件事，究竟是空气污染还是土壤污染，已经无法说清。日本政府意识到，不管是空气污染还是土壤污染，都必须做出强力改变。

1999年3月，日本首相召开内阁会议，要求用4年时间将二噁英排放强制减少90%。要想大幅减少二噁英排放，只有把垃圾分类搞严、搞细、搞到底。因为"垃圾战争"后确立的"各扫门前雪"原则，垃圾焚烧厂已经分布在城区里和小区边。垃圾战打了那么多年，再想进一步规划和改变垃圾焚烧厂的布局，实际上是不可能了。

1999年7月，《二噁英法》出台，2000年1月实施。由于《二噁英法》，日本出现了一个新行业——二噁英检测分析。高峰时，300多家专业二噁英实验室同时运营，通过日本环境省权威认证的机构就达100多家。任何团体，都能很方便找到一家专业的二噁英分析机构。

这样一来，垃圾焚烧厂想糊弄老百姓就变得很困难。垃圾焚烧厂为取得周边民众支持，要不断公布环境报告，鼓励居民来参观、交流，甚至应对专业机构的分析和质询。

2.制订并实施史上最严苛生活垃圾分类处理办法

为落实二噁英减排，日本政府把所有环境法规统统修订一遍。在垃圾分类问题上，更实施严刑峻法。例如，《废弃物处理法》规定，个人乱扔垃圾，最高可判5年，罚1 000万日元（60多万人民币）；企业或法人乱丢垃圾，重罚3亿日元（1 900多万人民币）。在静冈县，一家食品厂只是将过期酸奶倒进下水道。但因为散发恶臭遭到举报，受到严厉惩罚。

3. 推进生活垃圾分类

从几个利益相关方来看,他们有着相互制约、相互监督的关系。垃圾焚烧厂是被逼的,居民对它们并不放心,它们要时时处于政府和老百姓的监督之下;老百姓有法律法规管束着,乱丢垃圾就会被罚款了;垃圾焚烧厂建在家门口,不好好进行生活垃圾分类,吸入二噁英的还是自己。这样密切的利害关系,使生活垃圾分类得以贯彻。2003 年,日本二噁英排放较 1997 年大减 95.1%。成果立竿见影,也鼓舞了日本朝野坚持生活垃圾分类的信念。

4. 日本生活垃圾焚烧厂既"净"又"静"

严苛的环境法律,深度的民间参与,专业的分析监测,就近的垃圾焚烧厂分布,长期的分类教育……这些因素,使得生活垃圾在日本被越分越细,生活垃圾焚烧厂内外环境达到干净和安静的目标。比如大阪舞洲垃圾处理厂,建在距离大阪市中心区 10 千米的一座人工岛上,外形像儿童游乐园,被称为"梦幻城堡",是生活垃圾焚烧厂中的"网红"。在该厂里外行走闻不到一点恶臭味,也听不到噪声。

目前,东京 23 个区建有 21 座垃圾焚烧厂,不仅涩谷这样的繁华市区里有,中央区的焚烧厂离日本皇宫更是只有 3.5 千米。2018 年俄罗斯世界杯上,日本球迷在己队失利后边哭边捡垃圾的场景,给人们留下深刻印象,为其赢得了"世界上最爱干净民族"的美誉。

第二节　跨洋垃圾——拒你没商量

2017 年 11 月,我国颁布了"洋垃圾禁令",从 2018 年 1 月开始,中国将不从国外进口垃圾。2018 年 3 月,关于我国拒绝进口"洋垃圾"的议论非常激烈。有美国官员称,中国停止进口"洋垃圾"严重干扰全球废旧物资供应链。外交部发言人华春莹回应称,美方将中方正当合法举动上纲上线,非常虚伪,希望美方立足于自己减量、处理和消化自己产生的危险废物和其他废物,为世界承担更多应尽的责任和义务。

一、"洋垃圾"之殇:伤身又伤心

(一)"洋垃圾"的由来

1. "洋垃圾"是对来自境外的固体废物的一种通称

"洋垃圾"主要包括:废矿渣、废轮胎、废电池、电子垃圾等工业废物,以及旧服装、生活垃圾、医疗垃圾和危险废物等。"洋垃圾"主要包括两类:一是废五金、废塑料等可循环利用的再生资源;二是废矿渣、旧服装、建筑垃圾等不能作为资源使用或虽可用作原料但不符合环保标准的固体废物。前者是许可证管理的准入制度,后者是禁止进入的拒绝制度。

2. 禁止"洋垃圾"入境是一个动态调整的问题

从 20 世纪 90 年代开始,我国《禁止进口固体废物目录》不断完善和发展;2009 年 7 月,环保部对该目录进行增补,详细列举了禁止进口的废机电产品和设备类别;2014 年年底进一步对目录进行细化,调整到 12 类 94 种;2017 年 1 月,目录增加糖蜜、云母废料以及含硅废料等 7 种固体废物;同年 7 月,国务院印发《禁止洋垃圾入境推进固体废物进口管理制度改革实施方案》,提出我国将在 2018 年全面禁止进口废塑料、未分类的废纸、废纺织原料、钒渣等 4 类 24 种固体废物,至此,目录增加到了现行的 14 类 125 种;2018 年年底和 2019 年年底分别把废五金类、废船、废汽车压件、冶炼渣等 16 个品种固体废物及不锈钢废碎料、钛废碎料、木废碎料等 16 个品种固体废物调整为禁止进口。

这些年,我国不断调整禁止固体废料种类,表明禁止"洋垃圾"入境是一个动态调整的过程,体现了我国在进口固体废物管理方面持续努力的坚定决心,每一个阶段做出的调整都综合衡量了我国经济发展情况、技术水平及监管能力等。

3. 屡禁不止的"洋垃圾"

最早的公开报道是,1999 年北京查获 14 包约 1.5 万件国外进口的旧服装;随后,在河南郑州、重庆万州、浙江温州都曾出现"洋垃圾"一条街。此后,几乎每年都有类似新闻曝光,广东、安徽、海南、广西、陕西、山东、福建等多个省、自治区、直辖市均现"洋垃圾"店铺。深圳海关曾集中销毁 441 吨废旧衣物,深圳边防曾截获一批 549 吨重的"洋垃圾"服装,重庆查获一个集装箱 11 吨的海外电子废物。2016 年年底以来,我国各地海关缉私部门连续围堵、破获多起"洋垃圾"案件,广东查获 11 870 吨冶炼矿渣和部分生活垃圾,浙江查获 3 000 多吨电解铝阳极炭块残极,大连查获 1 000 余吨固体废物,厦门查获来自韩国的 500 吨旧服装等。

(二)"洋垃圾"的危害

1. 破坏生态环境

(1)破坏环境,得不偿失。"洋垃圾"几经倒手,没有得到再生利用,而是进入了垃圾填埋场,加重环境负担。

对这些废料的处理多会产生有害废水和有毒气体,直接排放,造成土地污染和水源污染,对环境造成极大的危害。国外垃圾出口中国省去了处理垃圾的费用,中国处理这些废料却要花费高昂的环境治理费用,甚至超过废料本身的价值,得不偿失。

(2)叠加效应,雪上加霜。我国本来就由于人口基数的庞大和经济的快速发展承受着巨大的垃圾处理压力,继续承受发达国家"洋垃圾"的转移,给安全处理垃圾带来极高难度,使生态环境雪上加霜。比如,电子垃圾和废塑料垃圾等是不可降解的,电子垃圾包含 1 000 多种不同成分,会释放大量有毒有害物质。

"洋垃圾"还会携带无色无味放射性污染物质，不易察觉，无害化处理难度更是超过其他污染物质。

2. 危害人身安全

"洋垃圾"成分复杂多变，大多数情况下带有大量病菌与有毒物质，特别是一些有毒化学物品、电子垃圾、放射性物质等会给空气、土壤、水质造成污染，进而影响人体。除此之外，由"洋垃圾"改头换面而制成的产品，也会给人民的身体健康造成危害。

（1）医学专家称，"洋垃圾"中的旧衣物含有大量致病病原体，严重危害公共卫生安全，抵抗力弱的人如果接触到这些病原体，极易造成肠道、呼吸道等方面的疾病。福建省纤维检验局曾对媒体暗访取得的"洋垃圾"服装参考有关检测方法进行了微生物检测，结果发现与普通存放的新衣服相比，"洋垃圾"服装含有明显较多的细菌，其中有一件衣服的细菌数超过了 5 600 个，另外两件也都超过了 1 200 个，而普通的新衣服只有 200 个左右。

集贸市场销售的非法入境旧服装是典型的"洋垃圾"，我国政府部门严令禁止进口及销售。旧服装的来源广泛，来路不明、不正，服装上沾满大量细菌，在市场上偷偷销售的旧服装虽经洗涤熨烫加工，但仍是传染疾病的污染源。

据有关文献介绍，这些服装可能带有结核杆菌、鼠疫、霍乱等各种疾病传染源，有些病菌存在引发大面积疫情的危险，危及人类健康，而有些致病菌是无法通过一般的洗涤方法来彻底杀灭的。

"洋垃圾"服装存在的安全隐患，主要体现在两方面：一方面，它是一个污染源，和其他衣服一起存放或洗涤时，会产生交叉污染；另一方面，它所携带的病菌可能会使人感染各种皮肤疾病或其他疾病。而造成这些安全隐患的主要原因是：一是源头有问题，本身携带大量的细菌；二是没有经过专门的消毒和杀菌处理（高压灭菌、消毒液消毒等方法）；三是运输和储存的过程中被污染。

（2）电子"洋垃圾"的危害。电子"洋垃圾"的危害主要由于其内部含有大量的有毒有害物质，经权威部门鉴定，早期的一台电脑显示器，仅铅元素含量就达 1 千克多。从广东龙塘镇定安村焚烧"洋垃圾"事件，到重庆市涉嫌走私电子"洋垃圾"事件，这些令人深恶痛绝的电子"洋垃圾"，均属中国禁止进口的固体废物。

（3）废塑料"洋垃圾"的危害。有些废塑料还夹杂着细菌、病毒、霍乱等疾病源。非法入境的塑料废品，经过再加工非法流入市场，尤其是流入与人体密切接触的市场会使人感染各种疾病。

（4）加工利用过程的危害。这方面危害，主要来自通过"地下暗道"获得"洋垃圾"的不具备资源再生资质的"作坊式"企业。首先是原生危害。"洋垃圾"源头不可控，加工利用时要依靠人工分拣、手工拆解，其携带的病毒、细菌等有毒有害物质可能直接感染从业人员。其次是次生危害。从事拆解或加工利用的企业有部分是无经营资质的企业,这些"作坊式"企业技术水平低、产品附加值低、污染控制能力差,在加工过程中采用简单粗暴的方式,严重危害工人健康和周边环境。焚烧产生的有害气体会污染大气环境;酸浸、水洗废物则会危害水体、土壤环境。这些最终都会危害人类健康。

3. 损害经济结构

屡禁不止的"洋垃圾"还会损害经济结构,主要表现在四方面。

(1) 不利于产业转型升级。"洋垃圾"的再利用主要针对低端产品,不利于我国产业转型升级。

(2) 不利于经济结构转型。低端产品在我国的市场空间越来越小,而且大量低端产品的存在,阻碍了经济结构转型升级。

(3) 不利于供给侧改革。现阶段,我国钢铁、塑料制品、纸制品等都存在不同程度的产能过剩现象,如果不在供给侧下狠手,切断低端产品供应,就无法倒逼"散乱污"企业转型升级。

(4) 扰乱市场秩序。以"洋垃圾"为材料的低端产品拉低了以优质原料生产的高端产品的价格,恶化了经营环境,扰乱了市场秩序。

禁止"洋垃圾"入境,推进固体废物进口管理制度改革,能有效切断"散乱污"企业的原料供给,从根本上铲除"洋垃圾"藏身之地,对改善生态环境质量、维护国家生态环境安全促进经济健康发展具有重要作用。

当然,国内对"洋垃圾"的危害有一个认识过程,从允许进口到加强监管再到今天禁止进口,也是势所必然。这些危害是实打实的,有些还是不可逆的,更有甚者是致命的,不单单环境污染这么简单,而是破坏了整个生态链条,让人伤身又伤心。

二、"洋垃圾"之利:少数人占有

(一) 跨境输入的"洋垃圾"链条

"洋垃圾"跨境输入过程大致是这样的:"洋垃圾"转入国内—廉价劳动力手工分类拆解—小作坊回收垃圾—处理垃圾制成材料—材料制造成衣物—衣物再出口到国外。这是当时的垃圾回收链条,看着是有解决国外垃圾的问题,为国内劳动力提供工作机会,制成成品再出口国外拉动经济等一系列好处。

有人认为,"洋垃圾"的进口在早期促进了我国的经济发展。客观公正地说,就当时社会经济发展阶段来看,有一定的促进作用与合理性。但随着经济社会的发展,国内产能大大增加,已经完全不需要这些"洋垃圾"了,这时一纸禁令来的真是及时,但是世界有时候就是这样,一直做好事的人偶尔不做就会招来埋怨,中国不收"洋垃圾"之后,竟然还被其余国家指责和抱怨。

(二) 假装糊涂的明白账

因为以前我国进口的垃圾占全世界出口的 60%，现在不收之后，垃圾只能由其他国家内部处理，但是很多国家不具备处理垃圾的能力。韩国每年产生的塑料垃圾已经超过中美，中国不再收取垃圾后，韩国的塑料垃圾已经堆积成山，如果焚烧的话需要烧 5 年，现在韩国也没有更好的办法，只能抱怨中国不收他们国家的垃圾了。日本人喝完矿泉水，把塑料标签从瓶子上撕下来。他们知道，要是塑料标签不撕，回收的塑料品质不高，卖给中国的价格也受到影响。大量来自日本的塑料瓶，也在中国摇身一变，成了行销全球的雨衣、手套和"的确良"服饰。

中国环保专家认为，发达国家付钱给不法商人，诱惑他们在中国倾倒垃圾。中国是全球最大的铜消费国，曾经一半的铜来自资源回收。贵屿、清远冒出青烟的多寡，曾直接影响国际铜价走势，令环保部门也投鼠忌器。

(三) 中国的"洋垃圾"商

中国的"洋垃圾"商人们，既掌握中国的垃圾回收渠道，又与国外的废品回收体系联系。由于没有中间商赚差价，"洋垃圾"的利润超乎想象。只不过，这些利润为少数商人所占有。

(四) 国外的"洋垃圾"商

2018 年之前，美国每年向中国出口的废纸、废塑料，总价达 56 亿美元。如此规模的国际贸易，只靠"倾倒阴谋"不可能撑起来。有人指出，中国有商人大肆进口"洋垃圾"，并从中大牟其利。

在德国，中国人以 200 欧元 / 吨（1 589 元人民币 / 吨）的价格收购废塑料。德国即便有处置能力，也更愿意以每年 80 万吨的巨量向中国倾销。

在日本，2010 年的垃圾处理成本已高达 5.8 万日元 / 吨（3 600 多元人民币 / 吨），但因为焚烧厂有卖电、卖热、卖废品的收入，向公众的实际收费，只有 1.45 万日元 / 吨（900 多元人民币 / 吨）。日本更愿意向中国输出各种垃圾。

三、"洋垃圾"之祸，为他人作嫁衣

在国际贸易中，中国强大的制造业体系和"洋垃圾"贸易其实是在"补贴"做垃圾分类的一众发达国家。这个世界早就陷入了国与国的"垃圾战争"里，且在不停惩罚不肯做垃圾分类的人。垃圾贸易的过去 18 年里，发达国家一边坐拥青山绿水，一边享受着向中国输出垃圾还赚钱的红利。

2018 年，中国开始禁止 24 种"洋垃圾"。而中国自己产生的分类垃圾，显然比进口"洋垃圾"有价格优势。但要是中国的垃圾分类推行不下去，资源回收行业嗷嗷待哺，"洋垃圾"肯定会卷土重来。从这个角度看，中国的生活垃圾分类不能再拖延。否则，不做分类却去买"洋垃圾"，不但浪费巨大，还将加速中国的环保困境。由此看来，不再为"洋垃圾"作嫁衣已是刻不容缓。

四、"洋垃圾"之终,拒你没商量

就世界范围来说,垃圾转移并没有最终解决垃圾问题。生活垃圾分类也只是解决生活垃圾问题的第一步,生活垃圾分类不是目的,目的是要将可回收利用的生活垃圾进行资源再利用,将有毒有害的生活垃圾进行无公害处理,将生活垃圾的处理量实现最小化,最终保护人民群众的生活环境,还地球一个绿水青山。

(一) 拒垃圾于国门之外,渐成共识

随着经济的发展,人们的生活方式更易于制造垃圾。当人们了解到"垃圾是可以回收利用的",似乎更加不加节制地使用一次性用品或塑料用品,塑料等固废物品与日俱增。

拒垃圾于国门之外,向"洋垃圾"说不,是饱受垃圾转移之苦的部分发展中国家率先觉醒的实际行动。2017 年 7 月,中国政府宣布,自 2018 年 1 月起开始全面禁止从国外进口 24 种"洋垃圾"。

拒绝"洋垃圾"不仅是中国的战役,也是世界的战役。据泰国本地媒体《曼谷邮报》报道,2018 年 7 月 2 日起,曼谷港已开始禁止装有废塑料、电子垃圾的集装箱入港。而据《21 世纪经济报道》所述,2018 年 10 月,泰国宣布 2021 年前禁止进口塑料垃圾;几乎同时,马来西亚政府也表示将禁止进口所有不可循环再造的固体废物,确保马来西亚不会成为"发达国家的垃圾倾倒场"。2019 年 3 月,印度也宣布全面禁止进口固体塑料废物。

国与国之间围绕着"遣返洋垃圾"问题的争执仍在屡屡发生。2018 年 5 月,马来西亚宣布将退回 60 个装有发达国家不可回收塑料垃圾的集装箱,这些垃圾被伪装成可回收垃圾以虚假申报方式入境,总重量达 3 300 吨。2019 年 4 月,菲律宾与加拿大的"垃圾纠纷案",不仅是经济和环境纠纷,还引发了两国间的外交争执,甚至导致了两国主要领导人"隔空宣战"。

不难想象,有朝一日所有的发展中国家终究会都不再接收进口垃圾,那些发达国家的垃圾将何去何从?

(二) 拒垃圾于国门之外,初显成效

2017 年 7 月,中国原环境保护部将废塑料、废纸等 4 类 24 种固体"洋垃圾",调整列入了《禁止进口固体废物目录》,且从 2018 年 1 月 1 日起,执行了对这些"洋垃圾"的进口禁令。

禁令发挥了很大作用。据公开资料显示,2018 年中国进口固体废物量为 2 338 万吨,2019 年 1 至 11 月仅为 1 310 万吨(图 2-1),近两年的进口总量为 3 648 万吨,相当于 2017 年的 83.4%。据 UN Comtrade 数据,2018 年,中国从五大"洋垃圾"来源国进口的 4 类 24 种废物进口总量,仅是 2017 年的六分之一左右。根据我国自 1990 年进口固体废物以来的年进口量绘制的直方图可以看出,

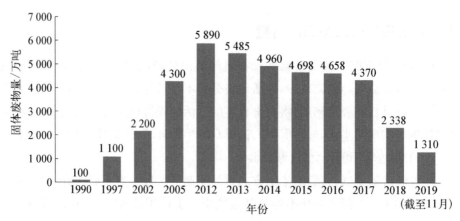

图 2 - 1　1990 年至 2019 年 11 月中国进口固体废物量

随着时间的推移,"洋垃圾"进口逐年减少禁令的成效越来越明显。

中国颁布"洋垃圾"禁令后,全世界紧张。中国在很长一段时间以来,都是世界上最大的可回收垃圾进口国,接收了来自世界各地,包括美国、欧洲、日本还有澳大利亚多达 6 000 万吨的废弃品。2016 年,世界上 2/3 废弃的垃圾,都打包送到了中国。2017 年 7 月,中国宣布,2018 年 1 月 1 日起不再接收"洋垃圾",并明确表示将禁止 24 种固体垃圾进口,以此来维护国家环境以及民众健康。

在中国禁止进口"洋垃圾"之后,各主要垃圾出口国的环境问题纷纷现出"原形"。由于此前中国垃圾处理成本较低,一些国家借此机会将无法处理或者处理价格较高的垃圾运至中国进行处理,因此中国的垃圾问题一直备受国内外关注,几个主要垃圾出口国家已经产生了依赖性。中国"洋垃圾"禁令实施一年后,全世界都吃尽苦头。

中国不接收"洋垃圾",世界上也没有任何一个国家能接受那么多的垃圾。原本可以卖钱的垃圾,现在这些垃圾完全白送,也没人要,这些国家必须自己处理这些垃圾。他们既没有心理准备,也没有设施设备和运营准备,几个主要垃圾出口国家都纷纷暴露出在垃圾处理上的短板。

中国拒收"洋垃圾",澳大利亚是受影响最大的国家之一。澳大利亚必须面对每年价值 34 亿澳元垃圾被迫"内销"的现实。原本 1 吨垃圾可以卖 124 澳元,现在这些垃圾 0 元全送也没人要,不得不自己处理这些垃圾。

在悉尼有一处生活垃圾囤积区,那里囤满了易燃、剧毒的垃圾。每年在澳大利亚有 61.9 万吨、价值 5.23 亿澳元的废品无处可去;另有 125 万吨的高污染固体垃圾等着被填埋。想要在如此短的时间安置这些被中国拒收的垃圾,这对澳大利亚政府、本地回收商、本国垃圾回收产业链都是一个巨大的挑战。

澳大利亚政府因为处理垃圾,每年都要花一大笔钱。澳大利亚垃圾回收业内所有人都感受到了痛苦,不能将废物运至中国的回收商将被迫采取更昂贵的解决方案。在中国"洋垃圾"禁令之后,澳大利亚处理垃圾的成本,一下子上升400％～500％。现在澳大利亚各个地区的议会,都在疯狂向联邦政府讨钱。如果给不出钱,垃圾真的处理不掉。他们能做的,就是把垃圾囤着,或者等待填埋。

中国和印度实行垃圾进口禁令后,澳大利亚的垃圾回收系统面临崩溃,垃圾也越堆越多。垃圾处理问题已经在更广的层面上成为整个澳大利亚的大问题。澳大利亚新闻网(news.com.au)2017年4月20日报道,之前澳大利亚只有几十个垃圾处理站,澳大利亚的垃圾处理设施难以处理现有体量的垃圾。2017年10月15日,在悉尼市中心附近举行的纪录片电影节(Antenna Documentary Film Festival)上的环保影片让许多澳大利亚人心里五味杂陈。

无法运到中国的垃圾都会去哪里呢?许多澳大利亚的民众都不知道自己身边就有垃圾填埋场的存在。事实上,澳大利亚政府的数据显示正式登记的垃圾填埋场大约有600个站点,但经调查其实还有多达2 000个在政府监管之外小型站点,而民众对它们一无所知。

在墨尔本干净整洁的街道和清新的空气背后也隐藏着"卫生死角",这些地方臭气熏天,空气中弥漫着下水道、呕吐物和垃圾的恶臭。一组数据表明,墨尔本的西区就是墨尔本乃至整个维多利亚州(简称维州)气味最难闻的地方。在墨尔本西部的Caroline Spring,Ravenhall和Deer Park,5年时间维州环境保护部门(EPA)收到居民投诉总计达到2 000次。

虽然所有经营的垃圾填埋场都是由当地议会批准的,但许多地区的垃圾场都并不符合规定的要求。澳大利亚的大部分废物填埋处理场所都是集中在少量的大型填埋场。但真正的问题在于,澳大利亚那些并没有被国家数据记录在册的小型垃圾填埋场,这些小型垃圾填埋场受监管程度低,隐患却很大。

以悉尼为例,单以现在的垃圾增长速度,悉尼四大垃圾场将在6年内全部填满。届时,政府就需要再花更多的费用购买填埋垃圾的土地,垃圾填埋场离居所也越来越近,土壤的安全性,大气的洁净度,水质的可靠性都将受到考验与挑战。

由此不难看出,最可持续发展的解决方法还是加大回收利用的力度,而不是把垃圾倒在填埋场里。

中国针对"洋垃圾"的禁令对澳大利亚回收行业来说,是一场危机,更是一个警钟。自此以后,澳大利亚居民就必须为自己产生的垃圾承担责任,并督促澳大利亚向更清洁的经济发展转型。然而,这个过程也并不容易。短期内为垃圾找到归宿对澳大利亚来说就是个很大的挑战。因为长期向其他国家转移垃圾,致使澳大利亚作为垃圾出口国自身垃圾处理能力已经萎缩。

对此,澳大利亚废物处理协会的首席执行官盖尔斯隆表示,澳大利亚的机会是真正做到循环经济,生产了材料就要回收这种材料,并在经济中对其进行再利用。

据海外网报道,以往以垃圾分类和回收闻名的日本,同样陷入困境。据日本环境省2018年3月份调查显示,日本超三成自治体垃圾量超国家标准,相比2017年7月的调查翻了7倍。为此日本政府呼吁地方自治体减少制造垃圾。

对于垃圾处理问题,中国已经开始实施一系列治理措施,最关键的是禁止外国垃圾进入中国。日本抗议中国禁止外国垃圾进入,他们认为这破坏了国际交易的正常秩序。中国拒收"洋垃圾"的禁令实施后,日本的垃圾处理费一下子提高了好几倍,如今他们要处理过去两倍的垃圾。

2014年加拿大运来了200个垃圾集装箱,到2019年4月这些垃圾还在菲律宾的码头上腐烂。菲律宾人提出严正抗议。2018年菲律宾马尼拉法院的判决显示,加拿大私人进口商必须运走菲律宾的50个垃圾集装箱。这也就表示,从2018年开始,菲律宾就开始警告加拿大了。

根据海外网2019年4月30日的报道,菲律宾总统杜特尔特因"垃圾纠纷案"向加拿大发出警告,要求加拿大当局将走私到菲律宾的垃圾送回加拿大,否则将会向加拿大"宣战"。据悉,之前加拿大总理特鲁多表示过,加拿大政府没有任何权利运回垃圾。这次事件让菲律宾总统杜特尔特非常气愤,而菲律宾总统杜特尔特的举动也意味着,菲律宾已经无法忍受加拿大的垃圾了。

2019年4月28日,菲律宾总统杜特尔特再次警告加拿大,如果加拿大还不回收走私的数吨垃圾,菲律宾将会包船把垃圾倒在加拿大海滩上,并且把剩下的垃圾丢到加拿大驻菲使馆。从这次杜特尔特的表态来看,杜特尔特是真的动怒了,甚至可能会履行自己之前的言论。所以菲律宾总统杜特尔特的言论虽然激烈,但也是情理所逼。

垃圾之战,不仅存在国与国之间,国内的垃圾之战同样惨烈。最为著名的便是日本东京垃圾战,它是日本东京都政府、两区政府及住民的角力。前文说到,日本东京都政府通过了前述《清扫工场建设十年计划》,参与垃圾战争的各级政府以及普通市民最终达成妥协,而这次垃圾战争对东京市政建设所产生的影响一直持续到今天。也就是这场持续八年、声势浩大的"垃圾战争"让日本成为最干净国家。

(三)拒垃圾于国门之外,无需商量

我国作为1989年《控制危险废物越境转移及其处置的巴塞尔公约》的缔约

国,有坚决对洋垃圾说"不"的权利。这一公约明确规定各缔约国有权禁止外国危险废物和其他废物进入本国领土。各国应当坚持"谁污染,谁治理"的原则,对生态环境有担当、负责任、尽义务。

据生态环境部固体废物与化学品司负责人 2019 年 3 月 28 日介绍,我国于 2017 年 7 月出台了《禁止洋垃圾入境推进固体废物进口管理制度改革实施方案》,分批分类调整进口固体废物管理目录,大幅减少进口种类和数量,针对的是固体废物。固体废物不同于一般原料产品,具有固有的污染属性,容易携带有毒有害物质,环境风险和健康危害大。坚决禁止洋垃圾入境,要最终实现固体废物零进口。

生态环境部会同海关总署等部门成立部际协调小组,制订行动方案,调整进口废物管理目录,提高环保标准严控进口门槛,持续保持环保执法高压态势,促进国内固体废物回收利用水平提升,各项改革工作扎实有序推进。2017 年、2018 年,固体废物实际进口量同比分别下降 9.2%、46.5%。政策调整效果明显,顺利完成了阶段性调控目标任务。

第四届联合国环境大会呼吁各国政府采取行动从源头减少废物的产生,在本国进行无害化管理,尽量减少废物的越境转移。如果是利用固体废物无害化加工处理得到的原材料,满足强制性国家产品质量标准,不会危害公众健康和生态安全的,不属于固体废物,可作为一般货物进行贸易。

中国收紧"洋垃圾"进口的措施生效,进一步保护本国环境的决定,却在一些垃圾出口大国引起了情绪复杂的议论。

开弓没有回头箭。中国绝不会放松、放宽要求,更不会走回头路。对固废进口管理政策,中国不会放松禁令,而会继续坚定不移,大幅减少固体废物进口种类和数量,力争到 2020 年年底前基本实现固体废物零进口。

第三节 本土垃圾——拒倒难做到

一、天量土垃圾,围城没商量

随着城市化进程加快,垃圾堆积的速度比消解快得多。一场大城市与小城市之间、城市与农村之间的垃圾战争早就打响,这是我们需要面对的残酷现实。十多年过去,中国三分之二的城市,还是陷入了"垃圾围城"里。

老百姓感受不到垃圾围城的急迫,就谈不上有做分类的动力。但市长们都知道,城市之间的垃圾战争,早就硝烟四起。可谓,拒"洋垃圾",外战尤酣;天量土垃圾,围城没商量。

二、防倒土垃圾，"内战"也激烈

2013年，商人徐某跟上海市杨浦区绿化和市容管理局达成协议：以每吨48～78元的价格，获得垃圾处置权。当时，在上海市区收集、压缩、转运垃圾的成本，高达400元/吨。这样的报价，低得不可思议。他们赚钱的秘诀，就是用低价层层转包，把垃圾转运到外地装卸、倾倒。整条黑色产业链上，所有环节都大赚其利。两年间，通过徐某转手倾倒的垃圾就多达4万吨。

2015年，当他们把1670吨垃圾倾倒在无锡时，无锡市检察院迅疾反击，不但把徐某一干人告上法庭，连上海市杨浦区绿化和市容管理局也一并送上了被告席。

2016年六七月间，太湖西山岛的苏州居民，发觉一艘艘船昼伏夜出，往来于西山岛上。天亮后人们发现，这个被誉为"苏州小九寨"的风景区，距苏州吴中取水口只有2千米的地方，被人倾倒了12 000吨垃圾。苏州百姓愤怒了，他们把没来得及逃跑的8艘船扣下，一审才知，这些垃圾来自上海。2016年7月，当江苏海门再现上海垃圾时，上海终于下达禁令：垃圾一律不准外运。

2016年11月，中央环保督察组开始彻查上海垃圾非法倾倒。结果发现，上海的垃圾无害化处理能力是2.4万吨/天，需求却高达3.3万吨/天。一些垃圾堆场表面停运，却未能封场，无渗滤液处理或改造也大大滞后。结果，渗滤液长期超标，直接排进了污水管网或河道里。

当大城市处理能力饱和、处理成本高昂时，小城市自然成了垃圾处理的"价值洼地"。于是，类似案件蜂拥而起。深圳的垃圾倒于都、杭州的垃圾倒芜湖、东莞的垃圾倒肇庆、乌镇的垃圾倒凤台，甚至直接倒进长江。

2018年1月，有群众举报，芜湖长江大桥开发区高安街道白象山废弃矿坑发现大量垃圾堆积。后经安徽省芜湖市三山区人民法院审理查明，系浙江省两公司于2017年4月至2018年2月期间，将含有有害物质的固体废物运输到芜湖非法倾倒，非法处置的固体废物总量达7 164吨，造成公私财产损失425万余元、鉴定费84万余元、生态环境恢复工程费用615万余元。2019年12月4日，安徽芜湖"12.9"跨省非法倾倒固废污染环境案一审判，浙江两公司因污染环境罪被重罚1 100多万，11名被告人被判处有期徒刑并处罚金。

总之，本土垃圾非法处理就是一个"倒"字了得。滥倒、偷倒，不分时间，不管地点，倒下为王。垃圾泛滥成灾，是教育的缺失，还是分类的不力；垃圾倾倒成害，是法律的宽泛，还是执法的松软；几者兼而有之。

第四节　"止战神器"——构建人类命运共同体

一、垃圾分类：一场输不起的"世界大战"

（一）保护环境，刻不容缓

根据世界卫生组织发布，空气污染每年导致近 700 万人死亡。地球在过去三十年间生物种类减少了 35%。看着如此庞大的数据，想想每天都有这么多的资源被浪费，我们是不是该做些什么呢？节约水电等能源，节约原生资源，减少土地和空气污染，降低重金属污染，腾出空余土地。这些都是时下的当务之急，保护环境的重中之重，改善民生的时尚之举。

（二）塑料微粒，防不胜防

维也纳大学的研究指出，全球一半以上人口的体内都能找到塑料微粒。遍布近海大洋的"海洋 PM2.5"粒径细小，直径小于 2 微米，肉眼难以看见，但数量巨大，海洋中约有五万亿塑料微粒，且重达 27 万吨，容易被海洋生物摄入。这些微粒从近海到大洋，从表层到深海，甚至在人迹罕至的南北极均有发现。

在 2017 年，就有科学家在微生物体内发现了塑料微粒，"大鱼吃小鱼，小鱼吃虾米，虾米吃淤泥"。淤泥就是微生物聚集的地方。环环相扣下，不光是鱼类，还有龟类、鲸类、鸟类等 200 多个物种，都不同程度地摄食了塑料微粒。从被我们随手丢弃，到再次回到我们肚子里，塑料沿着生物链完成了一个"完美"的循环。有人会说：我不吃海鲜，我只吃素行不行？想得简单了，即便是只用水，只加盐也不行，因为我们用的水和食盐也早已经被污染。早在几年前，研究人员就从食盐中发现了塑料成分，而最新的研究资料显示，目前世界上超过 90% 的食盐品牌都检测出塑料微粒，包括超市卖的精制岩盐。

水也不例外，全球的自来水中有 83% 被检测出含有微塑料。就这样，塑料微粒以各种各样的途径进入人们的体内，它们无法消化，无法降解，只会在我们体内不断积累。环境恶化的苦果由人类自己吞下。

与此同时，除土地、水资源污染严重外，其他污染也是触目惊心。污染源可能是吹来的风、喝到的水，是以垃圾为食的猪牛羊生产的肉类奶制品，是在垃圾填埋场上种起来的有机蔬菜水果，甚至是房子、学校下面哪块你不知道有没有做过修复的土地。

（三）团结一心，才能胜利

同一个地球，如果当下现状不能改变，继续恶化，部分地区、部分国家的小气候、小环境无论如何好，都只是暂时的。持续恶化到不可逆时，覆巢之下岂有完卵。我们时时都要有这样的忧患意识。

如果说不自知地吃下"垃圾食物",还没能让人们警觉起来,那么大大小小的"癌症村",也早就提前让我们预知了未来。要解决垃圾污染、水源污染、空气污染,必须做好生活垃圾分类治理,因此,称生活垃圾分类是一场输不起的世界大战毫不为过;不仅中国人必须打赢这场垃圾战争,世界人民也必须打赢这场战争,而且,只有世界人民团结一心,才能打赢这场战争。

二、环境受伤:国际国内没有赢家

(一) 转移不是好办法

思维的局限性、区域性、利己性,造成目前垃圾无处不有,"垃圾战"无处不在。现行生活垃圾处理模式是垃圾先向城市集中,然后向农村扩散;发达国家和地区向欠发达国家和地区转移;回收利用率不高;填埋和焚烧安全性不高。

澳大利亚、日本拥有着碧水蓝天,墨尔本、悉尼接连成为人类最适宜居住的场所前十,墨尔本甚至屡次夺冠,这些都只是暂时的、局部的。一旦别国都拒收垃圾了,他们就方寸大乱。之前他们的垃圾送到中国或印度,可以一送了之。现在他们得自己面对垃圾,解决难题,弄得乌烟瘴气。当前,美国、澳大利亚、韩国正在寻找另一些落后国家,继续来转移自己国家的垃圾。

一个国家的光鲜亮丽,一定要拿另一个国家作为牺牲吗? 一个富裕国家人民的幸福,一定要拿落后国家的病痛来换取吗? 转移不是好办法,这不是最优解,这不符合世界人民的共同利益。

(二) 人类必须面对的"非对称优势"

在中国大地上,要是生活垃圾分类推行不下去,中国会继续被发达国家收割"垃圾红利";在世界范围内,要是生活垃圾分类推行不下去,人类只能是自食其果,因为地球及自然界对于人类社会具有无与伦比的非对称优势。2020 年初春,美国流感、澳大利亚大火、东非蝗虫、新冠肺炎,一场场灾害接踵而至,这些灾害都是没有国界的。诚如斯言:雪崩时,没有哪片雪花是无辜的。

三、共治共建:建立分类治理共享体系

(一) 联防联控,告别任性

不谋万世者,不足谋一时;不谋全局者,不足谋一域。垃圾之战,不应是国与国之间、地区与地区间的垃圾转移之战,也不应是人与自然之间的资源争夺之战,而是人类共同向不文明、不环保的思想意识和行为习惯的告别之战。

(二) 共建共治,才能共享

正是因为如此,习近平总书记提出"人类命运共同体"理论。该理论为世界

打赢生活垃圾分类治理攻坚战指明了方向。不管哪个国家,也不管你愿意不愿意,但最终为了自身的生存,必须走到一起。

◈ **复习思考题**

    1."洋垃圾"有哪些危害?

    2.垃圾不分类有什么隐患?为什么说垃圾分类是一场人类输不起的"世界战争"?

    3.早期东京出现垃圾围城的原因是什么?

    4.二噁英有哪些危害?

    5.为什么说人类命运共同体理论是垃圾之战的"止战神器"?

☀ **案例精选**

案例1 中国垃圾禁令的翅膀,扇动着全球飓风

    2018年3月,在WTO货物贸易委员会上,美方代表说,中国禁止"洋垃圾"的政策影响了全球垃圾的回收利用。欧盟代表也在会上表示,中国的政策将迫使废钢转移到可能没有安全回收设施或垃圾填埋或焚烧设施的第三国,造成环境破坏。中国出了垃圾禁令,让原来出口垃圾的国家不得不面对要处理这些垃圾问题的现实。

案例2 二噁英污染谁之错

    二噁英污染谁之错。垃圾焚烧厂的错吗?有人说恐怕不完全是;有人说,民众不做垃圾分类,是减少焚烧产生二噁英的一大阻碍。其实,民众的垃圾分类仅是垃圾处置的起点,更多的环节更长的链条在后面,即便民众未分或分的不对,垃圾焚烧企业也要进行再分,不能一烧了之。

    在产生二噁英的机制中,有一种是前驱物合成,而前驱物必不可少的元素是氯。哪里会有氯?厨余垃圾里有那么多的食盐(氯化钠),塑料垃圾里有那么多的聚氯乙烯。有研究指出,如果能够做好妥善的分类处理,减少焚烧垃圾中氯的含量,二噁英致癌率会有明显的下降。

    在减少二噁英的机制中,另有一项很关键,只要焚烧温度达到850℃以上就完全可以实现二噁英达标排放。

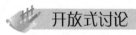
开放式讨论

1. 中国垃圾禁令对全球哪些国家影响最大？他们是怎样应对的？

2. 查找资料,探讨二噁英的产生机制,提出控制二噁英的办法。

3. 调查了解当地的生活垃圾填埋场和厨余垃圾处理厂,生活垃圾处理产业离我们所居住的城市究竟有多远。分析其原因和利弊得失。

第三讲
生活垃圾分类势在必行

生活垃圾的产生量与经济社会发展水平密切相关;生活垃圾分类与人们的生活习惯高度联系;生活垃圾分类治理是社会发展到一定阶段的必然产物。本章内容意在审视我国生活垃圾分类进程中的成败得失,检视我国生活垃圾分类的认识和实践误区及不足,揭示生活垃圾分类是我国生活垃圾"减量化、资源化和无害化"的客观要求和必然选择。

第一节　对我国生活垃圾
分类进程的审视

一、分类起点阶段的无奈

（一）我国生活垃圾回收的起点

1. 生活垃圾最早的回收

我国生活垃圾回收的起点,最早要追溯到 1955 年。那时,只是选择性的回收,走村串户的卖货郎是移动废品收购站。只不过,那时物质匮乏,"收破烂"一是为了节约和利用资源;二是为了补贴家用,并没有提出清晰明确的生活垃圾分类的概念。

2. 生活垃圾最早的分类收集

1957 年 7 月 12 日,《北京日报》的头版文章上发表了一篇名为《垃圾要分类收集》的文章,号召开展生活垃圾分类收集活动,解决物资贫乏,充分利用物资,实际上达到了垃圾回收再利用的目的。

（二）我国生活垃圾管理的起点

1. 我国生活垃圾管理的雏形

1992 年 6 月 28 日,根据国务院颁布的《城市市容和环境卫生管理条例》第四条的规定,国务院城市建设行政主管部门主管全国城市市容和环境卫生工作。省、自治区、直辖市人民政府城市建设行政主管部门负责本行政区域的城市市容和环境卫生管理工作。城市人民政府市容环境卫生行政主管部门负责本行政区域的城市市容和环境卫生管理工作。

1993年8月，建设部颁布《城市生活垃圾管理办法》。自此建设部作为国家管理生活垃圾的最高管理部门履行职能职责，正式进入公众视野。

2. 我国生活垃圾管理的最早格局

1999年，《全国爱国卫生运动委员会工作规则》，明确全国爱国卫生运动委员会是国务院的议事协调机构，负责领导、协调全国爱国卫生工作。

2000年6月前，国家部委办主要是对城市的环境卫生和市容市貌进行管理，生活垃圾问题不是十分突出。表3-1是2000年国家七部委对于城市生活垃圾处理的职能职责。

表3-1　2000年国家七部委对于城市生活垃圾处理的职能职责

部　　委	职　能　职　责
国家环境保护部	1. 城市生活垃圾处理政策的制定和监督 2. 科技攻关、科技标准和污染控制标准 3. 城市环境卫生、市容检查
国家发展和改革委员会	1. 城市生活垃圾处理政策的制定和监督 2. 资源综合利用、产业化
商务部	资源综合利用、产业化
原国家经济贸易委员会	1. 资源综合利用、产业化 2. 城市环境卫生、市容检查 3. 废旧物资回收
科学技术部	科技攻关、科技标准和污染控制标准
全国爱国卫生运动委员会	城市环境卫生、市容检查
全国供销合作总社	1. 废旧物资回收 2. 资源综合利用、产业化

（三）我国生活垃圾分类的起点

生活垃圾分类作为一种清晰的概念和制度安排，我国始于2000年6月。最早进行试点的8个城市已经推行生活垃圾分类约20年了，每个城市都遇见了数不清的困难，总体上看，主要有以下三方面的突出问题。

1. 知行不一，难分难解

生活垃圾分类被称为"最难推广的一桩小事"，主要原因在于人们的知行不一。一方面，人们普遍认为，生活垃圾需要分类；另一方面，人们在实际的生活中很少将生活垃圾分类处理。生活垃圾虽然"难分难解"，但也都在努力地"分"，努力地"解"，只不过精准度较低。

2. 标准不一，各行其是

2000年6月建设部出台的《关于公布生活垃圾分类收集试点城市的通知》，

其重点在于分类收集生活垃圾,未实行严格的分类标准,我国还未颁布相关的制度保障,提倡进行生活垃圾分类,最终结果是各行其是。

3. 缺乏约束,终被同化

不少人都遇到过这样的场景:下楼倒垃圾之前,自己辛辛苦苦把垃圾分了类,站在垃圾筒前为自己的文明举动颇为得意,很有自豪感;恰巧邻居也来扔垃圾,他却依旧我行我素,对所有垃圾"一视同仁";你还没来得及生气,不早不晚,垃圾车也来了,你眼睁睁看着自己的分类成果与未分类的邻居的垃圾被一股脑倒进了同一垃圾车。长此以往,你也会消极,不再为垃圾分类。

4. 系统缺失,效果不佳

生活垃圾分类涉及的是分类投放、分类收集、分类运输、分类处置四个环节,这些环节必须形成一个闭环体系才能有效运行。个人在家做好生活垃圾分类,仅是第一步,后续三个环节中,只要有一个环节跟不上,就不能取得应有的效果。缺少系统管理的生活垃圾分类导致了公众日渐"佛系",对生活垃圾分类认可度虽高,执行度却较低。

二、试点阶段的尴尬

(一) 超长的三批次试点

回溯我国生活垃圾分类的进程,梳理出试点阶段分为三步走。一是 2000 年 6 月,建设部出台《关于公布生活垃圾分类收集试点城市的通知》,确定将北京、上海、深圳等 8 个城市作为生活垃圾分类收集试点城市,我国正式拉开了生活垃圾分类收集试点工作的序幕;二是 2015 年 4 月,五部委发文确定将北京市东城区、上海市静安区、广东省广州市、浙江省杭州市等 26 个城市(区)作为第一批生活垃圾分类示范城市(区);三是 2017 年 3 月,开展 46 个重点城市生活垃圾分类整体性强制性试点。

长达 19 年的三批次试点,这种情况在我国很少见到,由此可见生活垃圾分类治理的长期性和艰巨性。不难看出,政策上国家高度重视,由建设部 1 家到五部委再到九部委联合发文,政策叠加趋势十分明显,缘于实践之中生活垃圾分类的成效不明显。根本的原因,是对生活垃圾分类工作的艰巨性、复杂性和长期性没有足够的重视;对垃圾分类的本质和规律,没有客观和清醒的认识。

(二) 迟缓的"远水"要解"垃圾围城"

生活垃圾逐年增多的趋势非常明显,无论是各种统计资料,还是现实的感受,都是不言自明的。但如何解决这一现实问题,早期的路径应该说有多条,由于对垃圾焚烧一直存在不同的声音,导致不少地方建垃圾焚烧厂行动迟缓。有些地方只是将建厂写在规划里,印在报告中,并无实际行动。有的地方一直纠结是建生活垃圾填埋场好,还是建焚烧厂好。直到生活垃圾呈现爆发式增长,生活垃圾围城愈演愈烈,甚至不少地方跨地区偷倒生活垃圾,打起官司、打起"垃圾之战"时,人们才不得不面对现实,但却发现,有的地方建生活垃圾焚烧厂已属"远水",难解当下生活垃圾围城之困。

据《中国新闻周刊》报道,2006 年中科院环科中心调查了中国 4 座"最现代化"的垃圾焚烧炉,发现它们在运行了 2~5 年后,焚烧厂区半径 500~2 000 米的土地上,二噁英含量均出现了大幅上升,其中 3 个厂区二噁英浓度严重超标。2009 年,《中国新闻周刊》曾报道,广州李坑垃圾焚烧发电厂附近村落癌症患病人数有明显增加。民众对生活垃圾焚烧的疑虑没有得到有效化解。

虽然中国的垃圾焚烧厂目前的建设标准已经达到了国际领先水平,而且我国已经对垃圾焚烧厂的污染物排放实施了在线监测,专家们也一再解释,当焚烧温度高于 850℃时,二噁英就不会产生,而现有技术完全能达到这一点,但是民众仍然将信将疑。以至于提到建垃圾焚烧厂,周边居民几乎是谈虎色变。

2018 年 6 月,中央四部委联合出台了《关于做好非正规垃圾堆放点排查和整治工作的通知》,要求各地重点整治垃圾山、垃圾围村、垃圾围坝、工业污染"上山下乡",积极消化存量,严格控制增量。

2019 年 5 月 29 日,生态环境部相关代表在新闻发布会上称:现阶段我们还是应该大力新建垃圾焚烧厂。未来的几年,大多数地级市都将有一座生活垃圾焚烧厂。理论上和实践中,人们已经将垃圾焚烧代替垃圾填埋看作是大势所趋。据初步统计,截至 2018 年 4 月,中国生活垃圾焚烧炉数量约为 898 座。而从 2019 年 1—4 月新建垃圾焚烧厂的分布情况,我们依然可以看到一条清晰的工业经济—人口数量—垃圾状况的相关性链条。

据中国固废网统计,截至 2019 年 4 月 30 日,2019 年中国进入招标、发布资格预审结果、预中标、中标和签约的垃圾焚烧项目达 76 个,总投资近 450 亿元,垃圾焚烧处理规模逾 8 万吨/日,这些垃圾焚烧项目基本集中在:以河南、湖南、江西为代表的华中地区,以河北为代表的华北区域,和以山东、浙江、江苏为代表的华东区域。其中河南省就有 13 个垃圾焚烧项目,项目数量与人口数量关系密切。半数以上项目落在区县级城市和三四线城市,且区县级城市占比更大。以河北省为例,4 个垃圾焚烧项目全部落在区县级城市,垃圾焚烧项目正在县域全面铺开。

生活垃圾是填埋好,还是焚烧好? 当下,生活垃圾的解决方式已经不需要再争辩了。经过二十多年快速发展,2018 年我国生活垃圾焚烧占总垃圾处置比例达到 45.14%,2020 年目标将达到 50%。

客观地说,一般民众无法从科学实验中取得真实的垃圾焚烧污染物排放数据,来消除或减少心中的疑惑,但有一个事实让我们对垃圾焚烧不必太过担心。东京有 23 个垃圾焚烧厂,中央焚烧厂距离日本皇宫仅 3.5 千米,日本皇宫周边 7 千米范围内有 7 座垃圾焚烧发电厂。有人说,天皇都不怕垃圾焚烧,你怕什么?

相比较而言,我们的生活垃圾焚烧厂选址不会那么敏感,但在污染物排放检测问题上尚缺乏法律层面的要求。这是技术有限、底气不足,还是执行懈怠、力度不够? 显而易见的是,我们需要对生活垃圾焚烧立法立规,加强监管。对生活垃圾焚烧厂的污染物排放实施在线监测,数据公开透明,现场可看,网上可查,不能达标排放的生活垃圾焚烧厂需要坚决关停整改。

三、分类阶段的时尚

(一) 约二十年试点夯实了基础

我国的生活垃圾分类,作为制度安排是 2000 年首批开展 8 个城市试点,以生活垃圾分类收集作为基本要求。2000 年 6 月,建设部发布《关于公布生活垃圾分类收集试点城市的通知》,将北京、上海、南京、杭州、桂林、广州、深圳、厦门确定为全国 8 个生活垃圾分类收集试点城市。可称其为生活垃圾分类处理元年。

回顾历史,虽然我国生活垃圾分类制度从 2000 年便开始尝试推广,而且期间对部分试点城市还进行资金补贴鼓励,但实施效果却并不如人意。其原因在于,一方面是公民素养和生活垃圾分类意识跟不上,公众生活垃圾分类参与率低下;另一方面则是生活垃圾收运和处置体系尚不健全,"先分后混"现象频出,前端的生活垃圾分类与中、后端处理未达一致,多数做了无用功。

约二十年的试点阶段提供了宝贵的经验,也有应当吸取的教训。我们要客观地、历史地、实事求是地看待这一制度安排,任何事物的发展都离不开现实的条件。当年只提分类收集,未强调分类运输、分类处理,是由于不具备系统解决问题的条件,未形成完整的生活垃圾分类处理系统。简单地说,生活垃圾分类攻坚战不是要不要的问题,而是能不能的问题。

(二) 2019 年攻坚战时不我待

生活垃圾分类攻坚战为何能在 2019 年打响? 目前,我国已具备了全面推行生活垃圾分类制度的基础:一是城镇化水平显著提高;二是人均收入及居民素质显著提升;三是生活垃圾收运、处置设施建设已初具规模;四是生活垃圾造成的环境问题,已经到了非解决不可的境地。生活垃圾分类攻坚战既是经济社会发展的必然产物,又是社会治理的现实要求。

居民及公众素质提高是生活垃圾分类制度成败的关键。居民素质与经济发展水平存在一定的正相关性。随着我国经济高速发展,人均收入和受教育水平稳步提升,带动了居民素质的提高;同时,人民群众对美好生活的向往愈发强烈,这为生活垃圾分类制度的推广提供了先决条件。回顾德国、美国、日本等发达国家生活垃圾分类制度推进的历史,其多在人均 GDP 达到一定水平(1 万美元)时开始颁布生活垃圾分类相关政策和法律,并建立相应的收运处置体系。收运体系和末端处置设施的完善是生活垃圾分类全面推广的必要条件。

收运体系方面:在城镇化和市场化承前启后推动的情况下,2015 年至 2019 年,环卫市场化运营服务金额累计 1 340 亿元;末端处置设施方面:我国生活垃圾无害化处理能力在早期卫生填埋的带动下开始增长,而随着房地产周期上行,填埋产能扩张受限,生活垃圾减量化成为行业新的发展方向;焚烧处置的优势逐步显现并在政策的大力推动下持续扩张,目前储备的生活垃圾焚烧产能已达 82.85 万吨/日(根据 E20 环境平台截至 2018 年 10 月的统计数据),已超过"十三五"规划明确的 59.14 万吨/日的产能要求。

精细化处置是未来固废行业发展的重要方向。虽然,我国在《"十三五"全国城镇生活垃圾无害化处理设施建设规划》中也规定了 2020 年城市生活垃圾无害化处理达到 100% 的指标要求,但在行业处置精细化程度方面,中国距发达国家仍有较大的差距。生活垃圾分类不仅是一种生活方式的改变,更将对固废产业链利润的重新分配和体系化建设产生深远影响。发展初期监管是关键,既需要发改、住建、市容、公安、商务及环保等多个部门协同配合,也需要调动社会各界的主观能动性。当前,中国面临经济转型的重要战略机遇期,推动生活垃圾分类制度是实现高质量发展的重要手段之一。

(三)生活垃圾强制分类的号角

2017 年 3 月,《国务院办公厅关于转发国家发展改革委 住房城乡建设部生活垃圾分类制度实施方案的通知》,确定全国 46 个垃圾分类收集重点城市。生活垃圾强制分类制度率先实施的区域,一是直辖市、省会城市和计划单列市 36 个:北京、天津、上海、重庆、石家庄、太原、呼和浩特、沈阳、大连、长春、哈尔滨、南京、杭州、宁波、合肥、福州、厦门、南昌、郑州、济南、青岛、武汉、长沙、广州、深圳、南宁、海口、成都、贵阳、昆明、拉萨、西安、兰州、西宁、银川、乌鲁木齐。二是确定的第一批生活垃圾分类示范城市 10 个:河北省邯郸市、江苏省苏州市、安徽省铜陵市、江西省宜春市、山东省泰安市、湖北省宜昌市、四川省广元市、四川省德阳市、西藏自治区日喀则市、陕西省咸阳市。2020 年年底前,在以上试点城市的城区范围内先行实施生活垃圾强制分类。

同时,鼓励各省(区)结合实际,选择本地区具备条件的城市实施生活垃圾强制分类,国家生态文明试验区、各地新城新区应率先实施生活垃圾强制分类。2018 年 6 月,中央四部委联合出台了《关于做好非正规垃圾堆放点排查和整治工作的通知》,要求到 2020 年年底基本遏制城镇垃圾、工业固体废物违法违规向农村地区转移问题,基本完成农村地区非正规垃圾堆放点整治。

2019 年 5 月 29 日,北京市提出将推动学校、医院等公共机构,以及商业办公楼宇、旅游景区、酒店等经营性场所开展生活垃圾强制分类,并逐步实现全覆盖。"大力促进源头减量,强化生活垃圾分类工作"人大代表议案提出,北京将设定相应奖惩措施,探索倒逼机制,对未实行生活垃圾分类或分类不符合要求的单位,且多次拒不整改的,移交执法部门处罚。

2019 年 7 月 1 日起,《上海市生活垃圾管理条例》正式实施。推行生活垃圾分类定时、定点投放,个人混合投放垃圾最高可罚款 200 元,单位混装混运最高可罚款 5 万元。其中,上海市的旅游住宿业不再主动提供牙刷等一次性日用品。而且在推广生活垃圾分类过程中,上海推行了绿色账户项目,市民对生活垃圾进行分类,可以获得积分,积分在有的社区还可以抵物业停车费。

四、管理阶段的目标

(一) 强制分类是生活垃圾治理的必然选择

约二十年的生活垃圾分类实践告诉我们,垃圾分类处理、垃圾分类治理与垃圾分类管理绝不只是一字之差。2000 年试点的 8 个城市,走的路径是提倡分类,没有刚性约束,关键看民众是否自觉。2019 年试点的 46 个城市,走的路径是法制层面上的强制,具有刚性的约束,单位和个人都必须遵从。

公害问题频发令人震惊,但要改变大众的观念意识并没有这么容易,要落实到行动上,而且做到持之以恒,就更加困难。不管是环境污染的严峻现实、新通过的法规,还是个人的羞耻心,都无法让多数普通人把保护公共卫生环境当成自己的事。

因此,生活垃圾强制分类就成为必然的选择。2019 年以来,我国加速推进生活垃圾强制分类制度,取得了积极进展。如果说 2000 年是生活垃圾分类处理的元年,那么 2019 年就是生活垃圾强制分类治理的元年。

各地纷纷出台城市生活垃圾管理办法,全面启动了生活垃圾分类工作。截至 2019 年 12 月 31 日,全国试点的 46 个城市,都出台了生活垃圾分类管理办法。

预计到 2020 年年底,46 个重点城市将基本建成垃圾分类处理系统;2025 年年底之前,全国地级及以上城市将基本建成垃圾分类处理系统。在先行先试的 46 个重点城市中,多地已经初步建成了生活垃圾分类收集、运输、处理体系。

(二) 分类治理的必然要求

试点城市生活垃圾分类工作每年都在进步,正在从生活垃圾得到处理向生活垃圾分类处理、健全生活垃圾处理体系方面进步。相对来说,"北上广深"等超大城市在开展生活垃圾分类方面更有优势。因为根据调研,居民生活垃圾分类处理行为与受教育程度、收入程度存在一定相关性,而大城市充足的财力也让城市管理者得以建立起相应体系。

当中国走向大都市圈时代,大城市的郊区也受到越来越多的关注,从居住环境、房屋升值空间、身体健康等方面考虑,居民们对垃圾都有"哪里都好,不要在我家后院"的思维,因而生活垃圾焚烧厂选址更困难。这似乎是一场难以避免的区域冲突,中国能怎么做? 难道是向更落后的地区转移垃圾吗? 更实际的解决办法,就是谁产生谁处理,做好前端的生活垃圾分类,提高后端的排污标准。生活垃圾不是不能治理好,世界上就有治理得很好的国家。关键要有生活垃圾分类治理的意识;要有治理好生活垃圾问题的必胜信心;要有做好生活垃圾分类治理的技术和资金;要做好生活垃圾分类的最基础工作。如果生活垃圾分类这一前端做不好,后端的工作将无法得到保障。

(三)建立生活垃圾分类治理体系和实现治理能力现代化是最终的目标

管理阶段的目标,简单地说,就是建立生活垃圾分类治理体系和实现治理能力现代化。生活垃圾分类治理体系主要体现在,在政府主导,市场运作,民众参与等方面形成法制化和系统化;民众生活垃圾分类意识、生活垃圾分类习惯的养成主要体现在生活垃圾分类全面和精准;生活垃圾分类治理能力现代化主要体现在生活垃圾分类治理的减量化、无害化、资源化程度更高。

第二节　我国生活垃圾分类误区的检视

一、生活垃圾分类的"试点误区"

总结我国约二十年的生活垃圾分类试点工作,会发现很多城市都出现过"轰轰烈烈开场,冷冷清清收尾"的现象。很多城市都在做试点,而且还进行了多次的试点,但却不清楚为什么要试点,试点中要发现什么问题,最终如何解决? 很多都是形式主义,结果也是无疾而终,我们称为生活垃圾分类"试点误区"。

(1) 面上重视,形式热闹:① 领导重视,反复开会;② 宣传鼓动,编写方案。

(2) 择点试验,区域有限:① 点小面窄,势单力薄;② 效果难显,不成气候。

(3) 法治不力,约束有限:① 提倡分类,重在自觉;② 缺乏强制,难以约束。

(4) 主体不清,力度有限:① 财政出钱,街道出力;② 少数参与,多数观望。

(5) 系统不强,结果不佳:① 设施不全,配套不周;② 运作不畅,效果不显。

试点的重要意义,正如习近平总书记所说的:"试点是改革的重要任务,更是改革的重要方法。"生活垃圾分类试点,就是生活垃圾分类的"试验田"。其主要目的是通过对局部地区的试验,总结成败得失,完善方案,寻找规律,由点及面,把解决试点中的问题与攻克面上共性难题结合起来,努力实现重点突破与整体创新,从而为更大范围的改革实践提供可复制、可推广的示范和标杆。

二、生活垃圾分类的认识误区

(一)生活垃圾分类工作的特性认识不深入

生活垃圾分类工作具有五种特性:广泛性,涉及每个家庭和各行各业,与每个人的生活息息相关;日常性,日复一日,天天都会产生生活垃圾;专业性,看似简单,其实复杂,涉及环保、管理、经济、哲学等多学科;环闭性,涉及宣传、投放、收集、运输、处理、利用等诸多环节,而且环环相扣,一环脱节,前功尽弃;系统性,庞杂的社会工程,涉及众多部门,协调难度很大,非轻而易举可获成功。

(二) 生活垃圾分类的属性认识不清晰

生活垃圾分类的本质属性具有经济属性和社会属性。很多地方,因对垃圾及生活垃圾分类的属性认识不清,有些认为生活垃圾分类完全是市场行为,政府和社会基本不参与;有些地方又认为生活垃圾分类完全是公益行为,又缺少市场的参与。没有明确各方的责任和义务,从而没有形成合力。

(三) 生活垃圾分类管理部门认识不到位

"生活垃圾""生活垃圾分类""生活垃圾分类治理"虽然依次对比只有两字之差,却有质的不同。生活垃圾分类是一项全社会深度动员和参与的一项工作,具有社会性。由于生活垃圾收运处理工作很长一段时间都由城管环卫部门负责,实施生活垃圾分类后,当地政府"顺理成章"把此项工作交由城管环卫部门主管,有些地方生活垃圾分类工作没有做好,还要问责环卫部门,使城管环卫部门成为"背锅侠"。生活垃圾分类在攻坚推进阶段,应该由当地政府"一把手"负责主抓,住建部门作为主要牵头单位,政府办公室负责统筹协调。

(四) 生活垃圾分类的动机不正确

很多城市,对推行生活垃圾分类的目的不明确,没有真正明白要进行生活垃圾分类的原因,主要动力来自:一是领导的要求:国家的要求、省里的要求、市里的要求;二是相互比较:别的城市都在做,自己的城市也不能落后;三是各方压力:来自环保组织、媒体及社会舆论的压力。

(五) 生活垃圾分类的目标不清楚

不清楚分类的目标是什么:不清楚短期目标是什么、中期目标是什么、终极目标又是什么?就像修路和建楼,没有设计图和施工图,结果,生活垃圾分类工作开展得比较被动和盲目,最终以失败结束。局外人看不懂,局内人说不清。

第三节　生活垃圾分类有利于减量化治理

一、减量化是生活垃圾分类治理的必然要求

我国由于人口众多,经济发展迅速,生活垃圾产生总量自然巨大,早在 2004 年就已经有机构数据显示,我国超越美国成为世界第一垃圾制造大国。据估算,目前我国生活垃圾年产量超过 4 亿吨,并以每年 8%～10% 的速度递增。

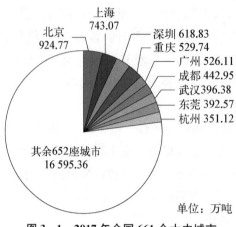

图 3 - 1　2017 年全国 661 个大中城市
生活垃圾处理量分布

单位：万吨

另一个数据是城市生活垃圾清运量，2017 年全国 661 个大中城市生活垃圾处理量分布如图 3 - 1 所示。合计处理量为 21 520.9 万吨，较 2016 年增长了 14.17%。但这还不包括小城市及农村居民所产生的生活垃圾。

城市规模越大，生活垃圾清运量也就越大。其中，"北上广深"四大一线城市生活垃圾清运量占到全国 661 个城市总和的 13.07%，前 9 大城市占比达到 22.89%。如此数量巨大且增长迅速的城市生活垃圾需要无公害化处理，就技术上而言，除极少量用于堆肥，主流的两种处理方式为填埋和焚烧，像北京、上海这样的特大城市这两种生活垃圾处理方式的比重在八九成。

由于我国生活垃圾分类处理系统还不很完善，分类投放、分类收集、分类运输、分类处理还没有健全，对于混合垃圾最方便的处理方式就是填埋了，也就使"垃圾围城"的问题越来越严重。据统计，在全国 600 多座大中城市中，三分之二已经陷入了垃圾包围之中，四分之一的城市已没有堆放垃圾的合适场所。

生活垃圾填埋不仅仅是占据了城市宝贵的土地资源，限制了城市的发展，更为严重的是产生的污水、恶臭等环境问题。央视财经就曾报道距离杭州市中心约 20 千米的填埋场——青龙坞山谷，120 米深的山谷 10 年内就被垃圾填满，里面混合的垃圾每天产生近 4 000 吨垃圾污水和渗透液。

在生活垃圾收运量不断增加的大背景下，生活垃圾混合收集成为市政环卫部门的巨大负担，混合收运不仅在人力、物力和财力上投入巨大，而且增加了生活垃圾处理的技术难度和处理设施的运行费用。因此，在全国推行绿色发展，对生活垃圾收运量进行科学的估算，通过合理的分类方式和处置措施，实现以社区为基础的源头减量成为当务之急。

二、生活垃圾分类有助于减量化治理

通过分类投放，分类收集，把有用物品，如纸张、塑料、金属、玻璃、废旧电子用品从生活垃圾中分离出来加以利用，既能提高生活垃圾资源化利用水平，又可减少生活垃圾处理量，是实现生活垃圾减量化的重要手段和途径。我国生活垃圾减量化流程如图 3 - 2 所示。

以安徽省池州学院为例，该校 15 780 人在校生规模，每人每天使用 5 张书写

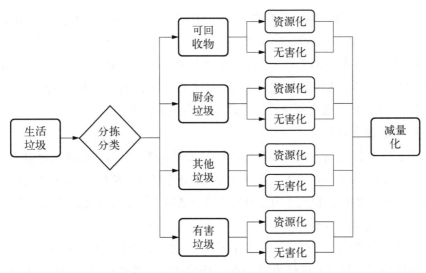

图 3-2 我国生活垃圾减量化流程

纸,15 780人每天将使用78 900张纸,一张纸约4克,一年按9个月计,重约85 212千克。每班级每科室每天订一份报纸,一份报纸重约200克,全校500个班级和科室将使用100千克纸张,一个月重约3 000千克,一年重约36 000千克。两项用纸约121吨。如果没有分类回收,那就要进行混合式卫生填埋或垃圾焚烧。填埋既要占用土地又要防范污染水体;焚烧既要耗费能源又要污染空气。

生活垃圾分类后回收,1吨废纸可再生新纸0.8吨,相当于少砍伐30年树龄的树木20棵。若是对书写纸和废报纸进行回收,可再生新纸96.8吨,可生产500张包装的70克A4打印纸22 126包,相当于少砍伐30年树龄的树木1 936棵。

从回收价格看,2019年12月31日,河南新乡亨利纸业有限公司废纸回收报价为2 075元/吨,安徽合肥为2 190元/吨,浙江为2 200元/吨,福建为2 230元/吨,江苏为2 260元/吨,就以2 100元/吨计算,亦有20余万元的收益。

显而易见,对书写纸废报纸分类回收了,既可多再生96.8吨新纸,多产生20余万元收益,又可少处理121吨垃圾,节省垃圾处理费用8.67万元(按目前上海市处理生活垃圾成本895元/吨);这是既有社会效益,又有经济效益和环保效益的多赢举措。

第四节　生活垃圾分类有利于无害化治理

一、无害化是生活垃圾分类治理的客观要求

(一) 生活垃圾无害化处理的方式

我国生活垃圾无害化处理的方式主要有三种:卫生填埋、堆肥和焚烧(参见

第一讲）。据国家统计局统计数据显示，2012年，全国城市生活垃圾无害化处理量为1.45亿吨，2018年增加到了2.26亿吨，2019年为2.28亿吨。其中，卫生填埋处理量为1.17亿吨，占51.88%；焚烧处理量为1.02亿吨，占45.14%；其他处理方式占2.99%。无害化处理率达99%，比2017年上升1.3个百分点。

（二）无害化焚烧是解决我国生活垃圾的必然选择

1. 土地因素的制约

为了减少土地的占用，人们对生活垃圾焚烧处理技术的利用越来越迫切。研究显示，全国城市生活垃圾无害化处理方式正逐渐转向以焚烧为主、填埋为辅的技术格局。这一变化在北京、上海这样寸土寸金的特大城市表现更是特别明显。

2. 境外经验的启示

生活垃圾焚烧已经经过一百多年了，是一种非常成熟的技术，已经被证明是目前解决"垃圾围城"的最佳方式。烟气处理技术和焚烧设备高新技术的发展，已经可以保障垃圾焚烧厂的安全性。日本、新加坡、中国台湾等都有成熟的技术和管理系统。

3. 国内生活垃圾无害化处理的趋势

如图3-3，2010年，全国、北京、上海生活垃圾无害化焚烧占比都只有15%左右。2018年北京生活垃圾无害化焚烧处理占比49.7%，上海生活垃圾无害化焚烧处理占比49.3%，全国生活垃圾无害化焚烧处理占比为45.1%。

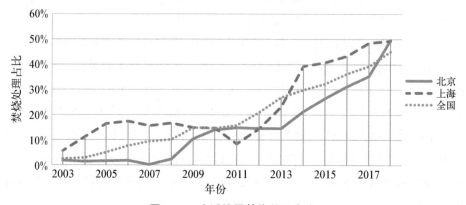

图3-3 生活垃圾焚烧处理占比

（三）为解民众疑惑需要更加努力做好垃圾分类

2019年，中国生活垃圾处理行业市场现状及发展趋势已接近实现全面无害化处理。但生活垃圾焚烧存在的污染隐患却一直萦绕于人们心中，不少民众持将信将疑，甚至排斥的态度。上海江桥、北京六里屯、广州番禺……从南到北多地的生活垃圾焚烧厂项目都曾遭到民众抵制。这其中很重要的原因是生活垃圾焚烧可能会产生一类剧毒物质——二噁英。

生活垃圾焚烧虽是解决"垃圾围城"的最佳方式,却也是生活垃圾处理的无奈之举,因为垃圾焚烧带来的二噁英污染物是地球上最致命的有毒物质之一。据世界卫生组织介绍,二噁英排放后可远距离扩散,一旦进入人体,会长久驻留,破坏人类免疫系统、改变甲状腺激素和类固醇激素以及生殖功能,最为敏感的是影响人体发育,导致胎儿畸形。以致建垃圾焚烧场,周边居民几乎是谈虎色变;评议垃圾焚烧性能,大多是底气不足。在二噁英被排放到环境中这个问题上最难辞其咎的,莫过于垃圾(固体废物和医院废物等)的焚烧,主要原因是燃烧不充分所致,少数企业超国家标准排放。2008年全国范围内生活垃圾焚烧设施二噁英排放情况如图3-4所示。

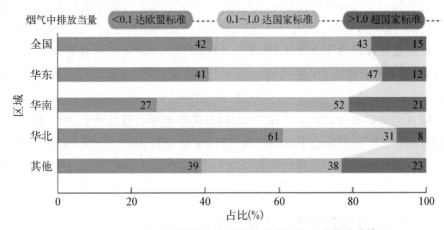

图3-4 2018年全国范围内生活垃圾焚烧设施二噁英排放情况

随着生活垃圾分类在全国各地的深入开展,我国生活垃圾处理全面无害化进程正在加速推进。图3-5显示,2004年以来,全国城市生活垃圾无害化处理量总体呈现逐年增加的态势。到2018年,全国城市生活垃圾焚烧无害化处理量达到了10 184.92万吨,同比增长20.34%。

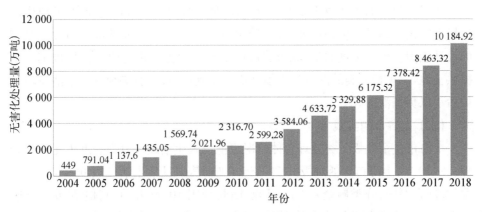

图3-5 2004—2018年中国生活垃圾焚烧无害化处理量

焚烧与填埋处理量差距缩小。目前,我国城市生活垃圾处理还是以卫生填埋为主,但焚烧处理量与卫生填埋处理量之间的差距在大幅缩小。我国使用卫生填埋手段最主要的原因是填埋法技术比较成熟,操作较简单,而且处理量大,投资和运行成本费用较低。2018年,我国卫生填埋垃圾处理量为11 706万吨,同比减少2.8%。

而对于其他技术,其处理量在2012—2013年间呈现下降的趋势,其后虽有增长,但体量仍较小,主要是因为我国生活垃圾分类还很不充分,而其他技术主要针对的是易腐有机质含量较高的生活垃圾,如果生活垃圾分类没有发展好,其他技术的利用会有很大的局限性。

目前我国生活垃圾处理总量增速放缓,但生活垃圾焚烧发电行业仍处于快速增长的时期,其主要原因在于生活垃圾处理方式的结构在发生大的转变,许多填埋处理量将逐渐被焚烧方式所替代。目前,生活垃圾焚烧发电项目已遍布全国各省、自治区、直辖市,主要集中在华东、华南地区,增量主要在华中、华北地区。

随着经济的发展,"北上广深"等大城市的环境压力日益增大,为了脱离"垃圾围城"的困境,纷纷出台了各项政策,通过生活垃圾标准化分类,实现"变废为宝",减轻城市环境压力。我国其他无害化处理方式垃圾处理量也将随之快速增长。

二、生活垃圾分类有助于无害化处理

(一) 理论可行性

理论上,分类有利于生活垃圾集中处理和分类处理。生活垃圾只有分类和集中处理才能有较好的处理效果,才能节约处理成本,更重要的是有利于实现生活垃圾资源化利用和无害化处理。

(二) 混合处理的终结

在我国目前的生活垃圾处置设施中,填埋场日处理负荷普遍较大,城市生活垃圾无害化处理过度依赖填埋,大多数填埋场每日实际的处理量都超过了当初的设计能力。更为关键的是,城市建成区及其周边无法再为建生活垃圾填埋场提供土地,不进行分类的混合垃圾填埋必然受到严重制约,必须进行生活垃圾分类后予以焚烧消解。

(三) 上海市的实践

上海市生活垃圾分类处理总体情况更能反映生活垃圾分类有助于无害化处理。2013年,上海市生活垃圾共735.86万吨,其中日常生活垃圾628.05万吨,湿垃圾(含餐厨、分类厨余)72.45万吨,回收利用10.69万吨,其他24.67万吨。上海市生活垃圾主要通过焚烧、填埋、综合处理、生化处理等方式处理处置,无害化量约 695.43 万吨,无害化处理率 94.5%。

2018 年年末,上海市生活垃圾末端处理能力达 28 650 吨／日,其中,焚烧 13 300 吨／日。全年清运生活垃圾 984.31 万吨,生活垃圾无害化处理率达 100%。大力推进生活垃圾全程分类,建成再生资源回收点 3 374 个,开工建设 15 个垃圾资源化利用设施。

（四）分类治理的范例

国家层面上,生活垃圾分类治理做得很好的一些国家为我们提供了真实而鲜活的范例,如比利时、挪威、瑞典、新加坡、日本。

比利时的生活垃圾分类独具特色:

一招强制带来万众参与。比利时的生活垃圾分类比较细,被分为纸张、纸箱、塑料、金属包装、玻璃以及无回收价值的废弃物等几大类,不同的垃圾必须用不同颜色的垃圾袋分装,一旦放错,垃圾回收工将有权拒绝运送。正是在这一强制性措施之下,公众的参与意识逐步强化和提高,目前 90% 的比利时人养成了将生活垃圾分类的习惯。

专业化运作带来简洁高效。据介绍,2007 年比利时超过 80% 的废弃包装被回收利用,其回收规模居世界前列。相关循环利用材料的出售为比利时政府带来约 7 亿欧元的收入。为了循环利用,比利时政府成立了两家专门处理生活垃圾的专业公司,用以处理工业包装垃圾和生活包装垃圾。处理这些垃圾的费用,则来自两家垃圾处理公司下属的会员。依照比利时的法律规定,凡是会产生包装物的企业都必须按工业包装垃圾或生活包装垃圾加盟上述两家公司,并按照营业额的多少支付相应的"垃圾处理费"。只有成为会员后,其产品的包装上才可印上一个象征统一回收的"绿点"标志。否则这些生活垃圾将由生产企业自行负责回收。

第五节　生活垃圾资源化利用需要分类

一、进口"洋垃圾"30 年的利弊得失

（一）我国进口固废的历史追溯

我国进口固废的历史可以上溯到 20 世纪 80 年代初。但在 1990 年之前进口规模都比较小,每年不到 100 万吨,随后稳步增长,至 1997 年已超过 1 100 万吨。1998 年开始增长幅度快速加大,2002 年固废进口量达到了 2 200 万吨左右,5 年时间翻了一番;2005 年,更是激增到 4 300 万吨,3 年时间就翻了一番。那个时候,满载着"中国制造"的巨大集装箱船离开中国港口,行驶至发达国家,返程时载回这些国家的回收物。之后,经过层层分拣加工,作为原材料的回收物

进入各地工厂,被生产成新的货物。

从这些数据中可以发现:我国开始进口国外的固废是在 20 世纪 80 年代初,也就是改革开放后不久,进口的内容基本上全是可以用于工业原料的废弃物。进一步分析进口"洋垃圾"的构成,我们发现 2015 年我国进口废物数量前八位的品种依次为废纸(62.1%)、废塑料(15.6%)、废五金(11.0%)、氧化皮(3.4%)、铝废碎料(2.8%)、铜废碎料(1.7%)、废船(1.6%)和废钢铁(0.9%),合计占实际进口废物总量的 99.1%。排名前三的废纸、废塑料、废五金三者合计占进口总量的 88.7%,是进口固废管理的重点。

(二)成也"洋垃圾"

1. 弥补发展资源不足

改革开放之后,中国全力转向以经济建设为中心。但由于底子薄,起步阶段百废待兴,各类生产生活物资都存在短缺现象,尤其是生产原料更为紧缺。2001年 12 月 11 日,我国正式加入世界贸易组织(WTO),标志着我国的产业开放进入了一个全新的阶段,凭借着慢慢发展起来的工业体系和廉价劳动力,我国迅速成长为"世界工厂"。

总体来看,当时包括制造业在内的诸多产业对原材料有着巨大的需求,我国那时进口的固体废弃物作为原材料的补充是必要的,发达国家的一些固废出口到中国作为替代原料,在一定程度上缓解了中国原材料供应严重不足的问题。

2. 改变村民生活方式

当地和附近的村民以前可能靠外出打工和种地为生,"洋垃圾"来了之后,村民都可以就地或就近分拣处理这些固体废物了,不用种地或外出打工,生活方式改变了。

3. 增加村民收入

"洋垃圾"能够在当地落户生存,还与能改善当地村民的收入有很大关系。"洋垃圾"落户的地方大多是远离城市的农村或远郊,村民原来种地一年收入可能是六七千元,但是去分拣处理"洋垃圾"一个月也许就能挣三四千元。

(三)败也"洋垃圾"

尽管作为可回收固废的"洋垃圾"在一定程度上缓解了我国工业原材料短缺的问题,但毫无疑问,大量固废进口也带来了极大的环境损害。除了合法合规进口的可以用作原料的固废,造成更大危害的是通过各类走私、夹带、瞒报、偷运等方式入境的固废,这些是真正意义上的"洋垃圾",而且数量也要远远大于合法入境的固废。

大量地跟踪、调查发现几乎每个沿海省份都有大型废塑料产区,这些区域聚集的就是从外国进口的"洋垃圾"。

1. 对生态环境的破坏

在这些生活垃圾聚集区附近的水质变差、鱼虾死绝、植被无法成活。最具代表性的东南沿海小镇——广东贵屿,就曾饱受非法进口电子垃圾拆解带来的危害。拆解电子垃圾中的有用材料,提炼贵金属需用火烧、酸洗等工艺,由于缺乏环境处理措施,当地空气中常年飘着令人窒息的有毒有害气体,排入大量废水废液的河中鱼虾绝迹,水源被污染不能饮用只能依靠外来供水。这些地方的经济发展和环境恶化,由此看来,"洋垃圾"怎么看都爱不起来。

2. 对分拣处理者的伤害

中国的垃圾回收产业不成熟,从事分拣和处理工作的这些工人在操作中并没有有效的防护措施,最多也就是一副手套和一个口罩,也没有严格的工作规程。捡垃圾的风险也是比较高的。这些塑料垃圾不单单是生活塑料,还有医用塑料,废弃的针头、胶管、药瓶比比皆是,很多从国外进口的塑料废弃物中含有大量肮脏、高污染的物质,混在可用作原材料的固体废弃物中会对处理塑料废弃物的工人造成巨大身体伤害,想要收取塑料就需要把里面的液体倒出来,而有的药瓶中就是有毒药品,捡垃圾的人大多数不会认识这些外文,所以难免会有事故发生。他们常年工作在这样的环境中,身体健康不可避免地受到有毒物质的影响,有时甚至是致命的伤害。更为糟糕的是,他们处于集体无意识状态,大家都是这么过的,毕竟挣的钱多了,也无所谓了。

3. 对儿童的伤害

由于多种原因,缺少体育娱乐设施和大人照看的孩子还会把这里当成是玩具厂,玩针头、玩胶管、玩捡来的各种东西,谁也不知道这里有什么细菌和病毒,更为令人担忧的是孩子们缺乏防范意识。据检测,广东贵屿当地约八成儿童曾血铅超标,这对这些孩子的成长发育造成了不可逆转的危害。

"洋垃圾"促进了这些地方的经济发展,也造成了环境恶化,真是成也"洋垃圾",败也"洋垃圾"。由此看来,"洋垃圾"真的让人爱不起来。

二、禁止"洋垃圾"的历程

我国进口"洋垃圾",数量巨大,破坏环境严重,但为何会长期进口"洋垃圾"?大部分国人都表示不理解。客观地说,"洋垃圾"的危害也需要有一个认识过程。

2005 年实施的《固废污染环境防治法》明确规定禁止境外固废进境倾倒、堆放、处置,禁止进口不能用作原料的或者不能以无害化方式利用的固废,对可以用作原料的固废实行限制进口和自动许可进口分类管理,公布禁止进口的固废目录,进口固废必须符合国家环保标准并经行政主管部门检验合格等。进口固废有了具体的法律适应条款,之后固废进口增长速度得到一定遏制,进口规模渐趋稳定。2011 年发布《固废进口管理办法》后,固废进口进一步得到规范。2012年达到约 5 890 万吨的高峰,2015 年降至 4 700 万吨。

2017 年 4 月,国务院办公厅印发《关于禁止洋垃圾入境推进固体废物进口管理制度改革实施方案》要求严格固体废物进口管理,2017 年年底前,全面禁止进口环境危害大、群众反映强烈的固体废物;2019 年年底前,逐步停止进口国内资源可以替代的固体废物。据经济日报记者从生态环境部获悉,2019 年,在 2017 年、2018 年连续两年取得明显成效的基础上,继续取得重大进展,顺利完成 2019 年度改革任务目标,全国固体废物进口总量为 1 347.8 万吨,同比减少 40.4%。

禁止"洋垃圾"入境有利于推进固体废物利用。禁止"洋垃圾"入境严控固废进口的一个重要原因就是"腾笼换鸟",为国内生活垃圾分类分出的可回收物再生利用提供渠道和空间,形成市场牵引机制和价格倒逼机制,从正反两个方向促进中国固废回收利用水平的提高,为普遍推行生活垃圾分类制度创造条件。

三、生活垃圾分类有助于资源化利用

生活垃圾在减量化处理过程中,生活垃圾分类处理系统在运行之前需要相关人员对生活垃圾进行二次分拣,这极大地改变了生活垃圾分类不足的现状。生活垃圾处理系统产生的废水可形成中水,残渣既可用来发电,也可经过堆肥成为肥料。使用处理系统后,社区生活垃圾的处理成本降低 30%;若将产生的塑料粒子收益计入,处理成本降低 70%。同时,经过分拣的生活垃圾在二次利用上更有优势,主要表现在:分拣出来的塑料转化为粒子可以售卖获得收益;经过处理系统减量的厨余垃圾可以经过堆肥用作肥料,进而转化为收入;分离出来的有害垃圾等其他组成也更容易进入生活垃圾处理系统。

我们从发达国家进口固废来用作生产原料,一个重要的原因就是发达国家有完善的生活垃圾分类体系,可以将可回收利用的废料有效地挑选出来,变废为宝。而现在,中国经济经过约 40 年的高速发展,已成为全球第二大经济体,无论是通过国内生产,还是通过全球采购,各类原料都可以得到充分供应。此外,在国内巨大的消费市场作用下,每年也会产生巨大的可以被回收利用的废弃物,如果将这部分资源利用起来,除了能大大减少环境污染,还能创造巨大的经济效益。

从任何角度看,中国的生活垃圾分类都不能再拖了。简单地说,推动生活垃圾分类有两个好处:一是生活垃圾分类会更环保,不分类环境将有更大的灾难;二是生活垃圾分类将更好实现资源利用。

❖ 复习思考题

1. 简述我国生活垃圾分类治理进程中几个阶段的特点。

2. 如何理解生活垃圾分类有助于无害化处理?

3. 为什么说减量化是生活垃圾治理的必然要求？

4. 如何理解生活垃圾分类有助于资源化利用？当前在生活垃圾利用阶段还存在哪些问题？

5. 国内哪些城市出台了城市生活垃圾管理办法？比较它们的异同。

案例精选

笑 话 言 论

有网友认为，如今上海带头、势必席卷全国的生活垃圾分类活动，会给中国的生活垃圾处理带来本质的变化吗？不会有什么变化，折腾几个月或一两年，不了了之；眼下大力宣传的生活垃圾分类，这种没有实效的做法，是没有什么成功可能的；就是一阵风，跟十九年前的生活垃圾分类一样，只是把十九年变成二十年，二十五年。

《垃圾分类只是一个笑话》和《垃圾分类仍然只是一个笑话》在网络上引起热议。文章虽是一家之言，却颇具代表性，主要观点是：生活垃圾分类后的处置机构权责不明晰；生活垃圾"先分后混"现象严重，分了没用；生活垃圾分类后处置各种垃圾能力不足，分了没法处理；四分法太麻烦，投放时间不合理，体验差；对比国外还是垃圾填埋好。

开放式讨论

1. 生活垃圾分类收集端必须解决的两个问题：一是思想意识；二是行为习惯。如果说，行为习惯是生活垃圾分类治理的"最后一公里"，那么思想意识就是生活垃圾分类治理的"总开关"。你赞同还是反对这个说法？并阐述理由。

2. 生活垃圾分类是在加快生态文明体制改革，践行绿色发展，建设美丽中国的大背景下，是在"绿水青山就是金山银山"的大共识下进行的。组织讨论如何理解生活垃圾分类治理是我国经济社会发展到一定阶段的产物。

3. 真理越辩越明。将同学们分为正反两方，对进口"洋垃圾"的利弊得失展开辩论。

第四讲
生活垃圾分类方法

生活垃圾分类是按照生活垃圾的不同成分、属性、利用价值以及对环境的影响,并根据不同处置方式的要求,将其分成属性不同的若干种类。也就是在生活垃圾分类治理的源头上,实现生活垃圾分类治理的"三化四分",通过生活垃圾分类收集、分类投放、分类运输、分类处理,实现生活垃圾减量化、资源化、无害化。

第一节　生活垃圾的特性

一、生活垃圾的双重特性

生活垃圾成分受城市经济发展水平、地区差异、生活水平、能源资料及气候条件等外部因素的影响,尤其是生活习惯的不同会造成生活垃圾成分的差异显著,但生活垃圾的危害性和资源性不会改变。正是由于生活垃圾具有危害性和资源性双重属性(图4-1),生活垃圾分类才具有必要性和可能性。

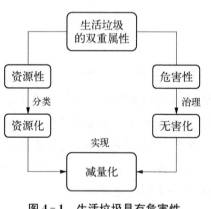

图4-1　生活垃圾具有危害性和资源性双重属性

（一）危害性

1. 生活垃圾的危害方式

生活垃圾的危害性(图4-2)分为显性危害和隐性危害。显性危害主要有对道路交通、水体通航、航空航天的阻塞、迟滞和隐忧;对人体视觉、嗅觉、味觉的刺激,甚至破坏。隐性危害主要有微塑料粒子通过水体、通过高温分解进入动植物、海洋生物和人体内部。

2. 生活垃圾的危害对象

生活垃圾的危害性分为对人类危害、对环境危害和对动植物危害。

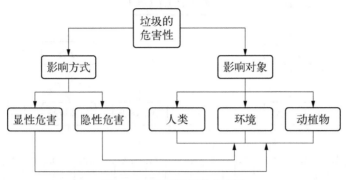

图 4-2　生活垃圾的危害性

（1）对人类身体健康的危害：在城市和城郊、旅游区等地，尤其是在水体附近、道路两旁、铁路沿线等地区，被人们随意丢弃的"白色垃圾"随处可见，这不但破坏了城市、风景区的整体美感以及市容景观，使原本供人们生活、参观的绿色景观变成了"白色垃圾"堆积的奇特景观，对人类的视觉也带来了不良的刺激，污染了人们的视觉。由于塑料废品在高温下会产生许多有毒有害的物质，人们在对它们的使用过程中，对健康将会产生最直接的危害。如，"白色垃圾"引起的视觉污染，生活垃圾焚烧产生的二噁英及生活垃圾填埋产生的臭气对嗅觉和呼吸系统的影响。

（2）对生态环境的危害。第一，浪费土地资源和再生资源。由于生活垃圾填埋仍是我国目前处理生活垃圾的一个主要方式，未严格分类的混合垃圾中再生资源被填埋，不仅是浪费再生资源，而且挤占土地资源；密度小、体积大的生活垃圾，挤占填埋场地，降低填埋场地的容量和处理垃圾的能力；第二，污染环境。填埋混合垃圾后的场地，随着易腐垃圾的腐烂，容易出现不均匀沉降，地基松软，垃圾中的细菌、病毒等有害物质形成的渗滤液很容易渗入地下，污染地下水；第三，未严格分类的混合生活垃圾由于热值不同，焚烧温度难以控制达到850℃以上，由此产生二噁英及其他烟气会给环境带来严重的二次污染；第四，塑料废弃物被抛入水域之后，由于其密度较小，而漂浮在水面上，大量的"白色垃圾"在水面上任意流动，不但影响了正常的航运，也破坏了水体。给自然环境带来了沉重的负担。

（3）对动植物的危害。散落在陆地上或飘浮水体中的废塑料或其他废弃物，被动物当作食物吞入，会因其绞在动物的消化道中无法消化，而导致动物死亡。

（二）资源性

生活垃圾的资源性（图 4-3）是指经过分类、分拣等处理后，生活垃圾可变成可再利用的宝贵的资源。

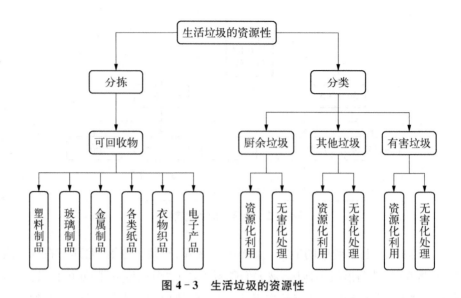

图 4-3　生活垃圾的资源性

1. 生活垃圾是被放错位置的资源

生活垃圾不是废物,而是另一种形式存在的资源,是被放错位置的资源,也是一段开始新循环的资源。我们的很多日常用品都可能来自垃圾,比如鞋盒、各种纸质包装盒经回收利用,以另外一种形式出现在我们眼前。鞋子、衣服、电脑、手机、汽车、冰箱、自行车等物品的部件都可能来自废品。

2. 再生资源回收是易被忽视的"影子行业"

废品回收其实是个"闷声发大财"的行业,是全球雇员仅次于农业的行业。这是一个人人参与却被人人忽略的"影子行业"。日常生活中,废旧报纸、书籍、矿泉水瓶等物品随处可见,但我们从来不认为这是一个什么"正经的"行业,避之唯恐不及,更不会想着去从事这样一种职业。但如果你看过《废物星球》,说不定你会改变看法,也许还会想着去试试呢。因为这是一个高利润的行业,早在2014 年时,珠江三角洲地区废品回收工厂里工人的收入比大学毕业生还高。别人眼中的废物,却是他们眼中的财富,他们从中发现了商机。所以,不要小瞧我们身边的那些从事废品回收的人、拾荒的人,他们是在垃圾场复制暴富的一群人,广东省清远市的隐形富豪可以证明这一点。

3. 再生资源利用有很强的专业性

这个行业不是人人都能做的,这是个专业工种。从收集和营销渠道看,从称重、计量到对废品材料的辨别、估价,再到寻找货源和渠道,和上家下家讨价还价等,都是学问,都有很强的专业性;长期走街串巷的废品收购者了解在哪可以收到便宜的废品,以多少钱卖出去利润更高;他们能精准地辨别出废品的种类,比机器的效率还要高。特别是有害垃圾的处理更需要专业知识和专门的资质。

4. 固体废物交易是有丰厚利润的市场

废品回收业不仅是一门绿色环保产业，而且是利润丰厚的跨国生意。据统计，全球回收业每年的营业额高达5 000亿美元，约等于挪威的国内生产总值。中国曾是全球回收业的最大进口国，在2018年"洋垃圾入境禁令"发布后，引起了西方国家的恐慌，美国称这一禁令威胁了其300多亿的生意。

5. 再生资源回收是全球经济的重要组成部分

再生资源回收串联起了世界各国的经济，甚至影响发达国家和发展中国家人民的生活方式。废品回收、循环再用，事实上是一个人人参与、大多数人都不重视，少数人从中获利，极少数人从中得到巨额利润的产业，这个产业在中国和世界都是在隐秘中茁壮成长到惊人的地步，影响着全球的经济、人文和环境。

二、我国生活垃圾的产生特点

（一）人均量小，总量巨大

根据2018年12月世界银行发布的调查报告，2016年全球城市生活垃圾产生量为20.1亿吨。同世界发达国家相比，2019年我国人均生活垃圾产生量只有每人每天0.84千克，人均生活垃圾清运量只有每人每天0.48千克。但是由于人口基数大，2019年我国生活垃圾产生量达到4亿吨，生活垃圾清运量达到2.28亿吨。尽管如此，我国生活垃圾产生量还在以8%～10%的速度增加，高出世界平均速度。

（二）成分复杂，差异明显

我国生活垃圾组成复杂多样，总体上易腐的有机物厨余垃圾普遍占比达到50%以上，其他主要是草木、灰土、泥沙、纸类、塑料、金属、玻璃、织物等。随着材料科学的发展和消费水平的提高，生活垃圾成分更趋复杂，比例也发生了重大的变化。纸张、塑料和易腐有机物比例上升，灰渣比例急剧下降。可回收废物和可燃成分增多，生活垃圾的再利用价值增加。由于土壤、气候、资源、发展程度等条件差异巨大，各地区生活垃圾的构成差异明显。

（三）分布广泛，集于城市

我国生活垃圾遍布于我国的每一个角落，但高度集中于城市，我国有2/3以上的城市陷入生活垃圾围城的困境。特别是大中城市，它们是高人口密度区和高生产密度区，也是高生活垃圾密集区。

（四）混合丢弃，回收困难

城镇化进程带来的新增城镇居民的数量快速增长，部分居民长期以来环保意识不强，对生活垃圾分类的认知度不高，加之设施设备不全，居民的生活垃圾分类知识欠缺等多重因素叠加，生活垃圾在源头上得不到有效分类，收集、中转端未做到日产日清，形成混合垃圾，交叉污染，致使回收难度进一步加大。在农村生活垃圾往往是门前屋后随意乱扔,靠大自然的自净能力"消化"垃圾。

（五）污染严重,占地面广

生活垃圾本身含有多种有害成分,露天和落地的生活垃圾在日晒雨淋下产生臭气、渗漏液等污染土壤和水体,滋生蚊蝇等带病菌生物;未经严格分类的混合生活垃圾在高温焚烧时必须达到 850℃ 以上,才能保证焚烧气体达标排放。由于我国的生活垃圾产生量巨大,处理的措施以卫生填埋为主,据统计,存量生活垃圾占地已达 5 亿平方米。

第二节 理论上的生活垃圾分类

生活垃圾的二重性是生活垃圾分类的理论基础,其资源性需通过对生活垃圾进行分类才能获得,其危害性需通过对生活垃圾进行治理才能避免。这是生活垃圾理论上划分的内在逻辑,在外部形式上,则是按其直观的种类进行划分。

一、二分法

（1）按利用分可分为可回收垃圾、不可回收垃圾;或称为可用垃圾、不可用垃圾;或称为资源垃圾、弃置垃圾。

（2）按危险性分可分为有害垃圾、无害垃圾。

（3）按毒性分可分为有毒垃圾、无毒垃圾。

（4）按地域分可分为城市垃圾、农村垃圾。

（5）按干湿分可分为干垃圾、湿垃圾;或称为可腐垃圾、不可腐垃圾;或称为固态垃圾、液态垃圾;或称为固体垃圾、流体垃圾;或称为可燃垃圾、不可燃垃圾。

二、三分法及以上

（一）三分法

（1）二分法＋有毒害垃圾。

（2）依据垃圾的产生源头,分为生活垃圾、工业垃圾、建筑垃圾。

（二）四分法及以上

（1）按来源分：生活垃圾、生产垃圾、医疗垃圾、餐厨垃圾。

（2）按空间分：空中垃圾、地面垃圾、水里垃圾(海洋、江河、池塘、沟渠)、地下垃圾。

（3）按体量分：细小垃圾、粗大垃圾、轻巧垃圾、笨重垃圾。

（4）按产生地分：机关垃圾、学校垃圾、医院垃圾、工厂垃圾、部队及军事机关垃圾、公共场所垃圾、服务场所垃圾、公共交通垃圾。

三、常见的分类

生活垃圾分类工作的推进，是一个漫长的过程，是一项需要全民参与的工程。生活垃圾分类，到底该不该，难不难，怎么分，可谓见仁见智，但不管如何，"可回收物""不可回收垃圾""有毒有害垃圾"是能够取得共识的基础分类。在此，列举几种有代表性的、常见的生活垃圾分类方法：

（一）取得共识的生活垃圾分类

1. 餐厨垃圾

餐厨垃圾是指餐饮业单位，企事业单位、食堂等产生的食物残渣和废料，俗称泔脚、泔水或潲水。

餐厨垃圾以淀粉类、食物纤维类、动物脂肪类等有机物质为主要成分。

2. 可回收物

纸类：未严重玷污的文字用纸、包装用纸和其他纸制品等。如报纸、各种包装纸、办公用纸、广告纸片、纸盒等。

塑料：废容器塑料、包装塑料等塑料制品。比如各种塑料袋、塑料瓶、泡沫塑料、一次性塑料餐盒餐具、硬塑料等。

金属：各种类别的废金属物品。如易拉罐、铁皮罐头盒、铅皮牙膏皮、废电池等。

玻璃：有色和无色废玻璃制品。

织物：旧纺织衣物和纺织制品。

3. 有毒有害垃圾

电池、节能灯等有毒的垃圾。

4. 不可回收垃圾

除去上述三种，其他的都是。

（二）国家相关部门推行的生活垃圾分类

城市生活垃圾分为可回收物、易腐垃圾、有害垃圾和其他垃圾，具体按照以下标准分类：

1. 可回收物

可回收物是指适宜回收和资源化利用的生活垃圾。主要包括：未被污染的废纸，废塑料，废金属，废包装物，废旧纺织物，废弃电器电子产品，废玻璃，废纸塑铝复合包装等。

2. 易腐垃圾

易腐垃圾即湿垃圾，主要包括：餐厨垃圾；厨余垃圾；以及农贸市场、农产品批发市场等产生的废弃的食品、蔬菜瓜果垃圾、腐肉、肉碎骨、蛋壳、畜禽产品内脏等。

3. 有害垃圾

有害垃圾是指生活垃圾中对人体健康和自然环境造成直接或者潜在危害的

废弃物。主要包括：废电池（镉镍电池、氧化汞电池、铅蓄电池等），废荧光灯管（日光灯管、节能灯等），废温度计，废血压计，废药品及其包装物，废油漆、溶剂及其包装物，废杀虫剂、消毒剂及其包装物，废胶片及废相纸等。

4. 其他垃圾

其他垃圾即干垃圾。由个人在单位和家庭日常生活中产生，是指除可回收物、易腐垃圾（或餐厨垃圾）和有害垃圾以外的生活废弃物。

四、本书建议的分类原则与方法

生活垃圾分类不需高大上，但需接地气、解疑难。生活垃圾分类应与终端处置相挂钩，与分类对象相联系，便于理解，便于操作。

（一）生活垃圾分类的原则

生活垃圾如何分类，应先确定规则，制定标准。规则是否科学，标准是否合理，需要经过实践的检验。这就告诉我们，生活垃圾分类标准的确定，要结合国情、省情、市情、县情，要考虑进行生活垃圾分类群体的各方面情况，实事求是地进行分类。正因如此，各地生活垃圾分类的结果才不尽相同。但从更大的范围考虑，需要有相对统一的标准。

（二）分类方法

基于上述认识和原则，把握问题导向，以处置的最终走向来界定生活垃圾的类别。

1. 城市生活垃圾分类

按照生活垃圾分类治理的末端不再填埋的目标，将生活垃圾分为以下四类：可回收物、餐厨垃圾、有害（毒）垃圾、其他垃圾。

可回收物——再利用或可回收，绿色桶，单只右手掌为标识

餐厨垃圾——餐厨垃圾处理厂专门处理，蓝色桶，树叶（公用）菜叶（家用）作为标识

有害（毒）垃圾——特殊处理，黑色桶，电池作为标识

其他垃圾——焚烧（发电或他用），红色桶，火苗作为标识

2. 农村生活垃圾分类

农村按照生活垃圾分类治理的末端不再填埋的目标，将生活垃圾分为以下四类：可回收物、可腐（烂）垃圾、可燃（烧）垃圾、有害（毒）垃圾。

可回收物——再利用或可回收，绿色桶，单只右手掌为标识

可腐（烂）垃圾——堆（沤）肥后返地（还田），蓝色桶，树叶（公用）菜叶（家用）作为标识

可燃垃圾——焚烧（发电或他用），红色桶，火苗作为标识

有害（毒）垃圾——特殊处理，黑色桶，电池作为标识

家用垃圾筒二分,设可腐、可燃分类垃圾筒,不设有毒害分类和可回收分类垃圾筒。有毒害垃圾虽是生活垃圾,但不常产生,且量小,不如直接投送到生活垃圾收集点。家用垃圾筒三分或四分的主要弊端在于占地面积大,根据目前中国城市居民厨房的空间现状,垃圾筒不能占用过多空间。

分类垃圾站(池):可以分为四大类,可腐烂垃圾、可燃烧垃圾、可回收垃圾、有害(毒)垃圾。根据空间情况,对可回收垃圾进行适当细分。

当前,全国各地生活垃圾分类做法有差异,应以当地处理方式为准。不同的单位确实存在差异。建议以基本分类加补充的形式来确定全国生活垃圾分类工作,基本分类全国需统一,补充分类应因地制宜。

第三节　实践中的生活垃圾分类

一、国外部分国家的生活垃圾分类

(一) 日本

日本各地区对生活垃圾分类的具体要求存在一定的不同,特定地区的生活垃圾分类划分多达 36 种,大多数地区将生活垃圾分为 7 类:① 可燃垃圾:厨余垃圾、橡胶制品、衣服、纸制品、革制品、录像带、杂草等;② 不可燃垃圾:餐具、厨具、玻璃制品、干电池、灯泡、小型家电、一次性打火机等;③ 资源垃圾;④ 粗大垃圾:自行车、桌椅、沙发、微波炉、烤箱、高尔夫球杆等;⑤ 不可回收垃圾:农具、灭火器、砖瓦、水泥、摩托车、废轮胎等;⑥ 大家电:电视、洗衣机、空调、冰箱;⑦ 临时性大量垃圾:搬家或大扫除、修剪庭院时的垃圾。

(二) 德国

德国生活垃圾收集系统(sammelsysteme)大体分为两类:单独分类收集的垃圾和剩余垃圾。

(1) 单独分类收集的垃圾。废旧纸品(蓝色废纸桶 papiertonne):旧报纸、杂志、小册子、笔记本、纸板、包装材料等。

有机垃圾/生物垃圾(绿色/棕色有机垃圾筒 biotonne):仅回收有机的、可制成堆肥的垃圾,如剩饭剩菜等。

回收材料(黄色垃圾筒/袋 gelber sack/gelbe tonne):包括塑胶制品(kunststoff)如塑胶瓶、乳制品盒等,金属(metall)如罐头、瓶盖等和包装材料(verbundstoffe)如饮料纸盒、真空包装等。

残余垃圾(黑灰色垃圾筒 graue tonne):由于污染混合无法被其他任何分类进行回收的垃圾。

大件垃圾:大型垃圾指的是由于体积和材料而无法放入垃圾箱的垃圾,此类垃圾多为家具、家用电器等。

(2) 剩余垃圾则收集一些更为特殊的垃圾，细分如下：

旧玻璃：德国的旧玻璃瓶，分为白色（weißglas）、绿色（grünglas）和棕色（braunglas），不同颜色的玻璃瓶需要丢入不同的回收箱内。此外，陶器石器类、金属类、防热防烫或有重金属添加的特殊玻璃类的垃圾以及光学玻璃都不可以放到该类垃圾筒里。

旧衣物鞋子：不穿了且没有损坏、还能继续使用的旧衣服或者鞋子，可进入回收系统继续发挥余热。

特殊垃圾：是指会毒化垃圾，并且造成环境问题的物质，应该被分开处理。包括过期药品（altmedikamente）、废旧电池（altbatterien）、电子废弃物（elektrokleingeräte）等。

二、国内部分试点城市的生活垃圾分类

(一) 北京

北京目前采取的生活垃圾分类方法为"四分法"，将生活垃圾分为可回收物、厨余垃圾、其他垃圾、有害垃圾。这既是符合国家要求，也是目前最简单的分类方法。这四类生活垃圾的详细情况如下：① 可回收物（蓝色桶）：可循环利用的，报纸、镜子、饮料瓶、易拉罐、旧衣服、电子废弃物等，由再生资源企业回收利用。② 厨余垃圾（绿色桶）：厨房产生的，如菜叶菜帮、剩饭剩菜、植物等。③ 其他垃圾（灰色桶）：包括保鲜膜、塑料袋、纸巾、大骨头、玉米核等。④ 有害垃圾（红色桶）：对身体和环境有害的，如废灯管、水银温度计、过期药品、油漆、化妆品等，需用特殊方法安全处理。

(二) 上海

上海生活垃圾按照以下标准分类：① 可回收物，是指废纸张、废塑料、废玻璃制品、废金属、废织物等适宜回收、可循环利用的生活废弃物。② 有害垃圾，是指废电池、废灯管、废药品、废油漆及其容器等对人体健康或者自然环境造成直接或者潜在危害的生活废弃物。③ 湿垃圾，即易腐垃圾，是指食材废料、剩菜剩饭、过期食品、瓜皮果核、花卉绿植、中药药渣等易腐的生物质生活废弃物。④ 干垃圾，即其他垃圾，是指除可回收物、有害垃圾、湿垃圾以外的其他生活废弃物。

(三) 干湿之分的利弊

将日常生活垃圾分为干垃圾和湿垃圾，表面上看很直观、很好理解，操作起来也不会难。但事实上，日常生活中将垃圾分类时并不是这样，而是有不少实实在在"湿的干垃圾"。有人会说，湿是一种形态，一种表象；而干则是一种性状，一种本质，要透过现象看本质。可问题在于，给垃圾分类并投送垃圾的人，不分男女老少，不分学历高低，人人都会制造垃圾，也几乎人人都要面对垃圾。从实用

性考虑,不如直接按垃圾最终的去向进行分类。编者在上海调研生活垃圾分类期间,曾就这个问题请教了数名相关人员,得到的结果是上海由于受到设施设备的制约,长期以来只好按照干湿垃圾来做分类。

总体来看,分成可回收物、厨余垃圾、有害垃圾和其他垃圾四大类居多。据统计,目前46个生活垃圾分类重点试点城市,八成以上都使用"四分法"。生活垃圾的具体分类标准,可以根据经济社会发展水平、生活垃圾特性和处置利用需要予以调整。

三、国家标准生活垃圾分类标志

2019年11月15日,住房和城乡建设部召开新闻通气会,会上发布了《生活垃圾分类标志》新版标准。相较于旧版标准,新版标准的适用范围进一步扩大,生活垃圾类别调整为可回收物、有害垃圾、厨余垃圾及其他垃圾4个大类和纸类、塑料、金属等11个小类,生活垃圾分类标志(图4-4)共删除4个、新增4个、沿用7个、修改4个。《生活垃圾分类标志》标准于2019年12月1日起正式实施。单图标志配色方案(部分),如表4-1所示

| 厨余垃圾 | 可回收物 | 其他垃圾 | 有害垃圾 |
| Food Waste | Recyclable | Residual Waste | Hazardous Waste |

图4-4 生活垃圾分类标志

表4-1 单图标志配色方案(部分)[①]

类别	标志含义	白底黑图	基材底色图	白底彩图
可回收物	纸类			
	塑料			

---

① 本表彩图读者可在住建部官网或其他网站搜索查看。

类别	标志含义	白底黑图	基材底色图	白底彩图
可回收物	金属			
	玻璃			
有害垃圾	家用化学品			
	电池			
厨余垃圾	家庭厨余[a]垃圾			
	餐厨垃圾			
	其他厨余[b]垃圾			

第四节　我国生活垃圾分类现状

生活垃圾分类已经在我国试点推行了二十年左右。自 2000 年 6 月北京、上海、南京等 8 个城市被作为全国第一批生活垃圾分类处理试点城市以来,取得了一些成绩,比如在很多城市的街头、生活小区、机关单位,生活垃圾分类的硬件设施已经基本齐全,标有生活垃圾分类标志的垃圾筒随处可见。但遗憾的是,这些垃圾筒并没有物尽其用,有的居民没有对生活垃圾进行分类,而是把所有的生活垃圾装进同一个塑料袋里,随手扔进垃圾筒。

一、分类水平总体不高

与生活垃圾分类做得好的国家比,我国生活垃圾分类总体水平不高。主要表现在:生活垃圾的分类率不高,可回收物的利用率不高,生活垃圾分类治理的质量不高。

(一) 分类率不高

生活垃圾的分类率不高,主要表现在两方面:生活垃圾分类的好习惯尚未养成,民众对生活垃圾分类知晓率不高,生活垃圾分类的准确率不高;整体情况看,生活垃圾的清运量未达到应清尽清的程度,清运率有待进一步提高。

(二) 利用率不高

我国生活垃圾中可回收物占比较大,可回收物的回收率和可循环利用率是生活垃圾分类治理的一项重要指标,是生活垃圾分类治理源头减量的关键所在。近年来,随着生活水平的提高,物质生活的极大丰富,人们的勤俭节约观念有所淡化,消费观念有所改变,生活垃圾量显著增加,但可回收物的利用率不高,尤其是塑料的利用率不高。

(三) 质量不高

我国生活垃圾分类治理总体质量不高,主要表现在:分类处理方式上,焚化率不高;处理技术上,先进性不高;分类处理成本上,投入不高,日本是 2 680 元/吨,上海市是 895 元/吨;处理终端质量上,与欧美日德相比,质量不高,差距也很明显,我们处于起步阶段,他们处于成熟阶段。

二、区域不均

(一) 城市之间不均

总体上看,特大城市优于中小城市;试点城市优于非试点城市;首次试点的 8 个特大型城市是我国生活垃圾分类治理的先锋城市,尤其是上海市在整体推进力度、投资额度、市民参与程度、"三化"效度上处于领先地位;26 个示范城市和 46 个重点城市所处的地位,所起的作用也各不相同。

（二）城乡之间不均

城市优于乡村,而且差异明显。一般来说,县城优于乡镇,乡镇优于村居;经济发达地区的乡镇优于经济欠发达地区的乡镇。

（三）社区之间不均

党政机关、事业单位优于居民小区;新建小区的设施设备优于老旧小区;成熟小区优于非成熟小区;封闭小区优于发散小区;管理精细小区优于管理粗放小区。

三、源头不清

（一）生活垃圾分类法律法规与政策刚性不足

2000 年 6 月,建设部下发《关于公布生活垃圾分类收集试点城市的通知》（以下简称《通知》）。以《通知》作制度,其规定刚性明显不足;且其仅明确是生活垃圾分类收集试点,决定了它作为对推进生活垃圾分类立法工作的先天性不足。重点是生活垃圾分类收集,关键词是提倡。甚至可以说,没有达到推进生活垃圾分类的立法要求。

2015 年 4 月,五部委公布首批生活垃圾分类示范城市（区）,总共 26 个城市（区）。五部委明确提出,各示范城市（区）要积极细化探索垃圾分类的方式、因地制宜开展工作,特别要加强对于厨余垃圾分类的收集和处理;到 2020 年年底,各示范城市（区）的生活垃圾分类收集实现 90% 的覆盖率,各个居民小区、学校、单位和公共场所都要实现。重点是解决厨余垃圾,关键词是鼓励。但从实际结果看,餐厨垃圾的收集与处理,由于设施设备投入大,选址难,致使餐厨垃圾处理厂数量严重不足。

2017 年 3 月 18 日,国家发改委、住建部发布《生活垃圾分类制度实施方案》（以下简称《实施方案》）。《实施方案》提出,到 2020 年年底,初步形成可复制和推广的、居民群众能够基本接受的生活垃圾分类模式;在实施生活垃圾分类的重点城市要加快推进建设,通过生活垃圾强制分类的实施,实现生活垃圾回收利用率达 35% 以上。虽然未明确提及"强制"二字,但是其内容处处紧扣"强制分类"（2016 年 6 月 15 日,征求意见稿中对于生活垃圾分类提出了"强制"要求）。重点是解决生活垃圾分类的全过程,关键词是强制。

纵观我国生活垃圾分类的三个阶段,在建立生活垃圾分类法律法规方面,前两个阶段有不全面、不系统、不强制的局限性,出发点在于解决某些方面的突出问题,事实上,也确实推进或解决了某些方面的问题,这是值得高度肯定的。实事求是地说，我们不能指望，超出生活垃圾分类的发展阶段来解决生活垃圾分类的所有问题。随着《实施方案》的颁布实施，我国政府已改变以前生活垃圾分类以鼓励为主的方式，将强制生活垃圾分类纳入法制的轨道。

（二）生活垃圾分类相关管理部门与基层对应不清晰

生活垃圾分类治理是一项多部门参与管理的系统工程，牵头部门主要是住房和城乡建设部、国家发展和改革委员会，现阶段参与的有生态环境部、教育部、商务部、爱国卫生运动委员会、市场监督管理总局、全国供销合作社、中央精神文明建设指导办、共青团中央、全国妇联、国家机关事务管理局等相关系统和部门，各个部门职权职责虽是明确的，但最终的执行者在居民和公众个体，管理者的主体责任在社区。"上面千条线，下面一根针"现象突出，多头管理效应明显，齐抓共管的结果，往往是突出和疑难问题难以解决，如生活垃圾分类收集端的设施设备投入，老旧小区生活垃圾分类收集点的改造投入等问题难以解决。

（三）生活垃圾分类桶配置不清晰

长期以来，家用或单位使用的垃圾筒都是"一桶天下"，设施设备上的制约，一定程度上也阻碍了不少居民的生活垃圾分类热情和行动。收集、转运、处理的混杂，加重了人们的生活垃圾分类疑虑，以至于垃圾混合投放成为习惯，没有生活垃圾分类的意识，更没有生活垃圾分类的习惯和自觉。这些因素的综合作用，造成了生活垃圾分类源头上分混相杂、分而未分的现状。

调查显示，我国公众普遍对"生活垃圾分类"的重要性予以认可，但是仅三成受访者认为自身在生活垃圾分类方面做得"非常好"或"比较好"，"知行不一"成为生活垃圾分类最大的难点之一。

四、中间相混

（一）收集点相混

生活垃圾分类工作各个环节是相互关联的，分类投放做不到，分类运输就失去了应有的意义。源头不清，中间环节的收集、转运就理所当然的一起装、一车运了。有些城市的垃圾清运人员，将原本已经分类好的垃圾一股脑儿全部装上垃圾清运车，使得居民的生活垃圾分类努力白费，严重挫伤了居民的积极性。

（二）运输环节相混

运输环节相混主要有两方面原因：一是来自上一个分类与收集环节，在源头上未进行分类；二是来自运输环节本身，分类运输的成本要高于混装混运的费用，据上海市绿容局的测算，分类运输的成本约高于混装混运的费用 40%。

当然,矫正的措施是有的,但进行第二次分类,其成本远远大于第一次就分类到位或基本到位,关键是谁来组织,谁来投入? 就目前来说,推进生活垃圾分类最大的经济压力在各级政府,最大的工作压力在街道和小区,最大的收运责任在居民和一线的环卫工人,最主要的监督责任则是居委会和监督员。

五、结果堪忧

(一)生活垃圾处理速度慢,资源化利用程度低

尽管我国生活垃圾产生量目前以年平均 5%～8% 的速度增长,但是年生活垃圾无害化处理率已达到 99%,这是值得肯定的。主要问题在于:生活垃圾分类处理速度慢,资源化利用率低。究其层面原因,主要是我国公民环保意识淡薄,环卫力量不足,环卫设备陈旧,难以做到日产日清;同时我国生活垃圾经济成分低于发达国家,产业化程度不高,开发治理部门重视不够。我国垃圾资源化综合利用程度低,不仅无法与北美、西欧及日本等国相比,更无法与生活垃圾回收利用率已达到 65% 的德国相比。

(二)生活垃圾处理以填埋占主要方式,污染严重

2018 年以前,我国城市生活垃圾处理最主要的方式是填埋,约占全部处理量的 70% 以上,其次是高温堆肥。不少是简单的卫生填埋,污染现象十分严重。随着人们环保意识的增强,生活垃圾分类治理技术水平的提高,高温堆肥和简单填埋大幅减少,2019 年年底,生活垃圾填埋与焚烧较为接近。

(三)勤俭节约意识有待加强,回收利用技术水平依然不够

随着我国经济发展和居民生活水平的提高,鼓励消费,促进经济增长的同时,生活垃圾问题也日益严峻。人们的生活习惯的改变,消费观念的改变,特别是勤俭节约的优良传统提的少了,做的就更少了。

其实,勤俭节约也是财富,既是生活垃圾减量化的必要措施,也是减少浪费,充分利用资源。另外,应加强对生活垃圾开发利用。不少人虽然有着开发利用生活垃圾资源,改善生态环境的愿望,但缺乏相应的技术水平和实际行动。

(四)原生生活垃圾尚未做到"零填埋"

没有分类的生活垃圾,不适合直接堆肥、堆放、填埋或焚烧。不容忽视的是,填埋堆填区中的生活垃圾处理渗滤液不但发出臭味,而且会污染地下水。同时,很多城市可供堆填生活垃圾的场地已越来越少。

第五节　生活垃圾分类收集端的问题

一、分类和规矩意识

（一）分类意识

据调查，对于生活垃圾分类，民众不是不认同，而是难做到。政府努力整治生态环境，打造生活垃圾分类与生活垃圾处理产业，希望民众做好生活垃圾分类，这是长期的艰巨的任务。有人说，美国加州大学的两个分校生活垃圾分类都是一塌糊涂，指望普通中国民众能够搞好生活垃圾分类不太现实。

影响民众生活垃圾分类意识的另外一个因素是民众的疑惑。此前由于生活垃圾分类要求不高，或设施设备不全等多种原因，居民还存在这样的疑问，我们把生活垃圾分类了之后，保洁员还不是倒在一起，一辆车一起拉走，分类有什么用？生活垃圾分类意识不强，直接影响居民的日常行为和生活习惯，导致生活垃圾分类知识知晓率不高，准确投放率低。

（二）规矩意识

有极少数人公然表示，规定的丢垃圾时间正是大多数人的上班时间，在代理倒垃圾行业成熟以前，不能指望工薪阶层准时倒垃圾。撤走小区里的垃圾箱后，个别居民倒垃圾找不到垃圾箱，就把垃圾扔在路边。这就是没有规矩意识的具体表现，却被有些人看作是理所应当。生活垃圾分类就是要在规定的时段，规定的地点，按规定的类别投放生活垃圾。

从 2019 年 7 月 1 日零点开始，上海正式步入生活垃圾强制分类时代。从生活垃圾产生源头到末端处理，上海实行全流程分类管理。个人一旦违规混合投放垃圾，将被处以最高 200 元的罚款。上海此举被不少人称为"史上最严垃圾分类"。已出台的所有城市的生活垃圾分类管理制度中，都有"对违反规定倒垃圾予以罚款"这一条，目的就是加强民众规矩意识。

二、选点和投放时段

为什么规定的投送生活垃圾的时间，正是大多数人的上班时间？为什么生活垃圾回收的时间是早上而不是晚上九点家庭就餐结束后？为什么生活垃圾分类桶在我家周边？这是每个生活小区几乎都要遇到的问题，这些问题可以理解，但必须解决。总的原则是既要实事求是地解决问题，又要以人为本。

（一）规范布点

"邻避效应"乃人之常情，自不必多说，但总不能让垃圾筒无处安身。应按照合理的设置标准或者业委会商议后配置小区垃圾筒，并定期收集意见作出不断完善。

（二）兼顾多数

生活垃圾投放时段也是犯难的问题，很显然，无论规定在什么时段，都无法与以前全天候可投送生活垃圾相比，只能照顾小区大多数人的作息时间。其实，规定投放生活垃圾的时段，正是生活垃圾强制分类的一部分。

（三）美化环境

生活垃圾分类收集点要做到每日清理，保持整洁有序，清洁卫生，无异味，无臭气，同时尽量搞好绿化、美化。

三、成本和分担机制

（一）生活垃圾分类成本

传统的生活垃圾收费体系是建立在城市建设管理部门下设的环卫处，这一模式现已逐步得到改变，通过政企分开，政府购买服务，引入市场机制，实行服务外包。但城镇化水平的快速提升，人民生活水平的快速提高，物质生活的极大丰富，特别是近年来的快餐快递的快速发展，使本来就不完善的生活垃圾处理系统更加艰难。我国目前生活垃圾处理设施融资渠道匮乏，政府财政支出过于沉重，对居民和生产者同时收费才能弥补生活垃圾处理运营的成本，并且城市生活垃圾处理费的收费标准应当反映处理成本和企业与居民的承受能力。

从生态环境要求、市场机制运作、可持续性发展三个方面对生活垃圾分类治理收费进行考量，科学地制定城市生活垃圾收费的价格标准，不仅有益于降低交易成本，还可以提高经济效益，扩大我国城市生活垃圾处理设施建设的融资渠道，同时还可以利用趋利性使公众积极地投入减少生活垃圾排放、改善和保护环境中，引导公众更加科学和合理地进行消费，从而进一步推进环境的优化、发展的健康和科学。

（二）成本分担机制

计算生活垃圾处理全程的成本，即要计算生活垃圾的分类收集、分类投放、分类运输、分类处理的全生命周期的总成本，并以此为基础招标选取物业公司承担生活垃圾分类处理任务，推算出小区居民该承担的物业费用（主要是生活垃圾处理费用）。目前，我国大多数城市将其作为物业费的一项主要内容。

1. 成本分担是必然要求

生活垃圾分类治理是社会公用事业，国家必然要承担大部分费用，主要是基础设施设备和运输处理端设备费用。单位和居民是生活垃圾的生产者，根据"谁产生，谁处理"的原则，也应承担部分费用。以"收入弥补成本"为基本思想，合理确定生活垃圾分类治理成本及其分担比例，是生活垃圾分类治理的客观需要。

2. 收费模式的研讨

生活垃圾分类治理的成本分担如何科学合理,是不能回避的问题,计量收费大多数人认为相对合理。① 生活垃圾分类治理运营部分的成本主要应该由排放者承担。采用的主要经济手段有:按量收费制、回收补贴制、押金返还制、按户收取制、按住房面积收取制、按用水数量收取制等。② 近些年来,部分国家进一步将处理垃圾的责任追溯到了商品的生产厂商身上,认为他们销售商品的附加商品(如包装袋等),是生活垃圾产生的主要来源,就应该为垃圾的处理承担一部分经济代价。③ 目前在城市生活垃圾的治理上,主要发达国家所采用的经济手段主要有:产品生命周期评估、最低回收品利用标准、预付处理费制度等。

3. 国外的探索

国外生活垃圾处理收费的普及程度较高,分类回收和按排放量收费这两种手段相结合在解决城市垃圾问题上效果表现得最为明显。按量收费最早始于1916年,但直到20世纪90年代才开始在一些国家得到广泛使用。与其他几种收费制相比,按量收费具有促进居民主动减少生活垃圾排放量的作用。德国主要是采用购买垃圾筒并交纳相应的垃圾处理费,对于没有单独设桶的家庭,采用按住房面积收取费用的方式。

4. 我国的实践

我国从1994年开始征收垃圾服务费,但当时收费内容仅局限于垃圾的收集和运输等服务费,收费性质比较模糊。对于按户收费和按量收费两种模式,按量收费制度具有更明显的减排效果,但是由于相关规章制度制定上的可行性有待进一步探讨,实际操作过程中也会出现一些困难。我国大多数城镇居民区都是将生活垃圾集中投放在小区统一设置的垃圾筒内,大多数按住户的住房面积计费,可以研究将生活垃圾与住房面积或居住人口相结合的收费方式。深圳市是我国生活垃圾收费最早也是最好的城市,其做法是按用水量收费。在生活垃圾分类治理过程中,应根据各地的情况,实事求是地明确生活垃圾处理费用的收取模式,同时建立生活垃圾处理收费试点小区,举行听证会,摸索其推行生活垃圾分类治理收费的合理性。

(三) 值得重视的两种意见

生活垃圾分类成本主要有两种异样的意见:一是生活垃圾分类的成本过大,分担不合理;二是认为以税代费收取生活垃圾分类成本。现行的强制性生活垃圾分类大大增加了民众的成本,与其推广强制性的生活垃圾分类,不如增加生活垃圾税,雇佣一些专职人员分拣,同时改进垃圾运输、焚烧和填埋技术。

四、破袋和二次分拣

（一）二次分拣

二次分拣是生活垃圾分类中在收集站点查遗补漏的措施，便于纠偏纠错，实现生活垃圾精准分类。尽管最新版生活垃圾分类投放指南已经出炉，但对于具体物件属于"什么垃圾"，很多居民依然将信将疑，难以判定，仍需一段时间学习和适应。在生活垃圾专桶专运的工作要求与居民仍在适应期的矛盾下，需要组建一支专业的生活垃圾分拣员队伍，由专职环卫工人与志愿者组成，通过"二次分拣"做到生活垃圾精准分类，从而配合生活垃圾运输与处理的工作。

（二）破袋及"破袋神器"

破袋是在生活垃圾收集点分拣或检查打开垃圾袋的简称。二次分拣生活垃圾，是在生活垃圾收集点，居民已将生活垃圾装袋投放到收集点，破袋就成为必要的步骤。上海的环卫工人为此还发明了"破袋神器"。

破袋与二次分拣紧密相连，就是解决生活垃圾分类中的疑难问题，往往有很多生活垃圾分不清。例如，用报纸包着的涂料，属于什么垃圾？有害垃圾还是可回收垃圾？按照规定，这些难以区分的生活垃圾都属于"其他垃圾"，分类后将统一进行焚烧发电或卫生填埋等无害化处理。

五、再生资源和"两网融合"

（一）特定的含义

1. 再生资源

这里所称的再生资源有别于一般意义所指的可再生资源，主要是指我们生产生活中能反复利用的可回收物。通常为废旧金属、废塑料、废纸、废玻璃、废橡胶、废旧棉织品、废旧电器电子产品等七大类可回收物品。

2. "两网融合"

"两网融合"指城市环卫系统与再生资源系统两个网络有效衔接，融合发展，突破两个网络有效协同发展不配套的短板，其目的是实现生活垃圾分类后的减量化和资源化。

（二）必然趋势

根据国务院办公厅发布的《生活垃圾分类制度实施方案》，两网融合将成为城市固废行业发展趋势，成为生活垃圾分类的重要平台和渠道。

1. 构建新模式

积极构建"互联网＋资源回收"新模式，打造生活垃圾分类网络与再生资源回收网络通道，实现"两网协调融合"。鼓励在公共机构、社区、企业等场所设置专门的分类回收设施，建立资源回收利用信息化平台。

2. 纳入新规划

在城乡规划建设过程中,对新建或改造的小区应该要求其为生活垃圾回收站规划相应的场所,或者在建设过程中考虑与附近小区共享回收站(点),并将其作为社区绿色建设审批的必须项。

3. 规范新布点

(3)废品回收和"两网融合"规范布点。再生资源回收网点的布局规划应统一纳入城市建设规划,并符合城市建设总体规划和环境保护的要求。政府在进行环卫设施规划时,应考虑到回收网点的布局和兼容共享。

(三)成功范例

生活垃圾分类为再生资源企业提供了良好的发展机遇,不少企业主动承接两网融合的对接任务,开展生活垃圾源头分类,布局和完善可回收垃圾的回收网络,建立可回收物后端加工处理链条,从两网融合中获得新的发展机遇。

2018年以来,跨界巨头纷纷布局再生资源产业:东方园林危险废物回收与处置目标达1 000万吨;葛洲坝达到300亿元销售额;北京环卫跨界进入再生资源领域,承接京津冀周边主要再生资源回收及资源化利用;广船国际、南方环境在全国布局废钢回收利用;玖龙纸业建立废纸交易市场;宁德时代参与新能源动力电池回收;中车集团、杭州钢铁集团、中国铁路工程建设集团、北京控股集团、北京首创、桑德集团纷纷进入再生资源领域,大举快速布局。2020年这种跨界融合趋势将延续下去。

复习思考题

1. 常见的生活垃圾分类方法有哪些?

2. 三分法与四分法相比较,各有哪些优缺点?

3. 常见可回收生活垃圾有哪些?

4. 北京与上海采用的生活垃圾分类方法有什么不同?各有哪些优缺点?

5. 当前生活垃圾分类存在哪些问题?记录家中每天产生的生活垃圾种类,并进行分类。

案例精选

案例 订制科学合理精妙的智能垃圾分类收集器

我们需要一种家用的组合式垃圾筒(箱),或者叫一体化的垃圾筒(箱),或者用一体化垃圾收集器代替垃圾筒。北京达盛仁科技发展有限公司正在研制智能虹吸洗免袋垃圾筒。一体化垃圾收集器不用塑料袋，直接用内盒分装垃圾，内盒材质环保，易于清理，与垃圾回收站形成有效接口，通过高吸力，犹如高铁上的卫生设备，将垃圾收入容器中，少量水冲洗即可，集中消毒、烘干，重复使用。居民以脏换净，适量交费。

一体化垃圾收集器代替垃圾筒，材质环保，设计精巧，操作方便。可以根据用户家庭空间、人员构成、垃圾种类和垃圾量等需求，进行个性化设计，订制更为科学合理和精妙的智能垃圾分类收集器。

开放式讨论

1. 如何订制科学合理和精妙的智能垃圾分类收集器，解垃圾袋泛滥之忧？

2. 对于生活垃圾分类网上有些故意过度渲染。如，垃圾分类学了两天，还是被罚了 500 元；垃圾分类难不难？不难，也就 4 大类 162 种而已；喝完奶茶，珍珠倒到"湿垃圾"桶，杯子放到"干垃圾"桶，杯盖扔进"可回收垃圾"桶。倒一杯奶茶都要分成三类，难怪垃圾分类号称"最难推广的小事"。你如何看待这些观点？有何建议？

第五讲

生活垃圾分类治理的理论构建

实践需要理论指导,一般情况下,理论上无建树,实践中难突破。约二十年的生活垃圾分类试点工作,未达预期成效,原因是多方面的,包括缺少系统的政策支持,缺少强有力的推进措施等,其中重要的一个原因在于缺乏系统的理论研究与指导。

生活垃圾的二重属性是构建生活垃圾分类的理论依据,其资源属性需通过对生活垃圾进行分类才能获得;其危害性需通过对生活垃圾进行治理才能实现。实现资源性或使生活垃圾利用尽可能最大;消除危害性或使危害性尽可能达到最小是生活垃圾分类治理的目标。

第一节 生活垃圾分类治理应遵循的原则

生活垃圾分类治理工作是一项长期的、艰巨的、复杂的系统工程,有其自身的特点和规律。

一、主体性原则

主体性原则,即谁制造谁治理,谁污染谁治理。

近年来,我国加速推行生活垃圾分类制度,2019年起,全国地级及以上城市全面启动生活垃圾分类工作。我国居民生活垃圾分类好习惯正逐步养成,生活垃圾分类准确度不断提高,但分类回收后的垃圾依然总量巨大,收不胜收,埋不胜埋,烧不胜烧。为降低居民生活垃圾分类难度,根本减轻生活垃圾末端回收处置压力和二次污染,有必要推动生活垃圾源头减量化工作,进一步压实生产者责任,适时扩大实施生产者责任延伸制度的产品品种和领域。

根据2016年12月5日下发的《国务院办公厅关于印发生产者责任延伸制度推行方案的通知》,界定生产者责任延伸制度是指将生产者对其产品承担的资源环境责任从生产环节延伸到产品设计、流通消费、回收利用、废物处置等全生命周期的制度。明确生产者责任范围,即开展生态设计、使用再生原料、规范回收利用、加强信息公开。提出率先对电器电子、汽车、铅酸蓄电池和包装物等4

类产品实施生产者责任延伸制度。在总结试点经验基础上,适时扩大产品品种和领域。到 2020 年,重点品种的废弃产品规范回收与循环利用率平均达到40％。到 2025 年,重点产品的再生原料使用比例达到 20％,废弃产品规范回收与循环利用率平均达到 50％。

从生活垃圾分类及回收处置工作推进情况看,电器电子、汽车、铅酸蓄电池和包装物等 4 类重点产品可识别度高、分类难度小,资源化价值高,生产者回收利用积极。真正构成垃圾回收处置难题的是规模海量、资源化价值低、难以自然降解、处理处置难度高、二次污染重的塑料、玻璃、金属等日常垃圾和部分有毒有害垃圾。因而有必要将塑料、玻璃、金属和有毒有害垃圾列入生产者责任延伸制度实施范围。深入开展相关产品生态设计,加强轻量化、单一化、模块化、无(低)害化、易维护设计,以及延长寿命、绿色包装、节能降耗、循环利用等设计。加大再生原料的使用比例,实行绿色供应链管理,加强对上游原料企业的引导,研发推广再生原料检测和利用技术。支持生产企业建立相关产品新型回收体系,通过依托销售网络建立逆向物流回收体系,运用"互联网＋"提升规范回收率。进一步强化生产企业的信息公开责任,将产品质量、安全、耐用性、能效、有毒有害物质含量等内容作为强制公开信息,向公众公开。

二、优先性原则

生活垃圾分类的优先性原则,或者说生活垃圾处理方式的选择原则,是生活垃圾分类先进国家生活垃圾分类管理战略,大都遵循以下 5 个层级:

第一,尽可能不产生垃圾。生活垃圾的首要属性是污染物,当然是产生的越少越好。因为一切产品的"最终归宿"都会是垃圾,就需要我们尽可能少产生垃圾。

第二,重复使用。即生产出的产品或商品,尽可能延长其"寿命",以减少变成垃圾的时限。

第三,回收利用。产生了垃圾后尽可能进行回收利用,其中包括尽可能对可生物降解的有机物进行堆肥处理或厌氧消化处理。

第四,焚烧处理。尽可能对可燃物进行焚烧处理并进行余热利用。

第五,卫生填埋。对不能进行其他处理的生活垃圾进行卫生填埋处理。

需要说明的是,这里"尽可能"的含义就是以技术条件和经济条件许可为前提,要具体考虑市场需求与成本。

我国生活垃圾管理的原则是"减量化、资源化、无害化",这与发达国家的生活垃圾管理战略是一致的:尽量不要产生,重复使用,资源化利用与终端处理。

在生产和消费的各环节上,生活垃圾分类治理遵循的优先顺序是:制造者优先治理,使用者优先治理,就地就近优先治理。种植基地、养殖基地、工厂等生产性基地应优先考虑对可能产生的垃圾进行处理,优先考虑对有毒有害垃圾的回收处理或再利用。

在生活垃圾分类处理的各方式上,生活垃圾分类治理遵循的优先顺序是:利用优先,就近就便;回收优先,焚烧次之;可烧可埋,焚烧优先。

在生活垃圾分类处理的各形态上,生活垃圾分类治理遵循的优先顺序是:分类优先,而不是混合优先;环保优先,而不是方便优先;达标优先,而不是成本优先。

三、减量化原则

生活垃圾减量化原则,要求我们对生活垃圾分类处置后,需要进行卫生填埋的无用垃圾量、有害垃圾量最小化。对可烧可腐又能作资源回收的垃圾,应优先作为资源予以回收利用。

注重前端源头减量。主要是做好三方面工作:一是尽量减少使用量;二是尽量减少包装使用量;三是尽量减少一次性用品量。

强化中端分类减量。生活垃圾分类在分类和收集的中端,应简便易行,遵循优先性和按照属地管理的原则,由主管部门制定统一的分类标准,便于前端分类,便于末端处理,便于总体减量。

强化后端处置减量。生活垃圾后端处置的总体原则是分类处置,总的说,有四条主要路径:一是回收利用;二是循环利用;三是资源化综合处理;四是无害化处理。

进入生活垃圾强制分类时代,不少小区和公司已经实行智能化生活垃圾分类,重点在于增加可用物品回收量,减少生活垃圾处理量,刷卡扔生活垃圾、投放可回收物换现金、换物品得积分,个人混合投放生活垃圾最高可罚 200 元,这些招数都是为了总体上减少生活垃圾量。因此,可以说生活垃圾初次发生量,与生活水平有关;生活垃圾再分产生量,与分类水平有关;生活垃圾最终处理量,与治理水平有关。

四、资源化原则

垃圾又被称为错置的资源,具有资源属性。生活垃圾资源化,是将废弃的生活垃圾分类后,作为循环再利用原料,使其成为再生资源。生活垃圾资源化,有利于解决生活垃圾填埋造成的潜在污染及土地空间难题;有利于解决地方财政对生活垃圾焚烧发电的补贴负担难题;有利于解决县、乡、镇生活垃圾无法规模化处理难题。著名的"3R 理念"是未来城市和农村生活垃圾处理的重要指引思想。尤其对于中小城市或者县镇一级,采用生活垃圾资源化处理技术,是一个可行性更高的选择。大力提倡并采取鼓励措施减少使用(reduce)、物尽其用(reuse)和循环再造(recycle)。

我国在生活垃圾资源化利用方面与发达国家差距巨大,任重道远。根据中国人民大学国家发展与战略研究院 2015 年发布的《中国城市生活垃圾管理状况评估报告》,中国 288 个地级及以上城市生活垃圾管理水平不够理想。主要表现为:无害化水平不高;减量化没有进展;资源化水平低。全国 4 万个乡镇、近 60 万个行政村大部分没有环保基础设施,每年产生生活垃圾 2.8 亿吨,绝大部分被填埋,造成环境危害。对中国生活垃圾处理没有做到资源化利用提出了警示。在生活垃圾资源化利用方面,排名第 1 的德国的回收率达到 65%,瑞士、荷兰、瑞典等欧洲国家回收再利用率均超过 50%。

2017 年 3 月 18 日,国务院办公厅转发《生活垃圾分类制度实施方案》,提出的主要目标之一是到 2020 年年底,基本建立垃圾分类相关法律法规和标准体系,形成可复制、可推广的生活垃圾分类模式,在实施生活垃圾强制分类的城市,生活垃圾回收利用率达到 35% 以上。由此可见,我国在生活垃圾资源化利用方面与发达国家的差距。

五、无害化原则

生活垃圾经分类处置后,对人类、社会、环境不造成伤害或者伤害性非常小。我国固废产业经过"十二五""十三五"的快速发展,截至 2017 年年底,年化生活垃圾清运量达到 2.15 亿吨,无害化处置率达到 98.73%,从收运体系及无害化处置方式上,已经具备较高的水平。

对损害生态环境的有害垃圾实施专项处理,经专业公司进行分类收运处理,达到对环境无损害。如深圳市,全市设置了 2.4 万个废电池回收箱、1.2 万个废灯管回收箱,委托专业公司进行分类收运、无害化处理。2018 年深圳市回收了 72 吨电池、135 吨灯管。

六、生活垃圾分类"三化"目标的逻辑关系

在理论层面,生活垃圾分类的目标是"三化",即按减量化、资源化、无害化这个顺序,但实际操作层面则是相反,即先无害化、再资源化,最后实现减量化。

生活垃圾分类最终的目标是从源头减少垃圾的产生,同时,借助生活垃圾分类这个抓手,提高全社会和全民的文明素质。所以,从这个意义上说,生活垃圾分类只是手段而不是目的,生活垃圾分类的最终目的是尽量不要产生垃圾,并不是要分类出多少生活垃圾。

第二节　生活垃圾分类治理需认清的矛盾

生活垃圾分类治理是一个社会治理全员全程的过程,对贯穿全程涉及全员

的矛盾认识,有利于我们认清问题的本质,抓住主要矛盾和矛盾的主要方面,以问题为导向,制定政策策略,明确方法路径,完成目标任务。

一、理想性与操作性

生活垃圾分类治理结果的理想性要求(减量化、资源化、无害化)与社会或群体及个体操作性缺失(知晓率、参与率、准确率不高)的矛盾。生活垃圾分类治理的结果是建立现代的生活垃圾分类管理制度;民众对生活垃圾分类的知晓率、准确率达到一定的高度,并能长期地自觉地遵守;固废塑料用品的利用率达到60%以上的较高水平;生活垃圾特别是有害垃圾得到无害化处理率达到100%。

理想性目标的达成需要社会、群体乃至个体的积极支持配合和主动作为。从近20年的提倡生活垃圾分类的实际效果看,社会或群体及个体知晓率、参与率、准确率不高造成操作性缺失,最终导致生活垃圾分类的理想性目标难以实现。

二、针对性与多样性

生活垃圾分类治理过程的针对性要求与社会或群体及个体多样性理解的矛盾。生活垃圾分类治理过程既有质的规定性描述,又有量的规定性检验,不同的区域、同一区域的不同的单位、家庭、个体,产生垃圾的数量和品种都有很大的差异,这就要求生活垃圾分类治理过程必须具有针对性。

生活垃圾品种的多样性必然要求生活垃圾分类治理过程具有针对性,尤其是生活垃圾焚烧时,未经分类或分类不到位的生活垃圾,耗能巨大,且排放难以控制,也就是说,生活垃圾分类治理过程的针对性不强会直接影响生活垃圾分类治理的效果。生活垃圾分类治理的效果是建立在生活垃圾严格而精准的分类基础上,生活垃圾分类的准确度越高,生活垃圾分类治理的效果就越好;反之,生活垃圾分类的准确度越低,生活垃圾分类治理的效果就越差。

三、封闭性与开放性

生活垃圾分类治理程序的封闭性要求与社会或群体及个体开放性需求的矛盾。生活垃圾分类治理程序上既要求生活垃圾分类、收集、转运、处理等环节完全是封闭的,只有在封闭的生活垃圾分类体系中运营,生活垃圾分类治理才能取得理想的效果。

生活垃圾分类治理的组织者和实施者希望在生活垃圾分类、收集、转运、处理等环节完全开放,希望能随时可扔、随地可丢。这种开放性有别于系统的开放性,实际上,就是一种随意性。主观上的任性思想,行动上的乱扔、乱丢、不分或分不到位，都极大地影响生活垃圾分类治理效果。

四、复杂性与简便性

生活垃圾分类治理时序的复杂性要求与组织或群体及个体简便性需求的矛盾。生活垃圾分类治理时序要求每个环节、每个步骤、每个品种都应得到妥当的处置，对收集投放时间、选址布点、设施设备配套、技术流程等都有严格的要求。生活垃圾构成和生活垃圾分类治理主体的复杂性决定着生活垃圾分类治理的结果的复杂性，生活垃圾分类治理的优先顺序决定着生活垃圾分类治理在时序上的复杂性和重要性。

生活垃圾分类治理的组织者和实施者希望在生活垃圾分类、收集、转运、处理等环节简便易行，希望一扔了之、一车运之、一埋了之、一烧了之。

五、系统性与分散性

生活垃圾分类治理全程的系统性要求与社会或群体及个体分散性需求的矛盾。生活垃圾分类治理是由多个子系统构成的复杂系统，作为系统有其自身的系统性要求，需要把生活垃圾分类治理的各部分、各方面和各种因素联系起来，形成统一的生活垃圾分类治理系统。

生活垃圾分类治理的组织者和实施者无论是社会组织或者是群体及个体，都希望符合本组织、本群体、本个体的个性需求，这些分散的各具特色的个性需求，显然是与生活垃圾分类治理的系统要求格格不入。因此，生活垃圾分类治理的强制性不可避免，只有通过立法，才能将生活垃圾分类治理的系统性要求与社会或群体及个体分散性需求统一起来。

第三节　生活垃圾分类治理需要
解决的主要问题

一、思想观念层面问题

（一）少数民众不愿分

随着人口增长以及城乡一体化脚步的加快，城镇人口越来越集中，生活习惯和环境均有了较大的改变，而伴随而来的还有越积越多的生活垃圾，生活垃圾处理成了和我们生活息息相关的事情。少数民众垃圾分类意识淡化，不愿对生活垃圾进行分类。

（二）部分民众不会分

由于长期生活习惯的影响，文化知识水平等多方面原因，不会分的现象时有发生。主要集中在文化程度较低的中老年人群体。

二、现实状况层面问题

不合理的处理方式难以应对生活垃圾总量逐年上升的局面。

（一）生活垃圾总量持续上升

根据中国住建部 2018 年发布的《中国城市建设统计年鉴》数据显示，2010年以来，我国生活垃圾清运量逐年上升，2016 年达到 2.04 亿吨，同比增长6.81%；2017 年达到 2.16 亿吨，同比增长 5.88%；2018 年达到 2.28 亿吨，同比增长5.55%。据测算，生活垃圾清运量将持续扩大，2023 年预计达到 4 亿吨。

（二）餐厨垃圾体量占比最大，但发电量占比较小

目前我国生活垃圾中餐厨垃圾占比达到 59.3%。我国城市每年产生餐厨垃圾不低于 6 000 万吨，虽然餐厨垃圾在生活垃圾中占比非常高，但由于热值较低，其单位质量垃圾中发电量占比仅仅达到 10.8%。生活垃圾中热值较高的为塑料、纸类和织物等，尤其是塑料，在生活垃圾中质量占比仅为 12.1%，然而贡献了发电量的 52.3%。

（三）目前垃圾处理方式以填埋为主

根据住建部发布的 2015 年《中国城市建设统计年鉴》中不同垃圾处理方式处理的生活垃圾量来看，填埋占据了我国生活垃圾处理的 64%；其次是焚烧处理，占 34.3%。截至 2016 年年末，我国共有生活垃圾处理设施 943 座，其中填埋场 657 座，占比为 70%。

填埋虽是目前我国生活垃圾处理的主要方式，其仍然存在诸多问题，且不可持续发展。根据国务院发布的《"十三五"生态环境保护规划》，至 2020 年生活垃圾焚烧处理率要达到 40%（事实上，2018 年我国生活垃圾焚烧处理率已达到45.1%）。在生活垃圾清运量稳步上升且垃圾焚烧受政策扶持的背景下，生活垃圾焚烧发电技术逐渐在我国发展成为生活垃圾处理的主流方式，这将是我国未来生活垃圾处理发展的趋势和方向。

三、体制机制层面问题

（一）生活垃圾分类垂直型管理体系无法满足生活垃圾分类治理"双全"（全程、全员）要求

2000 年 6 月进行的生活垃圾分类试点的牵头单位主要是住建部；2017 年3 月进行的生活垃圾分类试点的牵头单位主要是国家发改委和住建部，相关文件以国务院办公厅名义进行转发，这是我们经常看到的齐抓共管模式；2019 年6 月 10 日，九部委联合印发《关于在全国地级及以上城市全面开展生活垃圾分类工作的通知》，决定自 2019 年起在全国地级及以上城市全面启动生活垃圾

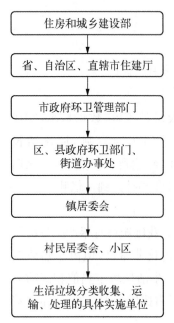

```
┌─────────────────────────┐
│     住房和城乡建设部      │
└─────────────────────────┘
           ↓
┌─────────────────────────┐
│  省、自治区、直辖市住建厅  │
└─────────────────────────┘
           ↓
┌─────────────────────────┐
│    市政府环卫管理部门      │
└─────────────────────────┘
           ↓
┌─────────────────────────┐
│   区、县政府环卫部门、     │
│      街道办事处           │
└─────────────────────────┘
           ↓
┌─────────────────────────┐
│       镇居委会           │
└─────────────────────────┘
           ↓
┌─────────────────────────┐
│    村民居委会、小区       │
└─────────────────────────┘
           ↓
┌─────────────────────────┐
│  生活垃圾分类收集、运     │
│  输、处理的具体实施单位    │
└─────────────────────────┘
```

图 5-1 我国生活垃圾分类垂直组织管理体系

分类工作。这是对 2017 年 3 月文件的重大补充和深入细化。文明创建工作由文明办牵头,卫生城市创建由卫生健康委牵头,生活垃圾分类治理有共青团和妇联,没有食品药品监督管理局和卫生健康委,对生活垃圾分类治理后端的检测和监测,除环保部门外,食品药品监督管理局和卫生健康委不应缺失,我国生活垃圾分类垂直组织管理体系如图 5-1 所示。生活垃圾分类治理是全程全员的管理体系,就其目前的管理体制来说,尚有需改进之处。

(二) 粗线条的生活垃圾分类处理流程无法满足生活垃圾分类治理的"五环"要求

现阶段,我国大多数城市或地区都是由原来的事业管理单位的环卫部门代行行政管理和环卫保洁双重职能,生活垃圾处理的流程简单粗放,难以实现分类治理的目标,当前我国生活垃圾分类的一般流程如图 5-2 所示。

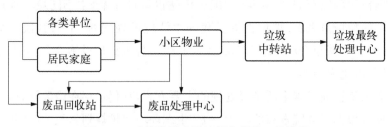

图 5-2 当前我国生活垃圾分类的一般流程

　　生活垃圾分类治理是一项长期的艰巨的复杂的系统工程,需要构建全方位、全领域、全生命周期的生活垃圾分类"五全五环"综合治理体系。具体来说,包括全面从严的依法治理环,建立健全生活垃圾分类治理的各项法律制度,以法制环境保障依法分类治理体系实施;全程分类的硬件设施环,加强生活垃圾分类治理各种设备设施的研发配置,以技术环境支撑分类治理能力提高;全新再生的资源利用环,利用和创造生活垃圾分类治理的全新再生的资源,以资源环境支持分类治理水平提高;全链跟踪的动态监管环,实行生活垃圾分类治理过程的全链跟踪,以监管环境修正分类治理行为规范;全民参与的社会协同环,实现生活垃圾分类治理过程全民参与,做到长期坚持。

四、操作策略层面问题

　　生活垃圾分类是一项操作性非常强的工作,其日常性和全员性的特点,必然要求注意操作性策略。

（一）规模化或整体化推进策略

以区或县为单位，在一个区或县的行政区域内先选取若干个居民小区或公共机构作为垃圾分类的试点，而不是在市辖范围内各区县各选几个小区域做试点，不能"遍地撒网"。最好是以县区作为基本单元成片推进。

（二）坚持问题导向策略

以后端治理决定前端分类。生活垃圾分类"四个环节"中，最难的是前端分类和后端处理两个环节。中间收集、运输相对容易些。

（三）注重源头分类策略

生活垃圾分类一定是要从源头分类，即从产生者居民家中或单位中就开始分。现在我国有些地方前端不分类，然后，混合垃圾运到分拣厂后机器分选，并号称纳米、等离子、红外线等"高科技"，这可能有点缘木求鱼了。我国的生活垃圾成分这么复杂，前端不分类，混合垃圾已交叉污染了，有些生活垃圾的特性已发生改变。此外，还有一个加大经营成本的问题。

（四）坚持主体独立策略

餐厨垃圾和有害垃圾作为独立主体单独分类，避免二次分拣。由于饮食结构的影响，我国生活垃圾中，餐厨垃圾占比很大，一般在 $45\%\sim65\%$。餐厨垃圾填埋会产生渗滤液，焚烧会降低热值，都会产生二次污染。因此，餐厨垃圾分类处理是生活垃圾分类处理的一个关键环节。

（五）坚持属地管理策略

生活垃圾分类需因时因地制宜，在定时定点等具体问题方面，实行一小区、一单位一方案。定时定点的目的在于：一是便于管理、美化环境；二是降低生活垃圾分类的收运成本。从上海的实践看，"定时定点"回收生活垃圾很有必要，也是完全能够做到的。

五、考核评价层面问题

我国生活垃圾分类进行了 20 年，但目前，生活垃圾分类做得好与否，却没有一个科学的、统一的考核体系和评判标准。

（一）生活垃圾分类评价重形式不重内容

许多城市在介绍生活垃圾分类的成果时，主要介绍的是，召开了多少次会议，制定了多少方案，张贴了多少海报，开展了多少次活动，投入了多少经费，添置了多少垃圾筒，进行了多少个试点。近年来，生活垃圾分类"互联网＋"和"智慧分类"又蔚然成风，很多地方，在介绍生活垃圾分类的成绩时，多把生活垃圾分类"互联网＋"及"智慧分类"提出来。概念性的东西不少，实质性的内容不多；爱好形式的不少，注重内容的不多；运动型阶段式的不少，日常型持续式的不多。

可以说,不少地方的生活垃圾分类是热热闹闹一阵子,完完全全老样子。

(二)生活垃圾分类的投入与产出不成比例

很少计算投入与产出比,通过生活垃圾分类,分出来了多少可回收物,利用了多少资源,减少了多少生活垃圾,节省了多少土地,投入了多少经费,缺乏深入地、系统地研究。

评价高考如果有人说,上了多少次课,买了多少本书,晚上学习到几点,这是没有意义的,因为这些只是过程,关键要看结果:高考成绩。同样生活垃圾分类要看成效,不能把过程当结果,把手段当目的。

(三)建立客观的生活垃圾分类评判标准

评判生活垃圾分类做得好与否的标准是什么呢?应建立定性与定量相结合的评判标准。习近平总书记说"生态文明建设,算大账、算长远账、算整体账、算综合账"。

1. 定性分析

在定性分析上,主要有下述三方面:

一看是否有利于生活垃圾分类治理可持续无害化、资源化及减量化。所谓可持续,就是能连续不断地进行下去,这就需要运营成本要低,财政投入不能过大。无害化是基本要求,资源化是基本手段,减量化是基本目标,即通过分类各种生活垃圾得到有效处置,所有生活垃圾实现无害化处置,可回收物得到充分利用,最终进入填埋的量最小。

二看是否有利于改善小区环境,增强居民幸福感。先厘清垃圾的属性,因为垃圾是污染物,首先应该交费;因为分类了,付出劳动,应该有收入,特别是经济方面的收入。但由于历史的原因,之前的混合垃圾的处理费没有收费或没有足额收费,因而通过垃圾分类资源和减量化的收益就体现不出来,这种局面需纠正过来,变成"混合垃圾多收费、分类垃圾少付费"。同时,小区居住环境因生活垃圾分类而变得整洁干净,改善人居环境,增强居民幸福感。

三看是否有利于减少政府财政的总体投入。生活垃圾分类开始试点和推进时,需要政府加大投入,但从长期看、全局看,随着生活垃圾资源化和源头减量化,减少生活垃圾的清运费、处理费、延长后端处理厂的使用年限,这都会产生经济效益,因此,生活垃圾分类成功,除产生生态效益、社会效益外,也会产生一定的经济效益,但总体上还需要建立生态补偿机制。

2. 定量测量

在定量测量上,参照挪威、德国、瑞典、新加坡等国家的做法,结合我国实际,应该重点考察下面六项指标:

(1)知晓率:一个国家或地区的居民对生活垃圾分类的知晓人数与该国家或地区总人口数之比。据上海市绿容局报道,2019年10月上海市居民关于生活垃圾分类的知晓率达到100%,参与率超过95%。

（2）准确率：一个国家或地区的居民对生活垃圾准确分类的人数与该国家或地区总人口数之比。生活垃圾的纯净度与生活垃圾分类的准确率紧密相关，据上海市绿容局报道，2019年10月上海市居民投放生活垃圾准确率超过98%，经生活垃圾分类后的湿垃圾的纯净度达到90%，干垃圾的含水率不到50%（未分类的混合垃圾含水率60%～70%）。

（3）生活垃圾回收利用率：一个国家或地区生活垃圾回收利用量与清运总量之比。2017年3月，国家发改委、住建部公布的《生活垃圾分类制度实施方案》中，要求2020年46个重点城市生活垃圾分类资源利用率达到35%。

（4）减量率：一个国家或地区生活垃圾产生总量与前期生活垃圾产生总量之比。关键是前端源头减量，通过生活垃圾分类促进或倒逼源头减量，比如：台北每人每日垃圾量由之前的1.12千克，通过生活垃圾分类，减少到2009年的0.39千克，减少65%；韩国通过生活垃圾分类，1995年人均日生产垃圾为2.3千克，2006年则为0.95千克，减少58.7%。

（5）处理率：一个国家或地区经处理的生活垃圾量占生活垃圾总量之比。根据生态环境部公布的《2019年全国大、中城市固体废物污染环境防治年报》，2018年，200个大、中城市生活垃圾产生量21 147.3万吨，处置量21 028.9万吨，处置率达99.4%。原生生活垃圾做到了零填埋。

（6）无害化处理率：一个国家或地区生活垃圾无害化处理总量与垃圾产生总量之比。2009年，我国生活垃圾无害化处理量为11 232.2万吨，生活垃圾无害化处理率为71.4%；2017年我国生活垃圾无害化处理量为21 034.2万吨，生活垃圾无害化处理率为97.7%；2019年我国生活垃圾无害化处理率达到了98.83%，上海市为99.94%。

以上这六项指标都是用数据丈量生活垃圾分类实绩，在我国因为基础数据统计不够准确和全面，有待于从制度和技术层面加强完善。

上述五个层面和六项指标所反映的问题，可以归纳为生活垃圾分类治理的两个关键（表5-1）：关键点和关键问题。我国生活垃圾分类治理水平要提高，需要加强生活垃圾分类治理的理论研究，需要全面地进行梳理并加强实证性研究。一定意义上，理论的广度与深度支撑着实践的力度和效度。

表5-1 生活垃圾分类治理的两个关键

关 键 点	关 键 问 题
为什么要分类 （必要性分析）	● 外部环境的现实挤压 ● 内部环境的现实挑战，不可回避 ● 生活垃圾基本属性的逻辑起点 ● "要我分"非是"我要分"吗？ ● 立德树人，劳动教育的有机组成部分

关 键 点	关 键 问 题
能不能分类 (可行性研究)	● 生活垃圾的双重属性作为内在的逻辑 ● 生活垃圾分类的国际视野中成功的范例、样板 ● 试点城市的总结,尤其是上海成功的案例 ● "我能分""我会分"必然的需求
谁来分类 (主体性研究)	● 政府统筹(政策主导)、担当作为 ● 市场参与(技术支撑)、资金支持 ● 街道、居委会、小区的职能、职责 ● 单位、家庭、个人的主体责任(收集主体) ● 值得称道的做法
在哪些方面分类 (主要内容研究)	● 试点城市三阶段、约20年探索的经验教训 ● 国外生活垃圾分类治理哪些方面值得借鉴 ● 中国智慧、中国方案的核心是什么 ● 收集、投送端的六类主要问题如何解决 ● 重点难点在哪里
在什么时机收集、投送 (时机的成熟性研究)	● 分类的各环节时机的成熟度如何衔接 ● 总体时机、分步时机把握的要点 ● 一区一策的基本要求 ● 拒绝洋垃圾禁运的时机和火候如何把握 ● 高校和大学生在2020年参与生活垃圾分类应有哪些作为

第四节　生活垃圾分类治理的主要理论基础

一、失灵理论

失灵是指变得不灵敏或完全不起应有的作用。如,开关失灵、机械失灵、药物失灵、指挥失灵、市场失灵。生活垃圾分类治理失灵是指通过垃圾收集、投放、转运、处理等环节不能实现垃圾减量化、资源化、无害化。生活垃圾分类治理失灵的主要表现是生活垃圾爆发或生活垃圾泛滥,政府、社会、市场、个体总体上处于不作为或作用无效状态,破窗效应显著。

生活垃圾分类治理失灵主要是指生活垃圾分类治理的主体失灵,也就是政府失灵、社会失灵、市场失灵、个体失灵。

造成生活垃圾分类治理失灵的主要原因有两方面:一是条件性原因,在生活垃圾分类治理的全过程、全环节、全链条、全生命周期中,由于缺乏必要的设施设备、技术手段等,致使生活垃圾分类治理失灵。

二是原生性原因,在生活垃圾分类治理的全过程、全环节、全链条、全生命周期中,由于思想观念、环保意识等主观性因素的影响致使生活垃圾分类治理失灵。

二、干预理论

干预,在现代汉语中是指过问别人的事。如,干涉、参与、过问。生活垃圾分类治理干预是指通过对生活垃圾收集、投放、转运、处理等环节施加外在影响,从而引起各种反应的现象。生活垃圾分类治理的全过程、全环节、全链条、全生命周期中,由于思想观念、环保意识、技术手段、设施设备等主客观性因素的影响,致使生活垃圾分类治理不理想,依最终治理程度之不同,可分为干预不足、干预不力和干预无效。

三、效应理论

(一) 邻避效应

邻是指接近、邻近、邻接,主要是指位置和颜色。邻避效应一词最早产生于美国,英文为 not in my back yard,简称 NIMBY,直译为“不要在我家后院”,反映了人们对可能产生负面影响设施的抵触情绪,特别是对生活垃圾存放及处理设施避之不及的逃避心理。

邻避效应,其实是正常的心理反应,谁都希望方便地扔垃圾,但谁都不愿意与垃圾为邻,不愿意紧挨着垃圾筒、垃圾箱、垃圾站、垃圾处理厂(场)。然而,人们的生活却离不开垃圾筒、垃圾箱、垃圾站、垃圾处理厂(场)。现实却是远离这些设备设施的人们,既享受了垃圾处理设施带来的便利,又不需承担负面的影响,臭气、噪声、遗撒仿佛与他们无关。

邻避效应虽不是好事,但必须解决这些负面影响,这就从反向促进了生活垃圾的处理要求。一是减少生活垃圾的产生量,做好生活垃圾分类,从源头上降低生活垃圾处理可能产生的负面影响;二是要求做好绿色建筑规划,尽量远离生活垃圾设施设备,规避负面影响;三是提高生活垃圾处理技术,尽量减少负面影响。

(二) 破窗效应

破窗效应(broken windows theory)原本是犯罪学的一个理论。该理论由詹姆士·威尔逊(James Wilson)及乔治·凯林(George Kelling)提出,并刊于 *The Atlantic Monthly* 1982 年 3 月版的一篇题为“Broken Windows”的文章。

此理论认为环境中的不良现象如果被放任存在,会诱使人们仿效,甚至变本加厉。一幢有少许破窗的建筑为例,如果那些窗不被修理好,可能将会有人破坏更多的窗户。最终他们甚至会闯入建筑内,如果发现无人居住,也许就在那里定居或者纵火。一面墙,如果出现一些涂鸦没有被清洗掉,很快的,墙上就布满了乱七八糟、不堪入目的东西；一条人行道有少许纸屑，不久后就会有更多垃圾，最终人们会理所当然地将垃圾顺手丢弃在地上。这个现象，就是犯罪心理学中的破窗效应。"环境早就脏了，我扔的这点儿垃圾根本起不到关键性作用""反正也不是我先这么做的"，不少人会这样辩解。

基本上，破窗效应带给我们的思路就是从小事抓起，只有全部小事都不出乱子，才能做大事。在应用实践中，最直观的"小事"就是环境卫生，要把一个地方搞干净 1 天、2 天并不难，但是要一个地方持续 1 年 365 天都很干净，那就只有顶尖的企业才能做到。这些事情并不难，缺的只是下定决心、持之以恒、配套机制、形成文化、定期更新。

（三）集聚效应

集聚效应（combined effect），是指各种产业和经济活动在空间上集中产生的经济效果以及吸引经济活动向一定地区靠近的向心力，是导致城市形成和不断扩大的基本因素。

集聚是指积累，聚积之意。集聚效应是一种常见的经济现象，如产业的集聚效应，最典型的例子当数美国硅谷，聚集了几十家全球 IT 巨头和数不清的中小型高科技公司；国内的例子也不少见，在浙江，诸如小家电、制鞋、制衣、制扣、打火机等行业都各自聚集在特定的地区，形成一种地区集中化的制造业布局。

类似的效应也出现在其他领域，北京、上海这样的特大城市就具有多种集聚效应，包括经济、文化、人才、交通乃至政治等。生活垃圾分类治理中也存在着集聚效应，并且通过这种效应，我们可以在某种程度上对生活垃圾分类治理在共建共治和共享上起到一定的控制作用。

四、治理理论

（一）治理及治理理论

治理，在现代汉语中有两重含义：一是统治、管理；二是处理、整修。治理（governance）概念源自古典拉丁文或古希腊语"引领导航"（steering）一词，原意是控制、引导和操纵，指的是在特定范围内行使权威。它隐含着一个政治进程，即在众多不同利益共同发挥作用的领域建立一致或取得认同，以便实施某项计划。

进入 20 世纪 90 年代后，随着志愿团体、慈善组织、社区组织、民间互助组织等社会自治组织力量的不断壮大，它们对公共生活的影响日益重要，理论界开始重新反思政府与市场、政府与社会的关系问题。随着全球对公共治理的关注变得更为广泛和日益重要，对于这一概念的界定出现了多种说法，治理仍是一个相对模糊和复杂的概念。

在治理的各种定义中,全球治理委员会的表述具有很大的代表性和权威性。该委员会于1995年对治理作出如下界定:治理是或公或私的个人和机构经营管理相同事务的诸多方式的总和。它是使相互冲突或不同的利益得以调和并且采取联合行动的持续的过程。它包括有权迫使人们服从的正式机构和规章制度,以及种种非正式安排。而凡此种种均由人民和机构或者同意,或者认为符合他们的利益而授予其权力。

治理具有四大特征:治理不是一套规则条例,也不是一种活动,而是一个过程;治理的建立不以支配为基础,而以调和为基础;治理同时涉及公、私部门;治理并不意味着一种正式制度,而确实有赖于持续的相互作用。

依据生活垃圾分类治理的手段和角度,生活垃圾分类治理可以分为依法治理、科学治理、双全治理三种形式和要求。

（二）依法治理

运用法律对其进行制约,提高自治与自律能力,建立政府与社会的相互协作的互动关系。转变政府职能,树立有限、责任、法治、服务政府的观念。充分发挥政府在生活垃圾分类治理中的主导地位和重要作用,同时实现生活垃圾分类治理主体的多元化功能。

（三）科学治理

习近平总书记指出,我们应该追求科学治理精神。生态治理必须遵循规律,科学规划,因地制宜,统筹兼顾,打造多元共生的生态体系。只有赋之以人类智慧,地球家园才会充满生机活力。科学治理生活垃圾在当今的发达国家进展缓慢,往往是几十年才能实现。在这种情况下,我们必须准备好通过长期的、缓慢的、渐进的过程来取得较好的绩效。

（四）双全治理

双全治理即全程全员治理,生活垃圾分类治理需要全过程治理,全员参与治理。生活垃圾分类治理全过程中的收集、投放、转运、处理每个环节都需要遵循"二不"基本要求。

生活垃圾分类收集的基本要求:破袋,不需进行二次分拣;不落地,避免产生二次污染。

生活垃圾分类投放的基本要求:不相混,分类收集的垃圾在投放点上不混投;不露天,避免生活垃圾日晒雨淋造成周边污染。

生活垃圾分类运输的基本要求:不散乱,分类投放的生活垃圾在转运过程中不散乱;不外露,避免生活垃圾飘洒遗落造成沿路污染。

生活垃圾分类处理的基本要求:不出害,生活垃圾在分类处理过程中不产生毒害;不出险,避免生活垃圾处理时产生危险。

五、阶段理论

生活垃圾分类治理既是一个循序渐进的过程，又是一个动态发展的过程，具有社会治理的阶段特点。从我国生活垃圾分类治理的实践看，可将其分为试点阶段、推进阶段、巩固阶段等三个发展阶段（图 5-3）。

图 5-3　我国生活垃圾分类的三个阶段

（一）试点阶段（2000.6—2017.2）

2000 年 6 月，建设部下发《关于公布生活垃圾分类收集试点城市的通知》，正式拉开了我国生活垃圾分类收集试点工作的序幕；2015 年 4 月，住建部等五部委发文确定了将北京市东城区、上海市静安区、广东省广州市、浙江省杭州市等 26 个城市（区）作为第一批生活垃圾分类示范城市（区）。

（二）推进阶段（2017.3—2034.12）

2017 年 3 月，国家发改委、住建部发布《生活垃圾分类制度实施方案》，提出建立生活垃圾强制分类制度，可以认为是生活垃圾分类推进阶段的起点；2019 年 7 月 1 日，上海市率先在全国在全市范围内强制推进生活垃圾分类，可以认为是生活垃圾分类加速推进阶段；到 2020 年年底，实施生活垃圾强制分类的重点城市（全国 46 个城市）生活垃圾分类收集覆盖率达到 90％以上，生活垃圾回收利用率达到 35％以上；到 2035 年前，实施生活垃圾强制分类的 46 个重点城市全面建立城市生活垃圾分类制度，分类达到国际先进水平。其他城市以及广大乡镇能够整体跟进，生活垃圾的产生量、清运量、无害化处理量达到一个总体平稳的水平。

（三）巩固阶段（2035.1 之后）

2035 年 1 月起，在生活垃圾分类治理推进阶段取得预期成果，达到国际先进水平的基础上，进一步缩小城乡差距，民众养成良好的生活垃圾分类习惯，保持生活垃圾分类治理的常态化，优质化，真正实现生活垃圾分类的"减量化、资源化、无害化"。

第五节　生活垃圾分类治理的"五全五环"

生活垃圾分类治理是一项长期的艰巨的复杂的系统工程,需要构建全方位、全领域、全生命周期的生活垃圾分类"五全五环"综合治理体系。

一、全面从严的依法治理环

建立健全生活垃圾分类治理的各项法律制度,以法制环境保障依法分类治理体系实施。我国城市生活垃圾污染防治立法,已初步构建起以《宪法》为基础,以各类环保基础法律、单行法律、行政规则和地方类规章为补充的法律体系。

(一)《宪法》中有关我国城市生活垃圾污染防治的法律规定

作为我国的根本大法,《宪法》是国内城市生活垃圾污染防治相关立法工作的根本依据。《宪法》第九条规定:"国家保障自然资源的合理使用,保护珍贵的动物和植物。严禁任何组织或个人用任何手段侵占或者破坏自然资源。"第二十六条规定:"国家保护和改善生活环境和生态环境,防治污染和其他公害。"第十条对土地资源的使用做出如下规定:"一切使用土地的组织和个人必须合理地利用土地。"这条规定对于垃圾填埋场的占地使用提出了同一个层面要求。第十四条规定:"国家厉行节约,反对浪费。"从资源利用角度看,体现出源头控制的思想在整个环境保护工作中的重要地位。

(二)环境保护基本法中有关我国城市生活垃圾污染防治的法律规定

我国《环境保护法》于 2014 年 4 月 24 日通过修正,自 2015 年 1 月 1 日正式纳入执行。新法是在 1989 年 12 月 26 日通过的《环境保护法》基础上修订的,其在制度、理念方面有显著突破和创新,被评为"史上最严环保法"。该法第四条内容提出:环境保护是国家基本国策。第十二条提出将每年 6 月 5 日作为环境日。充分体现了这部环保法在中国环保法律系统内的重要地位。这部法律内包含有关生态污染防治的基础性原则、制度、生态管理机构、法律责任等具体内容,而此类内容构成了国内城市生活垃圾污染防治立法系统的关键部分,同时具备很强的指导价值。《环境保护法》提出的基本原则有:① 环保和社会经济和谐发展;② 预防为主、防治结合、全面治理;③ 污染者治理、开发者维护;④ 国家对环境质量担负职责;⑤ 依赖广大人民群众开展环保工作。

(三)单行法中有关我国城市生活垃圾污染防治的法律规定

单行法是相对统一编纂的法典而言,一般只针对某个特别领域或个别事项进行规定。1995 年 10 月,我国出台《固体废物污染环境防治法》;2004 年 12 月,第 10 届全国人大常委会第 13 次会议对这一法律进行修正;2013 年 6

月,第12届全国人大常委会第3次会议又进行了一次修正。它是一部针对固体垃圾污染防治的专项性基本法律,用立法手段尽力从源头控制固体垃圾的形成量。这一法律把"保障人体健康,维护生态安全,促进经济社会可持续发展"当作立法依据,确切指出政府实行循环发展经济理念,提倡绿色的生产、生活与消费。此外,在新法中完善了多项法律制度,如生产者责任延伸制,充分追究污染方责任;设立健全了强制性回收体制,控制了资源浪费等。

在控制污染单行法律中,还有从2013年1月1日开始实施的《清洁生产促进法》,其中第2条重点提出:从源头削减污染,提高资源利用效率,减少或者避免生产、服务和产品使用过程中污染物的产生和排放,以减轻或者消除对人类健康和环境的危害。

（四）行政法规与部门规章中有关我国城市生活垃圾污染防治的法律规定

环境行政法规是国家最高行政部门也就是国务院依照《宪法》与法律设定并出台,或经国务院审批由相关机构出台的与环保相关的规则性文件。1992年,我国出台了《城市市容和环境卫生管理条例》并纳入执行,就城市生活垃圾的倾卸、打扫、运送、处置等逐个基础性流程做出相关规定。部门规章是通过国务院所属部委与直管部门依照《宪法》与国务院行政法规设定的规范性法律条例。例如由我国环保局、对外贸易协作部共同出台的《废物进口环境保护管理暂行规定》;建设部在2007年4月修正出台的《城市生活垃圾建设管理办法》;国家经委会出台的《关于开展资源综合利用若干问题的暂行规定》等,均为各个行政机构就城市生活垃圾污染所制定的法律法规。

（五）最新的关于生活垃圾分类管理办法

2017年3月18日,《国务院办公厅关于转发国家发展改革委 住房城乡建设部生活垃圾分类制度实施方案的通知》发布,由此拉开了生活垃圾强制性分类的大幕。在《生活垃圾分类制度实施方案》中,明确了以法治为基础、政府推动、全民参与、城乡统筹、因地制宜的生活垃圾分类制度。《生活垃圾分类制度实施方案》最突出的特点,在于它具有与以往不同的全面从严的强制性和可操作性,为生活垃圾分类治理提供了坚实的法制保障。

二、全程分类的硬件设施环

加强生活垃圾分类治理各种设备设施的研发配置,以技术环境支撑生活垃圾分类治理能力提高。建立以市级为统筹,区县为主体,街道为主导,小区（单位）为基础的生活垃圾分类的硬件设施体系。生活垃圾分类环节的重点设备是桶（袋）;生活垃圾分类收集投放环节的重点设施是站（房）,设备是箱（框）;生活垃圾分类转运环节的重点设备是专业的运输车辆;生活垃圾分类处理环节的重点设施在厂（场）。

生活垃圾分类管理部门针对现有的分类目录，委托专门机构进行生活垃圾分类收集工作，不同的生活垃圾采用不同的收集处置方式，逐步形成由社区收集系统、中转运输系统和信息化管理系统三部分组成的生活垃圾收集运输物流系统，加入生活垃圾分类终端处理系统后，便形成了全程分类的生活垃圾分类处理系统。

社区收集系统。社区收集系统作为生活垃圾分类收集运输系统的起点，主要是指弃置于垃圾袋的生活垃圾从居民点经由专职环卫工人上门收集或居民自己定时投放至收集点（如收集站和环卫转运站）的过程。主要有两种：一是居民投放至楼道口、楼层或垃圾箱房，环卫工人上门收集，人工运输至收集点；二是居民自行将垃圾袋装后直接投放至收集点。社区生活垃圾分类收集工作主要靠居民和保洁员完成，居民在室内进行生活垃圾初步的分类，小区保洁员再进行二次分拣。这种分类收集的方式已经在大部分试点实施，生活垃圾投放方便、收集及时，实现了城市垃圾日产日清，取得了较好的社会效益和环境效益。

中转运输系统。随着城市规模不断地扩大，中心用地成本升高，大部分生活垃圾处理设施外迁或新建在离城几十千米乃至上百千米的郊区。作为连接生活垃圾前端收集与最终处理的纽带，中转运输系统设计和安排显得尤为重要。距离的扩大意味着更高的运输成本，同时运输过程中二次污染的风险也随之增大。为了节约生活垃圾运输成本，控制二次污染风险，便在生活垃圾收运系统中加入垃圾中转站，将垃圾进行压缩再包装后用大吨位的运输车辆进行封闭式运输。

在确定生活垃圾分类转运系统时，需要根据城市的特点、人口密度等因素，考虑转运半径和覆盖面，考虑中转站设置和转运车辆配置。上海的经验值得借鉴，该市根据城市自然环境的特点，建造垃圾集装化转运码头，通过水上运输不仅缓解城市道路交通压力，也有效实现经济化运营。

三、全新再生的资源利用环

利用和创造生活垃圾分类治理的全新再生的资源，以资源环境支持分类治理水平提升。生活垃圾既具有物理属性，又具有化学属性。前端的分类分拣主要是利用其物理特性，基本不改变物理性状和使用功能，以重复使用、交换使用、循环利用为主。经过分拣的生活垃圾在二次利用上更有优势，利于形成新的资源。如分拣出来的塑料转化为可以售卖获益的塑料粒子；经过处理的餐厨垃圾可以提炼制造生物柴油，制成狗粮，堆肥用作肥料，残渣用于发电，废液经处理可作中水，进而转化为收入；分离出来的有害垃圾等其他组分也更容易进入垃圾处理系统进行无害化处理，形成新的产品。

四、全链跟踪的动态监管环

分类运输环节实施保障机制。对于已经分类的生活垃圾禁止混合收运，并以法律法规的形式予以保障；针对收集的有害垃圾，应指定有收集权限的单位进行收运；餐厨垃圾也要由具备收运资格的单位进行运输。实行生活垃圾收集运输特许经营和运输车辆准运制度。特许经营是将政府对生活垃圾的清运权下放到企业中去，通过招标、拍卖等模式，鼓励有此实力的公司和单位参与到市场竞争中。生活垃圾转运过程中的渗沥液滴漏、臭气、垃圾扬洒等易造成二次污染，要求转运车辆的密闭性很好，此外生活水平的提高使得市民对垃圾转运车的外观整洁也有较高要求，运输车辆准运证制度十分必要。餐厨垃圾与其他生活垃圾特性不同，运输过程中的二次污染类型不尽相同，餐厨垃圾以泔水、臭味等为主，因此对于不同生活垃圾转运需要做到专车专用。

实行生活垃圾分类治理过程的全链跟踪，以监管环境修正分类治理行为规范。为实现垃圾流量监管和二次污染防治，需要对生活垃圾物流调度信息系统进行动态监管，并在各个大中型垃圾转运站和部分处理处置场所安装使用监控系统，形成可追溯的全链跟踪。利用GPS定位，对运行中的环卫车辆进行实时监控了解车辆运输状况，及早发现问题并解决问题，避免道路阻塞和垃圾滞留；利用电子监控设备，对垃圾中转站出入口和作业区域进行实时监控，确保站内作业和车辆车容车貌的整洁度。同时将大数据理念引入全链跟踪和动态监管，在各个中转站安装计量设备，为辖区生活垃圾运输和处理提供数据依据。

五、全民参与的社会协同环

实现生活垃圾分类治理过程全民参与的认知统一，以思想环境营造分类治理氛围。在城市规划和城市建设与改造中要坚持这样的理念：生活垃圾分类治理是城市管理的重要组成部分，正如人的一日三餐必不可少；生活垃圾分类治理的设施设备应融入城市之中，不能游离于城市之外，新建的小区需要同步配套，老旧的小区需要进行配套改造。

生活垃圾的日常性、普遍性、长期性、复杂性影响和决定着生活垃圾分类治理的本质属性，需要做到日常性、全民性、长期性和科学性；需要做到思想协同，观念协同，行动协同，条件协同，政策协同，人员协同；需要做到人人参与，人人自觉，人人负责，人人到位。

生活垃圾分类治理需要五全共存，不可或缺；五环一体，共建共治。只有做到全民参与，社会协同，长期坚持才能做到政策端发令，回收端发力，利用端发财,技术端发明,服务端发展,共同为打赢生活垃圾分类治理攻坚战提供可靠的制度保障、技术支撑、资源支持、行为规范、人员保证。

复习思考题

1. 生活垃圾分类治理应遵循哪些原则?
2. 生活垃圾分类治理要认清哪几对矛盾?要解决哪些主要问题?
3. 什么是无害化原则?
4. 如何理解生活垃圾分类的复杂性?
5. 什么是"3R 理念"?
6. 生活垃圾分类治理要建立哪"五全五环"?它们之间的关系怎样?

案例精选

案例1 发挥红色基因优势,宣传生活垃圾分类好处

地处上海市中心城区的淮海中路街道,辖区内坐落着中国共产党的诞生地——中国共产党第一次全国代表大会会址、石库门典型建筑——尚贤坊、沪上天台宗道场——法藏讲寺,也拥有着堪称现代时尚地标的——新天地。

伴随着清脆的快板声,来自淮海中路街道复兴社区的志愿者团队把擅长的曲艺文化与生活垃圾分类宣传相结合,一段原创快板《垃圾分类造福人类》,把生活垃圾如何分类讲得通俗易懂。在淮海中路街道,居民自主参与生活垃圾分类工作的创意活动不胜枚举。

案例2 生活垃圾分类处理的理想模式

在生活垃圾分类推广下,生活垃圾分类处理的理想模式是将生活垃圾焚烧发电和污泥、餐厨垃圾、危险废物无害化处理集于一体的固废环保产业园区模式,形成收集、运输、处理闭环产业链条,其本质是以资源化利用为核心,实现从源头到终端的大环保产业链。隆中环保有限公司与铜陵海螺生活垃圾焚烧生产线对接,餐厨垃圾处理后的糟渣用来发电。这样形成的产业园模式对生活垃圾处理达到最大限度的充分利用,更精细化的分类有利于循环园区的生产和管理效率的提高。

开放式讨论

　　我国生活垃圾分类治理工作发展不均衡、制度不完善、成效不显著。请你根据对当地生活垃圾分类治理的调查情况，创设你学校所在地生活垃圾分类治理的理想模式，并分组开展讨论。

第六讲

生活垃圾分类治理的宣传教育

自 2000 年提倡生活垃圾分类以来,成效不如人意自不必多说;2017 年 3 月国务院办公厅颁发《生活垃圾分类制度实施方案》以来,46 个试点城市进展不一,真正的实行效果并未达到预想目标。总体而言,宣传力度不够、科普教育不足、分类意识不强、分类知识缺乏、部分群众素质堪忧、对限时段分类的抵触等因素,显示出对生活垃圾分类制度宣传教育的缺失。

积极开展多种形式的宣传教育,普及生活垃圾分类知识,引导公众从身边做起、从点滴做起。强化国民教育,着力提高全体学生的生活垃圾分类和资源环境意识。加快生活垃圾分类示范教育基地建设,开展生活垃圾分类收集专业知识和技能培训。建立生活垃圾分类督导员及志愿者队伍,引导公众分类投放。

第一节　充分发挥政策宣传的主导作用

从世界各国的经验来看,政府的主导作用是生活垃圾分类处理的最根本的力量。日本的生活垃圾分类措施执行效果较好,原因在于:日本受生活垃圾困扰较早,有过切肤之痛;日本政府和社会普遍重视生活垃圾分类,居民从小接受生活垃圾分类教育,素质较高、意识较强;日本配套生活垃圾收、储、运及处置基础设施相对完善;不严格执行生活垃圾分类或乱扔生活垃圾,将面临巨额的罚款甚至刑罚。欧美发达国家都是在国家层面对生活垃圾分类高度重视。

一、宣传立法立规,推进强制分类

中央高层重视,方向明确。习近平总书记多次指示并强调,垃圾分类工作就是新时尚。在全国范围内,一场以法制奠基,机制定调,文化铸魂,民生为本,创新着色的生活垃圾分类的人民战争正在蕴育和化生。依法依规促进分类,是推进生活垃圾分类的重要法制保障。

(一)国家层面目标明确,多部联动推进

2017 年 3 月 18 日,《国务院办公厅关于转发国家发展改革委 住房城乡建设部生活垃圾分类实施方案的通知》发布。2019 年 4 月 26 日,住房和城乡建设部等九部委印发《关于在全国地级及以上城市全面开展生活垃圾分类工作的通知》(以下简称《通知》),再次强调生活垃圾分类的推进目标,即 2020 年 46 个重点城市基本建成生活垃圾分类处理系统,直至 2025 年全国地级及以上城市基本建成生活垃圾分类处理系统。《通知》同时提出各地级市应于 2019 年年底前编制完成生活垃圾分类实施方案、分类运输环节防止"先分后混"、加快提高与前端分类相匹配的处理能力等具体要求,生活垃圾分类工作推进进一步提速。

(二) 地方层面细化实施,推进力度空前

截至 2018 年 12 月 31 日,生活垃圾分类 46 个重点城市均已公布了实施方案,其中有 41 个城市已开展生活垃圾分类示范片区建设。从立法上看,16 个城市已出台生活垃圾分类地方性法规或规章,26 个城市将生活垃圾分类工作列入立法计划,2017 年以来,北京、上海、厦门、西宁、广州、重庆、太原等地分别发布了生活垃圾分类地方性立法,正式将生活垃圾分类纳入法治框架。而且,生活垃圾分类政策不断加码,落实措施具体细化,推进力度前所未有。

深圳市作为第一批经济特区,作为改革开放的前沿,在生活垃圾分类上同样有着首创精神。2013 年 7 月 1 日,深圳市生活垃圾分类管理事务中心挂牌成立。这是全国首个生活垃圾分类管理专职机构;2015 年 8 月 1 日,《深圳市生活垃圾分类和减量管理办法》施行后,深圳又相继出台了国内首个生活垃圾分类专项规划、3 个地方标准和 7 个规范性文件,形成了较为完备的规范标准体系;2017 年 6 月 3 日,发布全国首份《家庭生活垃圾分类投放指引》,对家庭生活垃圾分类中遇到的数十种场景和处理方式进行了详细解读说明;2019 年 3 月 26 日,全国首创生活垃圾分类智慧督导平台——"E 嘟在线"。该平台不仅可以对督导员的工作状态进行在线督导,还能远程指导居民如何正确进行生活垃圾分类,并将督导工作进行数据化统计分析。

2019 年 7 月 1 日,上海率先在全国开始实施生活垃圾强制分类。上海市政府积极运用各方渠道指导居民如何正确地进行生活垃圾分类:一方面通过各类宣传措施(印发《上海市生活垃圾全程分类宣传指导手册》,开展公益宣传活动,张贴海报等),科普生活垃圾分类的方法;另一方面通过"上海发布"微信公众号设立"垃圾分类查询"平台,通过更加人性化的方式帮助居民完成正确的生活垃圾分类。上海市的中小学生已率先在全国使用了《上海市生活垃圾分类知识读本》。

二、加强宣传教育,促进强制分类

(一) 组织生活垃圾分类大讨论

1. 提高认识

组织生活垃圾分类大讨论,主要是找问题,析原因,提方案,补短板,真正从思想上认识到生活垃圾分类的重要性、紧迫性、长期性、艰巨性、复杂性和反复性;从行动上变为自觉的行动,养成自然的习惯。只有思想意识和实际行动的高度统一,才能达到标本兼治。

2. 消除疑虑

厨余和泔水,真的不能直接喂猪;分好的垃圾真的不混装、混运;北京、上海以及垃圾分类试点城市都做到了,而且让市民有眼见为实的感觉。北京市解决垃圾运输"混装混运"问题,要求运输车辆"亮出身份",标识醒目,让有规模、专业的队伍来运输;对各品类垃圾运输车辆进行改造,增加计量称重、身份识别、轨迹监控等管理功能,实现对各类垃圾运输车辆的精准管理。

3. 破解难题

生活垃圾分类的难点在于人心不齐,意识不强;全员全程,量多面广;改建扩补,投入巨大;技术支撑,有待强化。其痛点在于,思想上有认识,行动上不自觉,知行上不统一。通过大讨论,找准破解难题的路径。

4. 积极行动

从现在开始,孩子在幼儿园的开学第一课,就是进行生活垃圾的干湿分类;从现在开始,所有小区的垃圾筒也都分门别类地放好;从现在开始,分好类的生活垃圾不再一股脑倒回垃圾车里;长此以往,我们都这样坚持,又怎会担心垃圾分类无从开始又无疾而终?

(二) 广泛宣传生活垃圾分类的益处

生活垃圾分类的好处,通常的表述是:变废为宝;减少环境污染;解决邻避问题;减少被垃圾侵占的城市空间。无疑这是正确而且是非常简洁的回答。不足的是,思考问题的站位不够高,视野不够宽,从如下几个方面来考量生活垃圾分类的好处,将会有别样的感觉和情怀。

1. 生活垃圾分类是建立人类命运共同体的需要

从世界范围和全人类角度看,生活垃圾分类是建立"人类命运共同体"的需要。只有世界各国、全人类共同面对,才能打赢生活垃圾分类攻坚战。几个国家、局部地区只能营造小环境、小气候,那只能是暂时的、局部的。

2. 生活垃圾分类是保护国家利益的需要

从国与国之间来看,实行垃圾拒止战略,保护自然环境和垃圾分类红利的需要。

3. 生活垃圾分类是人与自然和谐相处的需要

从人与自然之间来看,垃圾分类有利于人和自然和谐相处。节约资源,不浪费;减少污染,让城市更美观,减少占地;减少垃圾量,进行垃圾分类,去掉可以回收的、不易降解的物质,利国利民。

4. 生活垃圾分类是保护自然环境和动植物的需要

从自然与垃圾之间来看,可以减少污染和危害。废弃的电池含有金属汞、镉等有毒的物质,会对人类产生严重的身体危害;土壤中的废塑料会导致农作物减产；抛弃的废塑料被动物误食，导致动物死亡的事故时有发生。因此，生活垃圾分类回收利用还可以减少污染、减少危害。

5. 生活垃圾分类实现变废为宝

从废物利用来看，可以变废为宝。中国每年使用塑料快餐盒达 40 亿个，方便面碗 5 亿～7 亿个，废塑料占生活垃圾的 4%～7%。生活垃圾中有 30%～40%可以回收利用，应珍惜这个小本大利的资源。可以利用易拉罐制作笔盒，既环保，又节约资源。生活垃圾中的食品、草木和织物能转化为资源，可以堆肥，生产有机肥料；垃圾焚烧可以发电、供热或制冷；砖瓦、灰土可以加工成建材等。各种固体废弃物混合在一起是垃圾，分选开就是资源。生活垃圾分类的好处是显而易见的。生活垃圾分类后被送到工厂而不是填埋场，既省下了土地，又避免了填埋或焚烧所产生的污染，还可以变废为宝。

6. 生活垃圾分类实现化敌为友

（6）在人与垃圾的战役中，做好分类治理工作，可以让人们把垃圾从敌人变成为朋友。垃圾分类做到位，让填埋的安心，焚烧的放心，利用的称心。

对于生活垃圾焚烧来说，生活垃圾分类有两大益处：一是提高焚烧热值，实现协同效应；二是源头控制二噁英释放。

我国餐厨垃圾在生活垃圾中占比和含水率双高，生活垃圾分类可以有效降低生活垃圾整体含水率。根据深圳市环境科学研究院和同济大学共同的研究，通过生活垃圾分类将餐厨垃圾分离，可以非常有效地降低生活垃圾整体含水率。低含水率不仅有利于提高末端的分选效率，同样会提升垃圾的低位热值，从而进一步提高每吨垃圾发电量。

生活垃圾分类可以从源头上分选出氯元素及重金属等反应催化剂，再辅以焚烧过程中的精确温度控制，可以有效控制二噁英的释放。根据浙江大学和杭州绿能环保发电有限公司的研究，对经过分类和未分类的生活垃圾进行对比焚烧处理，前者不但总输出发电量提升，国际毒性当量（I-TEQ）显著降低（从 13.38 ng/nm³ 降低至 9.28 ng/nm³，降幅 44%），二噁英含量同样显著降低（从 132.99 ng/nm³ 降低至 73.8 ng/nm³，降幅达 80%）。

实际上，日本在 20 世纪 60—70 年代大力推进垃圾焚烧行业发展时，由于焚烧比重较高且对入炉垃圾并不加区分，导致大气中二噁英严重超标。故日本在初期推行生活垃圾分类便是为解决该难题；而后期随着分类制度的发展，日本也最大限度地提升了生活垃圾资源利用效率。

因此进行生活垃圾分类收集可以降低处理成本，减少土地资源的消耗，具有社会、经济、生态三方面的效益。

（三）阐明生活垃圾不分类的后果

生活垃圾不分类的危害，通常表述为：浪费资源；侵占大量土地；造成生物性污染;严重污染大气和城市环境。总之,生活垃圾不分类不仅浪费资源,污染环境,而且会严重侵害民众的生命和健康。

生活垃圾不分类,带给我们的不仅仅是更大的麻烦。不做生活垃圾分类,带来的后果或许远超你的想象。如果将玻璃、陶瓷分至其他垃圾(实为可回收物),后端进行焚烧处理时,玻璃、陶瓷等既不能产生热量,也不能缩小体积,会增加处理成本。

餐厨垃圾若未与其他种类生活垃圾分开,处理成本加大,效果较差。餐厨垃圾处理厂在处理餐厨垃圾时需要先行分类,餐厨垃圾在收集时未作分类,不仅浪费时间,而且加大后续处理难度;生活垃圾焚烧处理时,热值低,污染大;生活垃圾填埋处理时,其中的有机物会腐烂变质,滋生蚊蝇和病菌,还会污染地下水及土地,并且排放出温室气体甲烷。

塑料废品没有分类回收,每年都将有 180 亿磅塑料被扔到了大海。80% 以上的海洋垃圾来自陆地,其中塑料垃圾高达 80%～95%,海洋垃圾和海洋微塑料,已经成为全球性海洋环境问题。

生活垃圾不分类,我们不但无法生存在更好的环境,而且长此以往,"你喝的水,你呼吸的空气,你吃的食物,或许早就被垃圾污染。"这句警示语,并非危言耸听。

三、强化宣传培训,助力强制分类

根据上海市绿化市容局的统计显示,2019 年 7 月实施强制生活垃圾分类前,约 95% 的市民已支持生活垃圾分类,但是由于分类制度不够健全,以及分类体系不够完善等多方面原因,公民对于生活垃圾"愿分却不会分",真正分类的市民仅占 20% 左右。在分类制度逐步优化落地的过程中,如何建立完善而有效的分类体系是生活垃圾分类进一步推广完善的重中之重。

(一)印制生活垃圾分类手册

生活垃圾分类手册的内容,主要包括三方面:

1. 广泛宣传生活垃圾分类的好处

一是节约大量土地;二是综合利用节约资源能源;三是保护环境,守住绿水青山。国土面积很小的几个国家已经为人类作了示范,如新加坡、挪威、瑞典、日本由于生活垃圾分类做得好,有效地解决了生活垃圾治理问题。

2. 宣传生活垃圾不分类的主要危害

一是浪费资源。生活垃圾中的纸张、塑料、金属、旧衣物等,其实都是可以再回收利用的,如果只当作普通垃圾被填埋或焚烧,则是一种浪费。二是侵占大量土地。据初步调查,2003 年,全国 668 个城市中已有 2/3 被生活垃圾所包围,全国垃圾存放占地 5.3 万公顷。三是造成生物性污染。生活垃圾中有许多致病微生物,还会滋生蚊、蝇、蟑螂和老鼠,严重污染土地和水体。这些必然危害着广大民众的身心健康。四是严重污染大气和城市环境。生活垃圾露天堆放,大量氨、硫化物等有害气体释放,严重污染大气和城市的生活环境。五是垃圾爆炸。垃圾堆积发酵产生甲烷,甲烷是可燃性气体,浓度达到一定量遇到明火即可发生爆炸。还有垃圾山倒塌和燃烧,都会严重侵害民众的生命和健康。六是生活垃圾不分类,处理变难题。生活垃圾量不断增大会加大处理成本,影响处理成效。

3. 标明生活垃圾分类的有关原则、方法、注意事项

在 2017 年 3 月 18 日国务院办公厅颁发的《生活垃圾分类制度实施方案》中,将生活垃圾分类的原则定为"减量化、资源化、无害化"原则。从生活垃圾分类的操作实用性考虑,应有"主体性和优先性原则",明确主体性原则便于强化垃圾分类的主体责任,优先性原则有利于生活垃圾分类过程中处理的简便明了。

（二）强化生活垃圾分类培训

生活垃圾分类培训是生活垃圾分类强制推行的重要环节,目的在于提高居民对生活垃圾分类的知晓率、参与率、准确率。加快生活垃圾分类示范教育基地建设,开展生活垃圾分类收集专业知识和技能培训。分类分区全员进行生活垃圾分类的宣传与教育培训。

1. 开展全民生活垃圾分类教育培训

生活垃圾分类教育从娃娃抓起,让孩子从小具有生活垃圾分类的意识,掌握生活垃圾分类的常识,养成生活垃圾分类的习惯。儿童教育以幼儿园和学校为主,家庭教育为辅;成人的生活垃圾分类教育培训,各省、自治区、直辖市制定方案,按照属地政策,由卫生健康委主抓,以街道社区为主,单位为辅。此外,还可以发挥老年大学、市民学校的作用。对生活垃圾分类的难点人群,要做到心中有数,要更加关注,给予更多的关心和帮助。

2. 建立生活垃圾分类督导员及志愿者队伍

吸引更多的人成为生活垃圾分类督导员和志愿者,引导公众分类投放。广泛宣传国家政策的改革和新建社区的验收标准,新建社区的验收标准里加入对生活垃圾分类系统的审查。国家及各省、自治区、直辖市进一步细化推出对生活垃圾分类的操作性政策,严明奖罚措施。

3. 加大对环卫系统人员的素质提升和技能培训的力度

环卫系统人员是生活垃圾分类治理的一线和前沿操作者,他们的素质和技能,直接影响生活垃圾分类治理的质量和成败,制定详尽的生活垃圾分类操作标准和流程,努力做到既直观形象又简便易行。同时,要关心他们的工作环境和劳保福利。

总之,通过强化各种教育培训,努力使各种生活垃圾分类教育培训体系不断完善,居民生活垃圾分类知晓率、参与率、准确率明显提高,保证到 2025 年城市生活垃圾回收利用率达到 35% 以上。

第二节　切实发挥新闻媒体的引导作用

新闻媒体要注重发挥其引导作用,及时报道生活垃圾分类工作实施情况和典型经验,形成良好社会舆论氛围,为加大招商引资力度,改善生活垃圾分类设施设备营造良好环境。

一、宣传环保理念,强化责任意识

强化政府的主导责任意识。政府已经通过持续的政策加码指明了生活垃圾分类发展的方向,各地仍将持续加大对生活垃圾分类体系建设的力度和投入。

强化单位企业的直接责任意识。社会端:"愿"分类稳步提升,"会"分类仍需努力。随着生活水平的提高和对绿色生活需求的增加,居民生活垃圾分类的意愿已有显著改观。分类意愿已逐步提升,分类方法仍需优化改进。

强化家庭和个人的主体责任意识。作为生活垃圾分类实际的执行者——居民的家庭和个人,则需要"愿分类,会分类",才能真正推动生活垃圾分类制度的全面实现。

世界环境日的宣传口号是,请保护我们赖以生存的地球。口号本身没有问题,但实际效果会大打折扣。在很多人的潜意识里,地球是大家的,所言所行,通常是持事不关己的态度。不如直接亮明,保护地球就是保护自己。

生活垃圾分类不仅是社会责任感,更是关乎地球环境问题。生活垃圾分类该不该,难不难,怎么分?应按什么标准分?你想要什么样的自由?是"自由"地扔垃圾,出门便被垃圾困得无立脚之地?还是"不自由"地分类垃圾,自由地呼吸新鲜空气、徜徉青山绿水?

二、形成良好氛围,吸引社会支持

一方面,政府加大投入,大幅度提高对环卫设备的扶持与建设,尽快改善基础设备设施。"工欲善其事必先利其器",前 20 年 8 个试点城市的实践表明,分而不清,混装混运,相当大的原因在于设备设施跟不上。我国的环卫设备现在还处于比较初级的阶段,现在很多国家已经实行一体式的生活垃圾分类箱,我国也有但覆盖率很低。

生活垃圾分类要求固废产业进行市场变革。环卫设备方面,中国专用汽车行业月度数据服务报告的统计数据显示,我国环卫车辆产量从 2010 年的 3.32 万辆增长至 2018 年 10.70 万辆,年均增长率达 15%。在需求和政策的双重推动下,我国环卫专用车辆设备总数稳步增长。截至 2017 年,我国城市环卫专用车辆总数达到 22.8 万台,同比增速 17.57%,2011 年起增速始终维持在 10% 以上,近三年则维持在 17% 的水平;县城环卫专用车辆总数达到 5.46 万台,同比增速达 18%。假设每年新增的环卫专用车辆的使用年限为 6 年,达到使用年限约有 80% 的达限车辆将被更新替代,则 2020 年的环卫车辆更新需求约为 11 903 辆,且未来仍将进一步保持增长态势。

通过测算得出,如果 2020 年 46 个重点城市可以按规划要求顺利完成生活垃圾分类体系的建设,则 2019—2020 年潜在的环卫设备投资需求约为 84 亿元。进一步分析,随着 2025 年地级城市垃圾分类设施的建设完善,如果按照 46 个重点城市的建设和投资进度,预计 2021—2025 年每年新增的环卫设备投资需求在 40 亿左右。

按照《生活垃圾分类实施方案》的要求,到 2020 年,先行先试的 46 个重点城市基本建成生活垃圾分类处理系统;其他地级城市实现公共机构生活垃圾分类全覆盖,至少有 1 个街道基本建成生活垃圾分类示范片区。投资的需求会进一步扩大。

当然,除保障生活垃圾分类的基础设备设施,做好填平补齐的工作外,还应考虑因地域差异和功能差异,生活垃圾分类的设施设备亦应分区域和分类别。

据住房和城乡建设部城市建设司介绍,截至 2019 年 7 月,134 家中央单位、27 家驻京部队和各省直机关已全面推行生活垃圾分类;46 个重点城市分类投放、分类收集、分类运输、分类处理的生活垃圾处理系统正在逐步建立,已配备厨余垃圾分类运输车近 5 000 辆,有害垃圾分类运输车近 1 000 辆,并将继续投入 213 亿元加快推进处理设施建设,满足生活垃圾分类处理需求;各重点城市开展生活垃圾分类入户宣传覆盖家庭已超过 1 900 万次,参与的志愿者累计超过 70 万人。

下一步,住房和城乡建设部将继续会同有关部门多措并举全力推进生活垃圾分类。以社区为着力点,加强主动宣传,凝聚社会共识,营造全社会参与的良好氛围。加快生活垃圾分类设施建设,完善生活垃圾分类技术设施标准,加强分类投放、分类收集、分类运输、分类处理各环节有机衔接。

第三节　努力实现全员参与的目标任务

生活垃圾分类治理,不仅需要全社会的认同,而且需要全员参与。宣传教育的结果,就是要达到社会成员都认为自己有义务和责任搞好它。生活垃圾分类,人人有责。

一、强化分类人人有责的意识

意识是行动的先导,人们的思想、意识、观念往往决定着人们的行为。生活垃圾分类也不例外。首先,人们要认同生活垃圾分类,参与宣传生活垃圾分类,知晓生活垃圾分类常识,其次,人们才能准确进行生活垃圾分类。生活垃圾分类宣传图如图 6 - 1 所示。

图 6-1　生活垃圾分类宣传图

(一) 设计好宣传语,为生活垃圾分类营造氛围

已见诸媒体和社区的宣传语有:

垃圾分类就是新时尚

垃圾分类事关民生

垃圾分类事关绿色发展

垃圾须分类,习惯须改变

既要金山银山,又要绿水青山

绿水青山就是金山银山

垃圾分类,小事不小

垃圾分类,你我参与

垃圾减分,城市加分

为垃圾找到家

为垃圾找对位置

垃圾是放错位置的资源

垃圾不落地,分类更容易

要想生活更美好,垃圾分类少不了

丢垃圾、扔垃圾、倒垃圾不如分垃圾、收垃圾、卖垃圾、用垃圾

(二) 编唱垃圾分类歌诀

例如:

源头初分顾末端,小区收集精分类

途中收运不相混,终端处置无遗憾

(三) 让生活垃圾分类宣传无处不在

生活垃圾分类治理无死角,需要宣传全覆盖。生活垃圾分类宣传需要全媒体、全渠道、全方位。不仅需要主流媒体的正面宣传,而且需要其他媒体的多方面配合,特别是民众喜闻乐见的综艺节目更需要起到潜移默化的作用。生活垃圾分类上综艺,不仅是寓教于乐,更多的是明确责任与担当。

1. 让民众感知垃圾危害

生活垃圾无处不在,大多数人早已麻木。宣传既要总体关注生活垃圾分类,又要重点关注餐厨垃圾、塑料垃圾、电子垃圾以及垃圾填埋、垃圾焚烧过程中可能产生的危害。让民众能深切地体会到生活垃圾从产生直至处理结束的每一个环节重要性,特别是生活垃圾日积月累未能有效消解形成的"垃圾围城""垃圾火山"的巨大破坏力。

2. 让"垃圾分类迫在眉睫"深入人心

生活垃圾分类已经提出约 20 年,再度高调提起,确实是时不我待。随着经济高速发展,城市化进程步伐加快,生活垃圾分类已经迫在眉睫,势在必行。

如今,不懂得垃圾分类,就是不懂新时尚,现在越来越多的渠道来宣传生活垃圾分类了。希望我们的生活垃圾分类意识得到加强,真正地能改变生活方式,从而改善我们的生存环境。

3. 让"垃圾分类就是新时尚"内化人心

2019 年 5 月,《极限挑战》新五季在东方卫视和观众见面。开播的第一期内容以"垃圾分类就是新时尚"为主题,展开垃圾分类引领"上海新时尚"的挑战,与市民们共同开启一场关于垃圾分类的时尚之旅,打造全城学习垃圾分类的环保之风。

通过生活垃圾分类游戏竞赛,对生活垃圾分类等内容进行了学习,让人们在欢乐之余,实实在在地了解到了各种关于生活垃圾分类知识。

让生活垃圾分类知识节目全程贯穿"垃圾分类"主线,从全员黄浦江滩涂捡垃圾,到现身幼儿园与小朋友互动共同"学习"如何分类垃圾,注重从小培养环境保护以及垃圾分类意识等。

此外,不少地方在幼儿园宣传普及生活垃圾分类小知识,还通过社区的各种平台宣传普及生活垃圾分类知识。要想生活更美好,垃圾分类少不了。了解垃圾分类,参与垃圾分类,搞好垃圾分类,才能让你我的生活更美好。

4. 让生活垃圾分类习惯外化于行

《奔跑吧兄弟》和《极限挑战》将生活垃圾分类的理论与实践相结合,在任务环节不断渗透"垃圾分类"的知识,并为此"使尽浑身解数",充分发挥明星效应,带动市民们一起美化城市,促使全民养成"垃圾分类"的日常生活习惯。

（四）让垃圾分类做到人人负责

1. 保护环境，人人有责

2019年6月5日，世界环境日全球主场活动在杭州举行，中文主题是"蓝天保卫战，我是行动者"。以"我"为主、从"我"做起的主人翁意识，从主题中扑面而来。

事实上，环境保护不是停留在"高大上"的国际条约协定和条例法规中，而是落实在具体的行动中。一度电、一滴水、一次志愿活动……保护环境，其实离"我"并不遥远，人人有责，真的就在我们的日常生活之中。

2019年6月5日，在河南信阳市环境污染防治攻坚推进会上，信阳市委、市政府对潢川县、商城县水环境质量恶化问题进行通报，并严肃追责，57名干部被问责。两县的书记、县长被责令深刻检查，"拖了全市后腿"。

"棘手"的垃圾分类，同样需要加大问责力度。垃圾分类，小事不小，事关绿色发展理念，事关绿色发展战略，事关生态文明建设，事关国计民生。搞不好，抓不实，究其根本原因，是对习近平总书记生态文明思想学习不系统、理解不透彻，进而重视不够、研判不准、手腕不硬、问责不严。全国上下将深刻警醒，脱胎换骨，提高站位，扛牢生态文明建设的政治责任。

2. 垃圾分类，人人动手

人们常说，"垃圾是放错了位置的资源"，将垃圾正确分类处置，对后续总体减量、回收利用至关重要。

在上海徐汇区，凌云绿主妇环境保护指导中心在梅陇三村率先开展生活垃圾分类减量活动，引导居民积极参与。8年来，"绿主妇"从干湿垃圾分类做起，逐步摸索出一条"厨余变宝、循环利用、便民利民"的湿垃圾源头减量生态循环链。

兼职志愿者记录评价小区居民的垃圾分类情况。扫描垃圾袋上与每户对应的二维码，志愿者就能检查垃圾分类结果，之后将评价结果在小区公布，通过这种形式，培养垃圾分类的意识并让大家养成人人动手的习惯。

3. 绿色出行，人人行动

"1985年，我第一次到中国，那时候满大街的自行车给我留下了很深印象。"留在全球环境基金首席执行官兼主席石井菜穗子脑海中"绿色"的出行方式，在经历了汽车消费快速增长的阶段后，正再次成为越来越多人的选择。

在2019年中华人民共和国成立70周年国庆大联欢中，一个重要场景就是大量的自行车出现在游行队伍中，这正是我们所倡导的绿色出行。

4. 创新业态，更重分类

杜绝新业态造成"新浪费"。新经济形态为我们的生活带来许多方便，但快递、外卖等新业态绝不应成为造成资源浪费和环境污染的新领域。网购是许多大学生的日常选择，但与几年前不同的是，现在不少人会将部分纸箱等快递包装收集起来循环利用。注重生态环保，已经形成不少大学生的共识。

业内人士认为,一方面应引导快递、外卖等行业的包装废弃物使用可回收材质,同时消费者也应从自己的点滴做起,在日常消费领域践行绿色生活理念。对于日益凸显的快递废弃物等新问题,要从源头找到破解之道。

"无论你身在何处,在社会中扮演着什么样的角色,也无论男女老幼,面对生态环境问题,我们都应该一同携起手来,为了我们共同的地球而努力。"联合国助理秘书长兼环境规划署代理执行主任乔伊斯·姆苏亚说。

二、形成百件小事从我做起的自觉

保护环境应从小处抓起,从小事做起,从小孩抓起;我们需要日常行为指导,需要日常行为规范,更需要日常行为自觉;保护环境应源头严保,过程严防,结果严惩。

近年来,环境污染、生态破坏实实在在地发生在我们身边,不仅使我们产生不便、感觉尴尬、遭受伤害,而且愈演愈烈的洪水、泥石流、沙尘暴、雾霾等恶性生态事件的发生,也使我们体会到日益迫近的生存危机,唤醒了人们保护环境的意识。

于是,植树节、爱鸟周、地球日、环境日、荒漠日、无烟日……一个个绿色节日向我们走来。在这样的日子里,人们会采取许多行动,用实际行动纪念这些节日。但是,比节日行动更重要的,是我们无处不在的日常行为,是我们每天每个人的件件小事。

曾几何时,在我们的身边,白色垃圾真是:野火烧不尽,天天清不空。安徽省政府 2013 年 11 月推进的"三线三边"城乡环境治理取得了一定的成效。

"三线三边"城乡环境治理告诉我们:生态环保是社会教育的重要内容;保护环境应从不破坏环境做起;保护环境应从每个人做起。公众不仅要有保护环境的意识、愿意为保护环境而行动,同时,还应该学会如何去行动,怎样才能做得更好,避免出于保护环境的愿望反而做出不利于环境保护的事情。

"三线三边"城乡环境治理启发我们:我们需要日常行为指导,我们需要日常行为规范,我们更需要日常行为自觉。无论是规范,还是指导都要以简明、朴实而又精彩、睿智的形式,以其特有的行动和事实,拓宽人们保护环境的视野和思路,呼唤人们的良知和行动。

"三线三边"城乡环境治理启示我们:保护环境应从小事做起。它所提示的行为,有的是我们人人都懂,却常常忽视的,如"随手关灯";有的是我们一般想不到的,如"尽量购买本地产品";有的是我们读过之后会感到震惊的,如"不鼓励买动物放生"……更重要的是每件事都是实实在在的"随手可做"。

(一)第一类:禁止或拒绝的行为

不使用非降解塑料餐盒	不过分包装
不燃放烟花爆竹	不使用珍贵木材制品
不使用一次性饭盒	不使用一次性筷子

不焚烧秸秆	不乱扔烟头
不进入自然保护核心区	不购买野生动物制品
不吃田鸡,保蛙护农	不鼓励买动物放生
不捡拾野禽蛋	不追求计算机的快速更新换代
不用圣诞树	不向水里(塘江河湖海)倒垃圾和
不在野外烧荒	泔水

（二）第二类：提倡节约资源、减少对环境压力的行为

使用布袋购物	少用化肥,尽量使用农家肥
使用节能型灯具	少用农药
尽量乘坐公共汽车	提倡步行、骑单车
尽量使用可再生物品	节省纸张,双面使用纸张
简化房屋装修	一水多用
减少卡片救护树木	优先购买绿色产品
垃圾分类回收	反对奢侈,简朴生活
旧物捐给贫困者	参加或组织义务劳动,清理街道、
回收废纸、电池、金属、玻璃	海滩
少用洗涤剂,多用肥皂	自己不吸烟,奉劝别人少吸烟

（三）第三类：参与、支持环保宣传的行为

支持环保募捐	利用每一个绿色纪念日宣传环境
做环保志愿者	意识
爱护古树名木	动物有难时热心救一把,动物自
保护文物古迹	由时切莫帮倒忙
及时举报破坏环境和生态的行为	见到诱捕动物的索套、夹子、笼网
提倡观鸟,反对关鸟	果断拆除

这些都是小事,每个人都不难做到,关键在于个人环境意识如何。环境意识的生成过程分为问题意识、保护意识和行动意识三个阶段,应该说,当前公众在问题意识的层面上已经觉醒。我国环境保护所走过的路,是一个由上而下、由理论到实践的历程,我们先是吸取了国外的教训,成立了保护环境的政府机构,然后逐步地吸纳国外的环保理论和环保经验,以指导我国的环保实践。任何人都不应是环境保护的旁观者、评判者,而应是环境保护的守护者、责任者。保护环境人人有责,保护环境人人可做。

几十年前,我们也是用可以重复使用的菜篮子和布袋子买菜购物的,普遍使用塑料袋只是近些年的事;我们从前也是用可以重复使用的杯子、筷子来喝水和吃饭的,普遍使用一次性杯子、筷子也只是近些年的事,我们应该恢复既往的优良传统。现在,这种既往的优良传统就是"绿色时尚",德国等欧美国家的年轻人

正以挎布袋购物为荣呢,我们该如何做呢?

三、优先实现几个小目标

近年来,我国加速推行生活垃圾分类制度,全国试点城市生活垃圾分类成效初显。如何将生活垃圾进行准确的分类? 如何将分类的垃圾投进匹配的垃圾箱? 我国生活垃圾分类现阶段要实现哪些"小目标"?

(一)个人:所有垃圾不乱丢

个人是生活垃圾分类最直接的责任主体,所作所为对生活垃圾分类有最大最直接的影响。几乎所有生活垃圾都与人类有关,无论在何时何处,都不乱扔垃圾。要为所有垃圾找到家,把垃圾投放到合适的位置。

安徽电视台公共频道曾报道,黄山风景区保洁员李培生冒着生命危险,腰系绳索,攀爬悬崖峭壁捡拾游客随手扔下的垃圾,二十余年来,他攀爬山峰 660 千米,相当于 75 个珠穆朗玛峰高度。在现场,游客们称之为生动的品德教育课,他们深切地感到,乱扔垃圾,一扔之快害无穷;放好垃圾,利国利民皆省心。

(二)家庭:不作分类不出门

长期以来,我们的家用垃圾筒是"一桶装天下"。随着强制性生活垃圾分类,是一桶多分,还是多桶同放或多桶散放,可以自选,不作强制性要求。但不容置疑的是家庭中出门的垃圾不但要分类,而且必须是准确的分类。家庭和单位是垃圾分类的源头,要为垃圾找对位置。只有源头上分类准确,才能保证中端和末端处置有个好的基础。

(三)村居:几类垃圾不相混

村居是生活垃圾分类的首个集结地,是生活垃圾转运的起始站,对生活垃圾不仅要分类,而且要精准,负有检查之责。值守人员应是经过培训的生活垃圾分类能手,如果每个生活小区和村居的垃圾分类精准到位,生活垃圾收集、分类、转运的长链条就有了可靠的保证。

(四)乡镇:早日"乡臭"变"乡愁"

为了做好生活垃圾分类治理,我们不仅要关注城镇生活垃圾分类,而且也要加快农村生活垃圾分类的步伐。

如果说,我国城市的环卫设备现在还处于比较初级的阶段,那么农村的环卫设备就更简陋了,严格地说,大多是不合格的。在广大的农村,较为普遍的是用水泥修建在路边的露天垃圾池,日晒雨淋,又不能做到一日一清,于是臭气熏天,被调侃为"乡臭"。

设施设备如此,村民的环保意识和行为习惯自不会比城市居民好,"破窗效应"愈加明显。在乡镇或街道社区实施"乡臭"变"乡愁",难度自不会小,有两个前提条件:垃圾不落地;垃圾不露天。

（五）农村：可腐垃圾不进城

现在的状况是农村生活垃圾向城市集中，城市无处可填埋。农村的可腐垃圾，如果再让其由农村到城市，再回归农村，于情于理都是说不过去的。可腐垃圾，应按资源化和就地就近原则归于农村，不必进城。其实，农村有很多传统的做法值得继承和发扬，如堆积农家肥、沤制农家肥，不仅能将可腐垃圾留滞于农村，而且是变废为宝。

复习思考题

1. 宣传教育对生活垃圾分类有什么作用？
2. 针对生活垃圾分类，怎样加强宣传教育？
3. 尝试设计几条生活垃圾分类宣传语。
4. 我们在生活垃圾分类宣传中应怎样做？
5. 在日常生活中，我们应怎样减少生活垃圾的产生？
6. 谈谈你对优先实现的几个生活垃圾分类治理小目标的看法。

案例精选

案例1 宣传接地气，美丽看得见

宣传生活垃圾分类知识各个街镇也都使出了浑身解数。到底什么方法宣传能起到更为广泛的推广作用，让更多居民自愿关注，上海市普陀区真如镇街道的探索值得推广。

宣传接地气：真如镇街道携手《上海日报》以及上海童谣创作人王渊超，将垃圾分类编成歌，用上海童谣和 Rap 唱出来，通过视频和歌曲传唱的方式科普了生活垃圾分类。宠物的粪便是什么垃圾？小龙虾呢？喝到一半的珍珠奶茶呢？……关于如何正确进行垃圾分类，大多数人依然有些困惑，也有一些居民对定时定点扔生活垃圾仍有一些分歧。

歌好听，通俗易懂，传唱度高，这种接地气宣传，对于增强生活分类意识及推广都相对接受度高一些。

值得一提的是，生活垃圾分类原创 MV 以真如老街、真如寺、上海西站等真如地标为轴线，还融入了社区、机关、学校等各类群体，进而展现真如镇街道参与生活垃圾分类的决心和承诺。

目前，真如镇已组织宣传活动 400 余场，涉及 2 万余人。"干湿带下来，投湿并破袋，单独放有害，能卖拿去卖"已成为真如脍炙人口的打油诗。与此同时，真

如镇街道还要求,各个小区每月 5 日定期组织"一月一主题"的集中宣传活动。

上海市普陀区真如镇街道面积 6.05 平方千米,人口 11.86 万人,自实施生活垃圾分类以来,已宣传 64 237 户,入户宣传率达 92%,此外已建成 70 处"两网融合"服务点,全街道湿垃圾分类量日均已达 25 吨。

"生活垃圾分类不像放鞭炮,可以一下打响,这是一项需要长期坚持的工作。""小区虽旧,但是弄干净了大家住着舒服。"居民们的感受既真实又深切。实施生活垃圾强制分类以来,小区已经从一些人眼中的"贫民窟"变成了温馨的家园,这其中宣传教育功不可没。

案例 2　美丽中国,我是行动者

由菜鸟网络等多方发起并已进行了三年的"菜鸟回箱"计划,已成为公众广泛参与的快递纸箱共享行动。通过在全国 200 个城市的菜鸟驿站铺设 5 000 个绿色回收箱,该计划培养了社会公众尤其是年轻人生活垃圾分类、回收利用的习惯,获评"美丽中国,我是行动者"主题实践活动十佳公众参与案例。

 开放式讨论

1. 新时代大学生对于生活垃圾分类治理不仅要做到"要分类、会分类",而且要做到"支持分类、宣传分类",同时还要做到"指导分类、研究分类"。你将如何理解和实践新时代大学生对于生活垃圾分类治理的"六要"。

2. 组织一次生活垃圾分类治理思想大讨论。

第七讲

生活垃圾分类治理的体制机制

生活垃圾分类治理是一项长期的、艰巨的、复杂的系统工程,既要建立起宏观的管理体制和运行机制,明确各方职能职责;又要实事求是、因地制宜制定操作策略、路径、方法和步骤;还要解决生活垃圾分类治理的设施设备以及资金投入、成本分担问题。生活垃圾要分类、要治理是道,生活垃圾如何分类、怎么治理是术;道是方向,是目标;术是路径,是方法。

第一节　政府推动抓统筹

一、国家层面:多部联动

根据《固体废物污染环境防治法》《城市生活垃圾管理办法》《城市市容和环境卫生管理条例》等相关法律的规定,生活垃圾治理包括垃圾的清扫、收集、运输、处置及垃圾治理的减量化、资源化和无害化、综合利用等一系列相关活动。与此相适应,我国垃圾管理机构的设置也是由许多部门共同发挥作用,其中包括国家发展和改革委员会、住房和城乡建设部、生态环境部、教育部、商务部、爱国卫生运动委员会、市场监督管理总局、全国供销合作社、中央精神文明建设指导办、共青团中央、全国妇联、国家机关事务管理局等。我国生活垃圾分类多元化组织管理体系如图 7-1 所示。

(一)国家发展和改革委员会

作为国务院的职能机构,国家发展和改革委员会是综合研究拟订经济和社会发展政策,进行总量平衡,指导总体经济体制改革的宏观调控部门。与环境有关的主要职责包括:推进可持续发展战略,负责节能减排的综合协调工作,组织拟订发展循环经济、全社会能源资源节约和综合利用规划及政策措施并协调实施,参与编制生态建设、环境保护规划,协调生态建设、能源资源节约和综合利用的重大问题,综合协调环保产业和清洁生产促进有关工作。具体到城市生活垃圾管理方面而言,国家发展和改革委员会主要承担以下两方面的职能:一是城

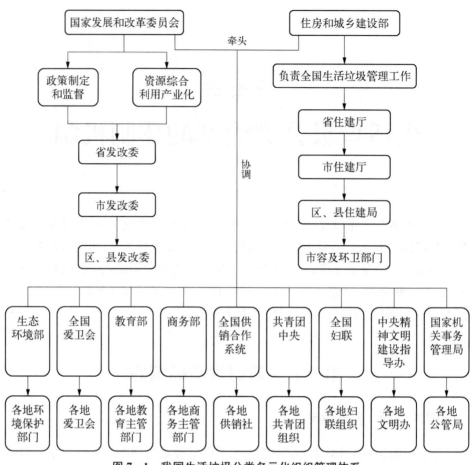

图 7-1 我国生活垃圾分类多元化组织管理体系

市生活垃圾处理政策的制定和监督;二是资源综合利用、产业化。

（二）住房和城乡建设部及各地市容、环卫部门

根据《国务院办公厅关于印发住房和城乡建设部主要职责内设机构和人员编制规定的通知》,作为负责建设行政管理的国务院组成部门,建设部在城市生活垃圾管理中扮演着重要的角色。《城市生活垃圾管理办法》《城市市容和环境卫生管理条例》是我国城市生活垃圾管理方面两部重要的法规。根据《城市生活垃圾管理办法》第五条规定:"国务院建设主管部门负责全国城市生活垃圾管理工作。省、自治区人民政府建设主管部门负责本行政区域内城市生活垃圾管理工作。直辖市、市、县人民政府建设（环境卫生）主管部门负责本行政区域内城市生活垃圾的管理工作。"

目前,正在全国推行的两部重要法规均是由住建部牵头。一是2017年3月18日,《国务院办公厅关于转发国家发展改革委 住房城乡建设部生活垃圾分类制度实施方案的通知》;二是2019年4月26日,住房和城乡建设部等9部门在46个重点城市先行先试的基础上,印发了《关于在全国地级及以上城市全面开

展生活垃圾分类工作的通知》,决定自 2019 年起在全国地级及以上城市全面启动生活垃圾分类工作。

(三) 全国爱国卫生运动委员会

根据《中共中央、国务院关于卫生改革与发展的决定》《国务院关于加强爱国卫生工作的决定》和《全国爱国卫生运动委员会工作规则》,全国爱国卫生运动委员会是国务院的议事协调机构,负责领导、协调全国爱国卫生工作。根据相关的法律规定和实践经验,全国爱国卫生运动委员会主要负责城市环境卫生、市容检查。

(四) 生态环境部及环境保护部门

2018 年 3 月 13 日,十三届全国人大一次会议在北京举行第四次全体会议,组建生态环境部,不再保留环境保护部。保护环境是我国的基本国策。为整合分散的生态环境保护职责,统一行使生态和城乡各类污染排放监管与行政执法职责,加强环境污染治理,保障国家生态安全,建设美丽中国,方案提出,将原环境保护部的职责,国家发展和改革委员会的应对气候变化和减排职责,国土资源部的监督防止地下水污染职责,水利部的编制水功能区划、排污口设置管理、流域水环境保护职责,农业部的监督指导农业面源污染治理职责,国家海洋局的海洋环境保护职责,国务院南水北调工程建设委员会办公室的南水北调工程项目区环境保护职责整合,组建生态环境部,作为国务院组成部门。生态环境部对外保留国家核安全局牌子。

作为专业性和综合性的环境保护行政主管部门,生态环境部承担了大部分环境保护方面的职能,具体到城市生活垃圾管理方面,相关职能包括:① 城市生活垃圾处理政策的制定和监督。② 科技攻关、科技标准和污染控制标准。③ 城市环境卫生、市容检查。

(五) 教育部及各地教育主管部门

生活垃圾分类工作涉及千家万户,涉及每一个人,当然也包括现阶段我国从幼儿园到大学的 3 亿多师生员工。生活垃圾分类与治理,教育部门责无旁贷,至少要做好三项工作。

一是组织编写好生活垃圾分类教材和搞好生活垃圾分类与治理培训工作。生活垃圾分类人人有责,生活垃圾分类必须从小抓起,生活垃圾分类的教育与培训就全国范围来说,还未真正起步,上海也仅仅是破了题,编写了小学生版和中学生版的《上海市生活垃圾分类知识读本》,作为上海市绿化和市容管理局生活垃圾分类指定用书。生活垃圾分类知识进课堂、进教材、进师生头脑是教育部门的职责,也是一项长期而艰巨的任务,不同的学段各有其侧重。在高等教育、基础教育和学前教育阶段开设生活垃圾分类课程,在社会教育领域开展培训,其重点是帮助师生和社会公民普及生活垃圾分类的知识,解决“愿分”和“会分”问题,养成分类处理生活垃圾的习惯。

二是开展专业化探索,早日形成一门专业,为搞好生活垃圾分类治理提供人才支持。生活垃圾分类是常识，也是知识，更是有待深化与探索的专业领域。教育部应积极支持有条件的高校依托资源环境、环境保护等相关专业，整合拓展开设生活垃圾分类与治理专业，为生活垃圾分类治理培养专业人才。

三是加强科学研究，产品研发，为搞好生活垃圾分类治理提供技术支持。鼓励大学的相关学院和科研机构，加大研发投入，特别是要下大力气解决有毒有害垃圾、塑料回收利用、餐厨垃圾、电子废弃物等出路问题，使填埋、焚烧的生活垃圾量最少，且安全可靠，效益最佳。我们高兴地看到江南大学研制的餐厨垃圾处理设施设备，在全国 46 个试点城市之一的安徽铜陵市发挥着重要的作用。

（六）商务部及各地商务主管部门

根据《商务部、财政部关于加快推进再生资源回收体系建设的通知》（商贸发〔2009〕142 号）的相关规定，各地商务主管部门要加强对再生资源回收体系建设的组织领导与管理，指导企业完善经营设施、环境保护和劳动保护设施建设，提升技术水平，组织相关从业人员培训，推动回收行业的产业化发展。建立和完善再生资源回收管理机制，建立和规范再生资源回收体系，立足于整合规范现有回收网络资源，实现全国再生资源回收体系建设的平稳较快发展。

（七）全国供销合作社系统

中华全国供销合作总社是全国供销合作社的联合组织，由国务院领导。根据《国务院办公厅关于印发中华全国供销合作总社组建方案的通知》（国办发〔1995〕39 号），以及全国供销合作社的工作实践来看，市、区、县各级供销合作社都把废旧物资回收利用工作列入工作重点，全面规划、专题研究废旧物资的回收工作，保证回收利用工作的顺利展开。全国供销合作社系统承担的与城市生活垃圾管理有关的职能主要包括：废旧物资回收，资源综合利用，产业化。

现行的城市生活垃圾管理体制是按行政区划和级别进行划分，大多数城市生活垃圾管理机构集管理职能和服务职能为一体，这种生活垃圾管理体制是"以块为主，条块结合"，有利于城市生活垃圾管理工作的层层落实，为解决城市生活垃圾问题起到重要作用。

随着城市生活垃圾依法管理逐步走向正轨，有关城市生活垃圾管理的法律、规章及条例的不断健全，为我国城市生活垃圾治理提供了坚实的法制依据。我国的城市生活垃圾管理体制在计划经济时代背景下发挥了一定的作用，然而随着市场经济的逐步确立发展和完善，传统的管理体制越来越显现出不适应时代和社会发展的缺陷。

建议通过对环卫、环保、垃圾回收利用工作综合协调、通盘统筹考虑，以有利于资源综合利用和社会管理为政策目标，成立全国性、综合性的"环境与资源管理委员会"，对现有的环保、环卫、商委、发改委等系统进行统筹改组，所属的部门、机构与企业，如果是以经济效益为主的应推向市场，实行产业化；如果是以社会效益为主的应继续得到政府扶持,实行市政化。环境与资源管理委员会在国务院领导下,研究拟订固体废弃物管理的重大政策措施,向国务院提出建议;协调解决固体废弃物管理工作中的重大问题;讨论确定年度工作重点并协调落实;指导、督促、检查固体废弃物的各项工作。在环境与资源管理委员会的统一规划部署下,使整个环境保护、环境治理系统的机构都能立足于资源利用,立足于环境保护,不断完善环境保护的治理机制。

二、地方政府:直接主抓

省、市、县(区)、乡镇等地方政府的职责在于直接主抓,主导、指导、引导民众做好生活垃圾分类,运用市场体制和机制做好生活垃圾分类治理。

(一)履行地方政府职责,落实国家生活垃圾分类政策

根据其职责权限,出台地方"生活垃圾分类实施办法",并制定生活垃圾分类实施细则和生活垃圾分类指南,将国家层面上的生活垃圾分类,以基础生活垃圾加特殊生活垃圾的形式,结合地方特点进行具体化,加强对辖区的领导、指导,做到落实、落细、落小。一定意义上,这也是对人们生活垃圾分类意识和行为习惯的思想革命,对垃圾筒、垃圾箱、垃圾车等生活垃圾处理设施设备更新的有力推促。

(二)明确管理机构,加快完善制度

做好生活垃圾分类工作,首先要加快建立和完善生活垃圾分类制度,明确生活垃圾分类的管理机构,尤其是牵头职能管理部门;界定各部门在分类投放、收集、运输、处理以及资源利用环节的管理职责,杜绝管理越位和缺位,减少推诿扯皮造成的效率损失;引导民众主动参与生活垃圾分类。其次要建立生活垃圾分类投放、收集、运输、处理系统,在各个环节全面实施分类,落实源头、中间、末端全过程分类处理,彻底扭转目前城市生活垃圾分类处理存在的"前期分类不到位,后期处理太浪费"的问题。

(三)盯紧责任关,明确责任人

生活垃圾分类要做到精准、科学,需要严密组织、严格规范。政府牵头部门要抓主抓总,找准坐标,确定目标,明确方案,注重结果。政府在生活垃圾分类中的主要作用是分类治理监督;市场在生活垃圾分类中的主要作用是分类技术运行;民众在生活垃圾分类中的主要作用是分类节约利用。只有盯得认认真真,分得清清楚楚,才能管得严严实实。

其实,在生活中我们大多数人都存在自由丢弃垃圾,存在浪费的现象,没有认为自己有什么不妥,更没有认为自己有什么责任。除宣传教育的缺失外,缺乏制度的刚性约束十分关键,加强责任意识教育,明确责任人十分必要。让更多的人自动做生活垃圾分类的宣传者、实践者、监督者,既是政府的职责,也是做好生活垃圾分类的现实需要。

（四）充分调动民众参与的积极性

采用适当的激励手段鼓励市民自觉分类,当大家充分认识到环境保护的重要性,切身体会到作为城市的主人,环境与自身息息相关时,推进治理就会从源头上起到良好的效果。生活垃圾分类治理需要社会民众全员参与、全程参与、全年参与,不仅是全民运动,而且是全年日常行动。生活垃圾分类这件小事,你我可为,你我应为。生活垃圾分类是持久战,具有长期性、艰巨性和复杂性。让更多的人自动做生活垃圾分类的宣传和传递人。生活垃圾分类搞好了,对自己、家人、后代都是一种福利,对社会也是一种贡献。

（五）注重适应性,兼顾流动性

为应对人口的流动性,国家层面上对生活垃圾进行统一分类,全国生活垃圾分类应采用统一标准,特殊的需要另作补充,以基础垃圾分类加特殊垃圾分类的形式,加强对各省市的指导,并在生活垃圾分类处置设备设施上使用统一的标识。

小明是深圳人,在北京上大学,目前在上海实习,他该采用什么标准来分类垃圾?这个问题跟法律一样,应以属地原则为主,兼采属人原则、保护原则和普遍管辖原则。他在上海就优先按上海的标准来分类垃圾;其次他是深圳人,还在北京上大学,可以视情况选择兼适用深圳或者北京的生活垃圾分类标准。当然了,如果全国都是统一的标准,那他无论在这三个城市中的哪一个,他都得按照中国的生活垃圾分类标准来分类收集投送生活垃圾。

（六）解民众疑惑,设查询系统

充分运用现代信息技术手段,建立线上生活垃圾分类查询服务系统,作为民众线上查询生活垃圾分类的工具。目前,上海市绿化和市容管理局发布了生活垃圾分类查询系统,读者可以关注"上海发布"的公众号,点击"市政大厅—垃圾分类查询—输入垃圾信息"即可。这是值得推荐的生活垃圾分类咨询工具。当然某些比较特殊的生活垃圾还是需要去搜索专业的查询工具。

三、单位家庭：分类主体

（一）明晰生活垃圾分类前端的主体责任

街道办事处、乡（镇）,作为基层的政府部门,管理着居委会和企事业单位,主要职责是统筹协调生活垃圾分类基础设施设备的投入,收集站点的安排布置;居委会、生活小区、物业公司、联系着各个单位和家庭,主要职责是生活垃圾分类收集投放的管理、监督;单位家庭或个人是生活垃圾分类的最前端,也是生活垃圾分类的责任主体,主要职责是做好生活垃圾的分类投放。

（二）小区（自然村庄）的标准配置

生活垃圾分类箱对应到住户,参照快递箱配置生活垃圾设施设备。这些需要标准的配置;需要技术和服务支撑;需要列出清单,建立卡片,做好"二分、三标、四对应"(见下文)工作。

（三）单位家庭的操作建议

1. "二分"

"二分"指家庭对日常生活垃圾进行第一次分类，初次分类大类不可相混；生活垃圾分类收集点进行分拣，分拣是查漏补缺。由当地卫生健康管理部门根据本地实际，列出日常生活中常见生活垃圾的清单，分别制作家庭版和收集点版日常生活垃圾分类清单卡片，免费发放给各个家庭和垃圾分类收集点。家庭和生活垃圾分类收集点分别进行生活垃圾分类，家庭进行初分，明确固定分类的必须确保准确到位，不常见的或存疑的单独放置，投送生活垃圾收集点时交由生活垃圾分类收集员处理；生活垃圾分类收集点的再分，一是对家庭投送的常见固定生活垃圾的检查，二是对单独存放的其他或不确定分类垃圾的认定。根据日本的经验，通常情况下，仍有 30％左右的生活垃圾分类不够准确。

2. "三标"

"三标"即中文或少数民族文字标识、外文标识、图形标识。家庭分类垃圾筒一般只需根据居住地情况标注中文或少数民族文字；涉外宾馆和机构标注外文（以英文为主）；将简洁易辨的垃圾图形标注于分类垃圾筒或垃圾箱上。

加大标注力度。日本和韩国都是标识大国，把所有标识做到最显眼、最方便理解的程度，不懂日文、韩文的外国游客或不熟悉这座城市的外地人，基本能够做到不影响日常生活。新干线上，火车座椅背后会有非常清晰的标注，这列火车上哪节车厢有垃圾筒、哪节车厢有电话、哪节车厢有自动贩卖机。生活垃圾分类毕竟面对不同群体，标识的成功与否直接影响生活垃圾分类的结果。

3. "四对应"

简单地说，"四对应"就是桶、卡、文、图的对应。无论是家庭版，还是垃圾分类收集点版，都要做到垃圾分类卡桶对应、卡箱对应、文字标注、图形标识，四位一体，一一对应，让垃圾投放者一目了然。

生活垃圾投放环节的前端越直观、越清楚、越简洁越好；无须抽象、模糊、复杂。简单地说，就是操作性越强越好，越简便越好，因为进行生活垃圾分类的对象是十四多亿的全国各族人民以及来华的世界人民。

第二节 软件建设管全程

一、管理制度

2017 年 3 月 18 日，《国务院办公厅关于转发国家发展改革委 住房城乡建设部生活垃圾分类制度实施方案的通知》，由此拉开了生活垃圾强制性分类的大幕。在《生活垃圾分类制度实施方案》中,明确了以法治为基础、政府主导、全民参与、城乡统筹、因地制宜的生活垃圾分类治理管理体制机制(图7-2)。

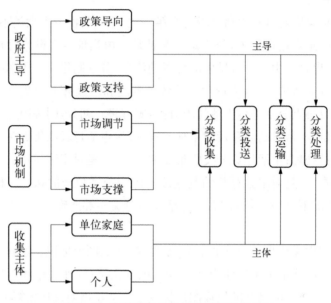

图7-2 生活垃圾分类治理管理体制机制

（一）以法治为基础

以法治为基础,依法推进生活垃圾强制分类。加快完善生活垃圾分类方面的法律制度,推动相关城市出台地方性法规、规章,明确生活垃圾强制分类要求。发布生活垃圾分类实施细则、指导目录。完善生活垃圾分类及站点建设相关标准。

（二）政府主导

各级城市人民政府对生活垃圾分类负有主体责任。组织领导方面,两部委牵头,九部委联动;推进协调方面,立法立规,强制推进;自上而下,强力推进;先试后推,循序推进;抓主抓重,重点推进;有效衔接,协同推进;分步实施,整体推进。遵循原则方面,生活垃圾分类需遵循三化原则,即减量化原则、资源化原则、无害化原则。

（三）市场机制

生活垃圾分类治理需要建立市场运行机制。在政府的主导下,通过市场调节和寻求市场支撑,建立生活垃圾分类治理的公司组织结构;改善和配齐生活垃圾分类治理的设施设备;建立生活垃圾分类治理的成本分担机制,从而实现生活垃圾分类治理的目标。

（四）全民参与

树立生活垃圾分类、人人有责的环保理念。建立生活垃圾分类督导员及志愿者队伍,引导民众分类投放。

有效改善城乡环境,促进资源回收利用,强化公共机构和企业示范带头作用,引导居民逐步养成主动分类的习惯,形成全社会共同参与生活垃圾分类的良好氛围。

（五）城乡统筹

生活垃圾分类既是改善城乡环境的迫切需要,也是改善城乡环境的最有效措施。但中国城乡差异大,推进生活垃圾分类,不能齐步走。只有先城后乡,有效衔接,才能实现城乡一体,建设生态文明。

（六）因地制宜

中国地大物博,人口众多,56 个民族生活习惯各不相同,推进生活垃圾分类不能一刀切。只有综合考虑各地气候特征、发展水平、生活习惯、垃圾成分等方面实际情况,合理确定实施路径,才能有序推进生活垃圾分类。

二、运行机制

建立生活垃圾治理运行机制。多年的实践,人们意识到市政改革的重要性,特别是生活垃圾处理机制改革在城市治理中具有特殊的地位与作用。按照属地属人的规则,在 2019 年调整的新的生活垃圾治理制度下,生活垃圾治理工作更突显地方政府、街道社区、物业公司和单位家庭的作用。县(区)作为生活垃圾治理的单元独立开展,每个区负责本区居民生活垃圾的回收和运送工作。由市联合成立的生活垃圾处理合作组织通过区域处理中心对可燃垃圾和大型垃圾进行预处理。最终,可燃垃圾的残骸和不可燃垃圾交付由市政府运营的填埋场填埋。当前我国生活垃圾分类的推行流程如图 7-3 所示。这样的机制不仅保证各区的独立性和能动性,也让整个生活垃圾治理过程更为有效。

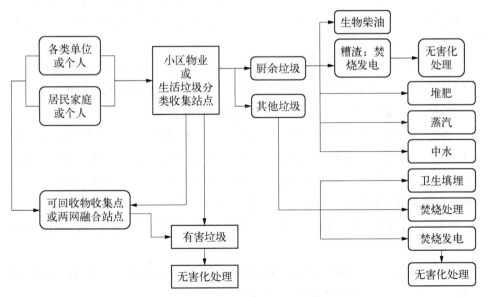

图 7-3　当前我国生活垃圾分类的推行流程

（一）建立成本分担机制

生活垃圾分类治理是需要成本的，而且数量不小。据对上海市黄浦区南京东路街道办事处的调查，仅对该办事处所属居民每户发放两卷印有可追溯二维码的塑料垃圾袋就需 35 万元，生活垃圾分类治理的其他配套设施设备更需要大量的资金保障。这些费用是国家承担，还是消费者或居民承担，或是实行成本分摊？就目前我国的财力和生活垃圾分类所需的资金投入来看，必须建立成本分担机制。

1. 研读和借鉴国内外生活垃圾分类治理的成本分摊经验

国外方面。欧洲一些富裕国家，如德国、荷兰、瑞典等，在国家政策上都对生活垃圾分类给予补贴，扔垃圾也能赚钱，而且他们也是经过一代人的教育做到现在这样，现在这些国家的生活垃圾分类都做得很好。

国内方面。上海市的探索为我们提供了有益的借鉴。财力雄厚的上海在生活垃圾分类的各个环节都下了大功夫：从 2019 年 2 月 20 日起，上海全市配置及涂装湿垃圾车 982 辆、干垃圾车 3 135 辆、有害垃圾车 49 辆以及可回收物回收车 32 辆。垃圾车的投入只是冰山一角，有人测算过，在上海光督导员的聘用花费就是 11 亿元；在处理环节，需要建立不同的生产线，此项投入高达 43 亿元；所有开支综合在一起，上海这次的生活垃圾分类共计耗费是 76.56 亿元。

2. 科学测算我国生活垃圾分类治理的投入

根据中华人民共和国民政部统计，截至 2017 年 12 月 31 日，全国县级以上行政区划共有：23 个省，5 个自治区，4 个直辖市，2 个特别行政区；43 个地区（州、盟）；290 个地级市；1 636 个县（自治县、旗、自治旗、特区和林区），374 个县级市，852 个市辖区。总计：省级 34 个，地级 333 个，县级 2 862 个。

如此庞大的系统，无论是设施设备的新建与改造，添置或更新，都是天量的惊人数字。必须建立各级政府、各类单位与家庭、个人的成本分担机制。

3. 按照污染者付费原则，完善生活垃圾处理收费制度

按照污染者付费的原则，值得下大力气研究和解决。资金落实是重要的保障，国家抓总、抓主、抓终端；地方政府和相关部门抓分、抓收、抓转运；单位和个人抓减、抓分、抓投放。市场按其基本规则，为政府、为单位、为组织、为家庭以及个人提供服务。政府购买服务只针对没有或难以确定责任主体的公共部分；政府资金兜底，也只能是非政府解决不可的投入。需要进一步加强研究，确定合理的成本分担机制。

可以确定的是，要让乱扔垃圾罚钱，分（卖）垃圾赚钱成为差异化的调节机制，这个平衡点在什么位置最有效，需要认真加以研究。

（二）统筹全程运行机制

箱、桶在初端，管初分；站、屋在中端，管收集；场、厂在末端，管处理；运输贯全程，管分运。

（1）初端一分到位。可腐、可烧两类生活垃圾直观、易辨、易分，源头上分类后一次成型，入袋、入桶后在小区或垃圾收集站点直接汇总。可回收垃圾和有毒害垃圾另类单放，直接投送生活垃圾回收站点。

（2）中端再分收集。由于可腐、可烧两类垃圾固定成型，不需开袋开包再分，仅需按类合并收集，垃圾转运车也只需设置两个箱体分装可腐、可烧两类垃圾。中端再分收集主要任务是对可回收部分垃圾的再分类，对可烧可腐又能作资源回收的垃圾，应优先作为资源予以回收利用。

（3）末端处置有效。垃圾分类的目的，毫无疑问是非常明确的，就是减少生活垃圾量，增加回收量，也即提高回收率，让末端填埋量和回收量越少越好，同时做到达标排放。

（三）明确工作推进机制

先试后推，扎实推进；先倡后强，有情推进；先急后缓，循序渐进；先易后难，稳妥推进；先城后乡，统筹推进；先主后次，梯度推进。

在上海率先进行探索试行后，根据国家住建部要求，2019年起，全国地级及以上城市要全面启动生活垃圾分类工作；到2020年年底46个重点城市要基本建成垃圾分类处理系统；2025年年底前，全国地级及以上城市要基本建成垃圾分类处理系统。

从目前大多数城市现状来看，强制实施生活垃圾分类还不具备成熟条件。因为生活垃圾分类是一个长链条的过程，第一段是政府倡导居民进行生活垃圾分类，第二段是生活垃圾的运输与流通，第三段是处置、填埋或焚烧。

硬件具备后，还需要法律法规、居民环保知识、环保意识的配套跟进。总之，生活垃圾分类是个技术活，是个文明活，更是个命题活，它提出了两个高水平条件：一是居民生活方式的绿色化，二是城市发展方式的绿色化。

（四）强化完善操作机制

关键是执行，抓落实。这里最核心的内容在于，基本建立生活垃圾分类法规体系、政策体系、标准体系、设施体系和工作体系。以点带面，引导生活垃圾分类工作覆盖范围不断扩大。由8个城市到46个城市，再到367个城市，最终推进到全国的城市和乡村。

国家政策管宏观，省市办法管中观，个人操行管微观。当下，对在46个重点城市的个人来说，需要撸起袖子加油干，放下身段躬耕行，认真做好生活垃圾分类工作，这是作为居民应该履职尽责的分内工作；生活在暂未实行生活垃圾强制分类的城市的个人也应未雨绸缪，先行一步，更多地了解生活垃圾分类知识，培养文明习惯和节约意识，主动适应时代要求。

总体来说,一是强化立法,完善制度,修补法规短板;二是改革创新,理顺关系,建立政策体系;三是民生为本,绿色发展,确立标准体系;四是加大投入,人技衔接,完善设施体系;五是明确职责,强化执行,持之以恒,建立工作体系。

（五）创新体制机制

鼓励社会资本参与生活垃圾分类收集、运输和处理。积极探索特许经营、承包经营、租赁经营等方式,通过公开招标引入专业化服务公司。加快城市智慧环卫系统研发和建设,通过"互联网＋"等模式促进垃圾分类回收系统线上平台与线下物流实体相结合。逐步将生活垃圾强制分类主体纳入环境信用体系。推动建设一批以企业为主导的生活垃圾资源化产业技术创新战略联盟及技术研发基地,提升分类回收和处理水平。通过建立居民"绿色账户""环保档案"等方式,对正确分类投放垃圾的居民给予可兑换积分奖励。探索"社工＋志愿者"等模式,推动企业和社会组织开展生活垃圾分类服务。

第三节　硬件建设补短板

一、改建结合相配套

鉴于生活垃圾分类设施设备各地的基础和条件不同,要实事求是、因地制宜,制定改造与建设相结合的配套方案。

（一）改造方面

生活垃圾分类站:改垃圾站为生活垃圾分类站。

生活垃圾分类池:改垃圾池为生活垃圾分类池,消灭露天垃圾池。

生活垃圾分类箱(桶):改垃圾箱为可多次重复使用生活垃圾分类箱(桶)。

生活垃圾分类车:改垃圾车为分门别类垃圾车。

生活垃圾分类袋:改垃圾袋为可多次重复使用生活垃圾分类袋、锁口袋、黏合袋。实行定点定时以脏换净制度。

（二）建设方面

建设方面主要是研发一体化家用(或单位使用)智能分类垃圾收集器,做到可重复使用、方便快捷、操作简单、以脏换净;建设智能化一体化的生活垃圾分类收集站,确保垃圾不落地、不露天、不受风吹雨打和烈日暴晒;建设高标准严要求环保型的生活垃圾焚烧厂、生活垃圾发电厂,确保二噁英排量达标排放;建设现代化高标准的餐厨垃圾处理厂,提高现有技术水平和智能化标准。

这里需要观念突破,思维突破,技术突破,产品突破。现有的研究和国内外的生活垃圾焚烧处理实践都表明,生活垃圾焚烧达到850℃以上时二噁英的排放标准是达标的,气体排放是安全的。如何使生活垃圾焚烧达到850℃以上,是生活垃圾焚烧处理的关键。从日本、欧美以及我国台湾等生活垃圾焚烧做得好的国家和地区看,一是进行严格精准的生活垃圾分类;二是提高生活垃圾焚烧炉的质量标准;三是高标准运用生活垃圾焚烧的烟气处理技术;四是加强对生活垃圾焚烧排放物的检测,并及时公开数据。

（三）投资方面

据测算,国内城镇生活垃圾清运量将在 2022 年达到 3.64 亿吨;并随着生活垃圾发电项目持续投运,政府规划的目标是 2020 年焚烧在生活垃圾处理中占比 50％,2022 年这个比例还将提高到 55％;吨垃圾焚烧能力的投资规模为人民币 50 万元/吨,政府支付的生活垃圾平均处理费为 80 元/吨。

二、设施设备同步行

针对"只有心动,没有行动"知行不一的问题和怪圈,"北上广深"等试点城市相关规定中不约而同提到了这样一些关键词:"强制性""罚款""不分类、不收运;不分类、不处置""全流程分类"等,这让更多人看到了破解难题的希望。而要真正做到这些,关键还需解决什么呢?

从过去的近 20 年提倡生活垃圾分类的经验教训看,生活垃圾分类的设施设备最好应做到设备先行。尤其是在末端上,由于技术和设施设备问题,分类处理能力不足。比如,餐厨处理设施比例远低于餐厨垃圾在生活垃圾中的比例;生活垃圾焚烧厂安排不合理等。生活垃圾分类收集、投放、运输、处理等各环节因为监管不力而出现脱节、相互推责现象,更是长期难以解决的问题。

三、生活垃圾分类治理设施设备展示

（一）前端收集产品

1. 家庭使用产品（图 7 - 4）

①　分类双色垃圾筒　　　　②　有害垃圾收集箱

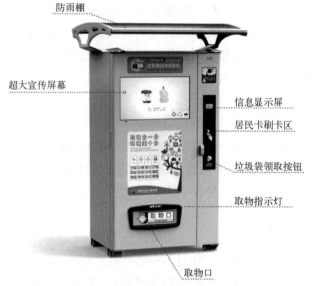

防雨棚

超大宣传屏幕

信息显示屏

居民卡刷卡区

垃圾袋领取按钮

取物指示灯

取物口

③ 智能垃圾袋发放机

④ 便携式蓝牙秤

图 7-4　家庭使用垃圾箱

2. 单位、小区和一般公共场所使用产品(图 7-5)

① 上海黄浦区南京东路街道
生活垃圾分类投放站

② 上海虹桥火车站垃圾筒

③ 上海市黄埔区南东街道美嘉
小区生活垃圾分类回收点

④ 安徽省芜湖市农村生活垃圾
分类兑换超市

⑤ 新西兰奥克兰市公寓生活垃圾收集房

⑥ 德国街头分类垃圾箱

⑦ 新西兰街头分类垃圾筒

⑧ 智能化无人值守垃圾分类服务站　　　⑨ 两网融合生活垃圾智能回收站

⑩ 智能化生活垃圾分类回收屋　　　⑪ 智能分类回收平台(天天环保吧)

图 7-5　公共场所使用垃圾箱

3. 学校使用产品(仅列高校)(图 7-6)

(1) 国外高校(图 7-6)。

图 7-6　日本青山大学校园生活垃圾分类桶

（2）国内高校（图 7 - 7）。

① 华东师范大学校园生活垃圾分类桶　　② 华南理工大学校园生活垃圾分类桶

图 7 - 7　学校使用垃圾箱

（二）中端转运工具（图 7 - 8）

图 7 - 8　中端转运工具

（三）末端处置产品

1.餐厨处理设施设备（图 7 - 9）

① 有机垃圾就地资源化处理设备　　② 厨余垃圾处理设备

图 7 - 9　餐厨处理设施设备

2.垃圾焚烧处理设施设备(图7-10)

①　　　　　　　　　　　　　　②

③　　　　　　　　　　　　　　④

安徽省铜陵海螺生活垃圾焚烧第二条生产线

图7-10　生活垃圾末端处置产品

第四节　行业管理立标杆

一、称重量体撬动前端减量

(一) 超高的生活垃圾处理费用需要分担

一方面,生活垃圾处理费用超高,上海市生活垃圾分类与处理全过程总成本为985元/吨,日本东京市全过程处理成本折合人民币3 672元/吨;另一方面,居民和用户分担部分生活垃圾处理费用有利于生活垃圾减量。

(二) 常态下的理论探讨

改丢垃圾、扔垃圾、倒垃圾为分垃圾、收垃圾、卖垃圾、用垃圾。做到垃圾不落地,源头初分兼顾末端处理,小区收集确保精准分类,途中收运专业不混,终端处置不留遗憾。

充分运用经济杠杆,实行双轨制并行。对于扔掉的垃圾,称重量量体积,需支付垃圾处理费用;作为回收物品用的,称重量量体积,予以收购直接付给现金或给予环保积分。

按基数加增量收费,鼓励居民少造垃圾。根据家庭人口给予适当基数不收费,超出部分予以收费的方法,如同现行的水电收费管理办法,实行基数加增量的阶梯收费管理模式。

正反两个方向的奖励和处罚行为,会产生两种不同的效果,对生活垃圾的前端减量和再利用应该有很大的促进作用。

(三) 深圳市的实践探索

2019年12月,深圳市六届人大常委会第三十七次会议审议通过《深圳市生活垃圾分类管理条例》。该条例明确规定,生活垃圾处理或将实施"谁产生谁付费和差别化收费",逐步建立计量收费、分类计价的收费制度。

深圳现在执行的是"随水费征收",就是用水用得多,一般来讲生活垃圾就会产生得多,但是它不一定是绝对的,受到较多质疑。"随袋征收"可能比"随水费征收"更直观,那么垃圾产生得少或者是垃圾分类分得好,就可以少支付垃圾处理费,反之就要多支付垃圾处理费。随袋征收是按量计费的一种方式,也是深圳今后可能探索的方向,未来要建立一个生活垃圾处理费按量计征、按质计价这样一个制度。

深圳是国内较早推行生活垃圾分类的城市之一。数据显示,深圳日均生活垃圾清运量1979年7.5吨,至2018年已增长到1.9万吨,增量超过2500倍,年均增长率6%。数据显示,深圳不到2000平方千米的土地上生活着超过2000万人口,每天产生生活垃圾约2.85万吨,其中8500吨(占比近30%)回收利用,剩余两万吨通过焚烧和填埋方式处理。现有5座焚烧发电厂和3座卫生填埋场,总设计处理能力共14025吨/日,生活垃圾处理设施长期处于超负荷运行状态。截至2016年年底的一份数据显示,深圳全市生活垃圾处理费征收总额约52亿元,年均征收5.2亿元,平均收缴率达94%,居国内城市前列。

二、技术支撑解决过程疑难

(一) 研发环保垃圾袋

研发制造多次重复使用的环保垃圾袋、垃圾筒内胆(内盒),方便冲洗,可以实现以旧换新,以脏换净的回收、利用调节机制。

(二) 研发制造节能环保的生活垃圾分类回收屋

在农村,用生活垃圾分类回收屋代替露天垃圾池,这是当前或今后较长一段时间农村生活垃圾分类需要解决的首要问题;在城市,不少小区同样存在这样的问题;研发或选择什么样材料,建造适合农村和城市小区节能环保的生活垃圾分类回收屋,迫切需要解决好。

(三) 研究解决怎样才能做到生活垃圾前端不落地问题

生活垃圾如何不再被雨淋,不再被风刮,不需再重分是生活垃圾分类治理的重要问题;智能生活垃圾分类箱的适用性、性价比,普适度也是生活垃圾分类治理更高阶段需要解决的关键问题;创新思维,思想突破、技术突破、资金突破同样还是生活垃圾分类治理需要解决的根本问题。

（四）建立让人们放心的生活垃圾填埋、焚烧体系

实行高标准卫生填埋,实现原生生活垃圾零填埋。据能源专家陶光远介绍,国外对二噁英排放的控制是不遗余力的。德国纽伦堡垃圾焚烧厂一般至少将二噁英排放浓度控制在欧盟标准的十分之一,并且还在往百分之一的方向努力。日本靠一代人的努力,终于换来世界上环保水准最高的生活垃圾焚烧体系,二噁英排放量一般都不到其国家标准的百分之一。应加强对德国、日本等国家生活垃圾焚烧技术的学习,建立让民众放心的生活垃圾焚烧体系。

（五）研发推广多型号的生化处理系统

目前,我国不少地级市餐厨垃圾尚未得到有效解决,不仅仅有分类收集、分类运输、分类处理机制及政府财政补贴制度层面的问题,也有设备设施配套和产业结构问题。政府主管部门和承担生活垃圾分类治理的相关企业需要选取与服务半径和规模相匹配的餐厨垃圾处理系统。

三、适价回收拉动综合利用

垃圾是放置错了的资源。如何利用,搞好分类很是关键。而不管是生活垃圾分类投放还是收集、转运、处理各个环节,都需要资金投入,必须有相应的经济社会发展基础,通过市场机制,价格杠杆,用合适的方式合适的价格回收垃圾中有用的物品,拉动物品回收综合利用。

据了解,2019 年 6 月,北京市丰台区部分垃圾回收价格,硬纸箱等每千克1.2元,废塑料每千克 0.6 元。作为生活垃圾分类试点和无废城市试点的安徽铜陵市建立了较为完整的生活垃圾回收体系。

安徽劲旅科技有限公司创建智能垃圾分类吧,运用人脸识别等多项先进技术,通过扫码支付对生活垃圾进行分类和回收。

创立"物联网＋回收"新模式,促使用户进行生活垃圾分类,同时进行生活垃圾收集。运用智能生活垃圾分类回收机和大数据运营平台,回收机具备定位功能,箱体上带有二维码,用户通过手机扫描之后可以开通账户,由于回收是有偿的,用户需自主进行垃圾分类,资金到账后即可提现;大数据运营平台可通过监管智能回收设备和获取到的用户数据,来追溯垃圾分类行为。

成都奥北环保科技有限公司通过 10 元销售 Aobag 回收袋的方式,低成本持续地进行生活垃圾分类回收。回收袋上有唯一的二维码,用户可通过微信扫描绑定领取,每次满袋换空袋时仍需扫描一次,将垃圾分类装袋后,投递到自主投放点。分拣中心的工作人员会对袋中物品进行再次分类,这样可以有效地进

行规范化回收,促进终端环节资源的再次利用,使得企业实现可持续运营。

浙江虎哥环境公司自主打造"互联网＋再生资源回收"O2O 立体服务平台——"虎哥回收",提供以垃圾分类为核心的社区生活服务。虎哥回收以 1 000 户左右的小区为单位,设立生活垃圾分类及商品配送服务站,大件垃圾单件回收,小件垃圾打包回收,采取类似积分的"环保金"方式,按重量计价,居民可用此类"环保金"到相应的合作商城或服务站兑换商品。

广船国际环保科技有限公司研发运营"互联网＋智能垃圾分类"系统,尝试向多元化环保产业转型。公司以南方环境有限公司为运作平台,致力于为全国高校、社区提供生活垃圾分类全流程管理的最优解决方案。公司核心技术优势在于居民投放垃圾无须扫码,无须贴标签,无须专门垃圾袋,只需要刷投放卡(可为任意 IC 卡),工作人员将分类正确的垃圾放在智能收集箱上 1～2 秒,即可完成追溯,大数据平台可全面查询和监管以及记录积分情况。

分区域与垃圾站综合考虑设立可回收物收集点。市面上,已有一些创新产品投入试点推广。主要是基于二维码技术,建立一户一码实名制,综合运用物联网、互联网、3S 等智能手段实现生活垃圾分类投放、回收。设置金属、塑料、纺织物、饮料瓶、纸类、玻璃和有害垃圾七个回收箱。市价回收可回收物,用户刷卡自主投放至回收箱,可提取现金或获得积分。回收点工作人员定期开箱回收。

❖ 复习思考题

1. 生活垃圾分类治理的关键环节有哪些?
2. 在国家层面应怎样推进生活垃圾分类?
3. 教育部门应怎样推进生活垃圾分类?
4. 什么是"二分、三标、四对应"?
5. 如何引导居民自觉开展生活垃圾分类?

❖ 案例精选

案例 1 深圳在生活垃圾分类中的首创

2013 年 7 月 1 日,深圳市生活垃圾分类管理事务中心挂牌成立。这是全国首个生活垃圾分类管理专职机构。

2015 年 8 月 1 日,《深圳市生活垃圾分类和减量管理办法》施行后,深圳又相继出台了国内首个垃圾分类专项规划、3 个地方标准和 7 个规范性文件,形成了较为完备的规范标准体系。

2017 年 6 月 3 日,深圳发布全国首份《家庭生活垃圾分类投放指引》,对家庭生活垃圾分类中遇到的数十种场景和处理方式进行了详细解读说明。

2019 年 3 月 26 日,深圳在全国首创垃圾分类智慧督导平台——"E 嘟在线"。该平台不仅可以对督导员的工作状态进行在线督导,还能远程指导居民如何正确进行垃圾分类,并将督导工作进行数据化统计分析。

案例 2　日本教育为垃圾分类提供最基础的保障

目前在世界上,真正将垃圾分类做得比较好的,只有日本、德国、瑞典等少数几个国家,而这些国家无一例外都以严苛的民族性格驰名海外。

当然,除了国民性之外,教育也是个不可忽视的因素。

日本的垃圾分类是母亲手把手教下一代的。幼儿园的孩子都知道普通的环保知识,并以此来督促自己的父母长辈自觉遵守。到了小学阶段,学生都在学校集体吃午餐,午餐中有一盒纸包装的牛奶,每个小朋友把牛奶喝完后,要自己负责把牛奶纸盒洗干净,而且还不能用自来水洗,这样浪费水,而是排队在一个水桶里洗。洗好后,放在通风透光的地方去晾晒,到第二天,把前一天晒好的牛奶纸盒,用剪刀把它剪开摊平,以方便打包收集。日本的垃圾分类训练就是这样从娃娃抓起一步步练出来的,从 1980 年开始立法尝试,到 2000 年左右初见成效,几乎刚好经历了一代人的时间。

🌱 **开放式讨论**

分组讨论生活垃圾处理费用分担是否合理? 居民和用户分担部分生活垃圾处理费用有利于生活垃圾减量?

第八讲

节约与利用是最好的分类

毛泽东曾经告诫人们"贪污浪费是极大的犯罪"。2020年8月，习近平作出重要指示，强调：坚决制止餐饮浪费行为，切实培养节约习惯；在全社会营造浪费可耻、节约光荣的氛围。铺张浪费不仅仅是物质的浪费，更重要的是精神的颓废、意志的消沉和事业的衰败。节俭是天然的财富。勤俭节约不仅仅是党中央发出的号召和作出的要求，更是中华民族的传统美德，弘扬勤俭节约是当今时代的客观要求和大势所趋。

第一节　勤俭节约的优良传统

一、勤俭节约千古流芳

（一）读史明鉴，俭昌奢亡

唐代诗人李商隐在《咏史》中说得好，"历览前贤国与家，成由勤俭破由奢"。宋代欧阳修在《五代史伶官传序》中说到"忧劳可以兴国，逸豫可以亡身"。古人有云："俭则约，约则百善俱兴；侈则肆，肆则百恶俱纵。""奢靡之始，危亡之渐也。""俭节者昌，淫佚则亡。"

在对待古今中外的文化方面，毛泽东早就说过，"古为今用，洋为中用""吸其精华，去其糟粕"。纵览古今中外的鸿篇巨著、历史典籍、格言警句、民间故事，这些古训共同指向一个焦点，即崇尚勤俭节约还是奢侈浪费关乎民族的兴亡，决不可视为生活小事而掉以轻心。

（二）家训传承，勤俭持家

在中国许多家训中，都将勤俭节约作为传家宝。哈尔滨出版社出版的《名门家训》，收集了中国24个名门望族的家训，都提到了勤俭节约，尤其是"朱熹家训"和"诸葛亮家训"最为突出。"朱熹家训"强调勤俭持家，例如，① 黎明即起，洒扫庭除，要内外整洁，既昏便息，关锁门户，必亲自检点。② 一粥一饭，当思来处不易；半丝半缕，恒念物力维艰。③ 宜未雨而绸缪，毋临渴而掘井。④ 自奉必须俭约，宴客切勿流连。⑤ 器具质而洁，瓦缶胜金玉；饮食约而精，园蔬逾珍馐。特别是"一粥一饭,当思来处不易;半丝半缕,恒念物力维艰"。并不只是家训,更是中国乃至世界应该学习的训则,更是一部鞭策个人行为的箴言,以此约束自己,规范自己。

以周馥、周学熙、周叔弢为代表的安徽东至周氏家族,是近代著名的世家望族。周馥官至两广总督,其子周学熙是著名实业家,与张謇齐名。除入仕、经营实业外,该家族还涌现了周叔迦、周一良、周炜良等一批文化界、知识界赫赫有名的人物。自周馥始,下延五代,学术人才之众,所涉领域之广,被誉为"足以兴办一所一流大学"。究其周氏昌盛的原因,家规家训发挥着不可替代的重要作用。

周氏家族以家规家训为传家之本,包括《周氏家族家规十八条》《周氏家族周馥家训六条》和《负暄闲语》三部分。周氏家风中尤其注重"勤学业和重勤俭",周氏家规第五条:"耕读之家勤俭尤为首务,必须饮食有常品,衣服有常式,室庐有常度……若子弟溺于骄奢,用度无节,必致事蓄无资,渐入邪路。"周馥祖父周乐鸣在他十余岁的时候勉励他说:"布衣暖,菜根香,诗书滋味长。"又告诫他说"人能吃苦,自然守分,自然励志向上,贫可致富,贱可致贵。""他日纵富贵,仍要吃苦做事。不吃苦,虽富贵不能久也,可以我语传示子孙勿忘。"

2016年11月,《安徽池州东至周氏:六世书香 百年家风》在中央纪委监察部网站"中国传统中的家规"专题推出,周氏家风文化引起了社会广泛关注。2018年12月,反映东至县周氏家风文化的图书《六世书香 百年家风》由天津大学出版社正式出版。

(三) 修身养性,勤俭为要

个人的修身养性与勤俭节约紧密相关,古今中外,概莫能外。英国人说,"奢侈的必然后果是风化的解体,反过来又引起趣味的腐化";瑞士人说,"奢侈乃德义之灭亡";古巴也有警示,"奢侈是民族衰弱的起点"。孟德斯鸠《论法的精神》认为,奢侈只是从他人的劳动中获得安乐而已。王安石告诫人们,"豪华尽出成功后,逸乐安知与祸双"。被中国古代视为为人处世的规范之作的《增广贤文》则提醒人们,"常将有日思无日,莫把无时当有时"。在少数民族也同样有这些思想,维吾尔族人说,"辛苦得来的果实,不要一口气把它吃完"。

中国历来崇尚君子,讲究修身养性。孔子说"君子忧道不忧贫";先秦《易传·否》云"君子以俭德辟难,不可荣以禄"。一生谨慎的诸葛亮常常说,"夫君子之行,静以修身,俭以养德,非淡泊无以明志,非宁静无以致远"。

外国对于节俭的要求,也是早已有之。英国人说,"节俭本身就是一宗财产";爱默生说,"节俭是你一生中食之不完的美筵"。

二、勤俭节约治国安邦

(一) 厉行节约,勤俭建国

中华人民共和国既是无数志士仁人在中国共产党领导下抛头颅洒热血的结

果,也是自力更生、艰苦奋斗、勤俭节约的范例。以毛泽东为核心的建政领袖们一贯重视勤俭节约、反对浪费,在他们各个历史时期的讲话、著作和实践中,都曾特别强调要勤俭节约和反对浪费。在带领全党艰辛探索中国社会主义建设道路过程中,提出了一系列勤俭建政和勤俭节约的思想,是我国社会主义现代化建设的重要指导思想和重要指导方针。

新民主主义革命时期,我们党财政困难,主张节约开支,反对贪污浪费。如1934 年,在第二次全国工农代表大会上的报告《我们的经济政策》中强调:"财政的支出,应该根据节省的方针。应该使一切工作人员明白,贪污和浪费是极大的犯罪。"1945 年,在《必须学会作经济工作》一文中提出:"任何地方必须十分爱惜人力物力,决不可只顾一时,滥用浪费。"1948 年,在《在晋绥干部会议上的讲话》中指出:"采取办法坚决地反对任何人对于生产资料和生活资料的破坏和浪费,反对大吃大喝,注意节约。"真正做到了"节约每一个铜板,都是为了革命和战争"。

中华人民共和国成立初期,具有临时宪法性质的《共同纲领》中就明确规定:"中华人民共和国的一切国家机关,必须厉行廉洁的、朴素的、为人民服务的革命工作作风,严惩贪污,禁止浪费,反对脱离人民群众的官僚主义作风。"《关于正确处理人民内部矛盾的问题》中提出,要使我国富强起来,需要几十年艰苦奋斗的时间,其中包括执行厉行节约、反对浪费这样一个勤俭建国的方针。毛泽东认为艰苦奋斗是我们的政治本色,勤俭节约不仅是积累资金、加速国家经济建设的方针,也是整肃党纪、提高工作效率和转变党风社会风气的方针,不但在经济上有重大意义,在政治上也有重大意义。中华人民共和国成立初期,有一首歌唱得好:"勤俭是咱们的传家宝,社会主义离不了。不管是一寸钢、一粒米、一尺布、一分钱,咱们都要用得巧。好钢用在刀刃上,千日打柴不能一日烧。"

丰功伟绩在于勤,一勤天下无难事。中国社会主义革命和建设的成就不仅在于节俭,还在于勤奋,在于奋发图强。为倡导俄国十月革命导师列宁参加星期六义务劳动的做法,毛泽东、朱德、周恩来等党和国家领导人亲自参加北京十三陵水库建设,在他们的带领下,20 多年时间里人民群众义务劳动在全国修建起了大、中、小型水库 8.6 万座,人工河渠总延长 300 多万千米,配套机井 220 万眼,各类堤防总长 16.5 万千米。在"工业学大庆""农业学大寨"的号召下,全国人民通过自力更生,艰苦奋斗,在一穷二白的基础上,初步建立了独立的比较完整的工业体系和国民经济体系。

(二)艰苦奋斗,建设四化

进入改革开放的社会主义建设时期,在邓小平同志的带领下,我们党和国家坚持实事求是,强调必须发扬艰苦奋斗精神来实现经济发展目标。1979 年 3 月,我国在具体分析现实国情和世界形势后重新论证了我国的发展目标,提出

"中国式的四个现代化"的理念,并指出:为了实现"中国式的四个现代化"目标,我们必须艰苦奋斗,"如果不提倡艰苦奋斗,勤俭节约,这个目标不能达到……要坚持我们历来的艰苦奋斗的传统。否则我们的事业是不会有希望的"。

我们党和国家通过开展勤俭节约和艰苦奋斗的思想政治教育,号召人们树立勤俭持家、勤俭建国的牢固意识,促进社会经济发展,要求人们牢记"勤俭节约、艰苦奋斗的优良传统",反对浪费资金讲排场搞形式主义的现象。勤俭节约在积累资金和"四个现代化"建设中起着非常重要的作用。

(三) 厉行节约,率先垂范

毛泽东以"厉行节约,勤俭建国"为"治国"的经验,不仅在理论上、政策上积极倡导厉行节约、反对浪费,艰苦奋斗、勤俭建国,而且身体力行、率先垂范,堪称典范楷模。毛泽东始终把自己看作是人民的一员,一直亲力亲为、以身作则,坚持节约,从不要求任何特殊待遇,终身保持艰苦朴素的生活习惯。时常教导身边的工作人员:"要注意勤俭节约,处处爱护公物,注意节约水电""一粥一饭都是来之不易,一针一线也不应该浪费"。

毛泽东要求别人的自己首先做到。他一生粗茶淡饭,睡硬板床,穿粗布衣,生活极为简朴。经济困难时期,他自己主动减薪、降低生活标准。20世纪60年代,有一次他召开会议到中午还没有结束,他留大家吃午饭,餐桌上一大盆肉丸熬白菜、几小碟咸菜,主食是烧饼。

周恩来总理的饮食清淡,每餐一荤一素。吃剩下的饭菜,要留到下餐再吃,从不浪费一粒米,一片菜叶。他规定国务院工作餐标准是"四菜一汤",饭后每人交钱交饭菜票,谁也不准例外。总理吃完饭,总会夹起一片菜叶把碗底一抹,把饭汤吃干净,最后才把菜叶吃掉。三年困难时期,总理和全国人民同甘共苦,带头不吃猪肉、鸡蛋,不吃稻米饭。一次,炊事员对他说:"你这么大年纪了,工作起来没黑天白日的,又吃不多,不要吃粗粮了!"总理说:"不,一定要吃,吃着它,就不会忘记过去,就不会忘记人民哪!"

邓小平带领中国人走上了富裕的道路,而他自己的一生却非常简朴。为倡导和坚持党艰苦奋斗的作风,邓小平躬行实践,以自己的表率行动为全党树立了榜样。他一生简朴,从不奢侈浪费,也不讲排场。每到一地参观视察他都要求不妨碍群众,不搞迎送,不请客,不断绝交通。在家也始终保持一个习惯——不浪费,剩饭剩菜一律下顿做成烩饭、烩菜接着吃,就是炖菜剩下的汤都要留到下顿吃。

这些既是他们注重勤俭节约的历史见证,更映衬出他身体力行、艰苦朴素、勤俭治国的优良作风。朱德等老一辈无产阶级革命家也都是如此。在领袖的带领下,那些年日子虽非常清苦,但人们总是把清苦咀嚼得甘之如饴。

三、勤俭节约建成小康

20世纪90年代以来，江泽民在毛泽东、邓小平等老一辈无产阶级革命家艰苦奋斗、勤俭建政的基础上，顺利实现了对"三步走战略"的接力传承和继续追逐，明确了全面建成小康社会的奋斗目标。

（一）接力勤俭，建成小康

改革开放以来，我国经济发展取得了较大成就，人民群众的物质生活也有了较大改善，但是我国人口众多，能源资源有限，在目前的生产力水平下，生产再多的社会财富在庞大的人口面前都显得微乎其微。要实现全面建成小康社会这一伟大而艰巨的历史任务，没有全党全国人民长期的勤俭节约和艰苦奋斗，是不可想象的。而且即便"我们国家富强起来，仍不能丢掉勤俭节约的好传统。"全面解决温饱、全面建成小康社会仍然需要坚持勤俭建国的方针。

（二）弘扬勤俭朴素，反对挥霍浪费

随着生产力水平的发展和人们生活水平的提高，一部分党员和干部淡忘了勤俭节约、艰苦奋斗的优良传统。时任总书记江泽民说："一个国家、一个民族，如果不提倡艰苦奋斗、勤俭建国、人们只想在前人创造的物质文明成果上坐享其成，贪图享乐，不图进取，那么，这样的国家，这样的民族，是毫无希望的，没有不走向衰落的。"古今中外，莫不如此。为此，江泽民指出，"没有任何理由铺张浪费、挥霍国家和人民的钱财。"勤俭节约是中华民族的优良传统，我们要继续保持并发扬，"以艰苦奋斗、勤俭朴素为荣，以铺张浪费、奢侈挥霍为耻"。

（三）节约能源资源、保护生态环境

改革开放以来，中国经济高速发展。但为实现这一发展，我国付出了很大的资源能源消耗，环境压力加大，环境污染严重。为此，以胡锦涛为代表的党的领导集体，审时度势，非常及时地做出了建设资源节约型、环境友好型社会这一具有全局性和战略性的重大决策。"把建设资源节约型、环境友好型社会放在现代化战略的突出位置。"为此，他提倡"厉行节约、反对浪费。开展节约能源资源和环境保护宣传教育"。不仅如此，2004年《国务院办公厅关于开展资源节约活动的通知》发布，要求全面推进能源、原材料、水、土地等资源节约和综合利用工作。在十八大报告中指出，要全面促进资源节约，从实现文明发展、和谐发展（人与自然的和谐、人与人之间的和谐）、可持续发展，建设美丽中国，实现中华民族永续发展的战略高度来认识坚持勤俭节约的重要意义。

四、勤俭节约文明弘扬

党的十八大以来，以习近平总书记为核心的党中央围绕党的十八大确定的各项目标任务，如实现"两个一百年"目标和中华民族伟大复兴的"中国梦"，提出

了一系列治国理政的重大战略思想,其中"勤俭节约""反对浪费"两词高频出现并得以反复强调,这透射出以习近平总书记为核心的党中央新一代领导集体更加强烈的勤俭自觉。

（一）弘扬勤俭新风,建设节约型社会

自1978年开启改革开放和社会主义现代化建设新时期以来,我国经济社会成就巨大,但也出现了许多不可忽视的问题,如生产生活中浪费尤其是"舌尖上的浪费"惊人。统计显示,我国每年餐桌浪费多达2 000多亿元,浪费的粮食可养活2亿人。餐饮浪费的食物蛋白质就达800万吨,相当于2.6亿人一年所需;浪费脂肪300万吨,相当于1.3亿人一年所需。如果仅一个北京市的夏天用空调将温度从24摄氏度调到26摄氏度,就可以节约用电4到6亿千瓦时,可以为老百姓节约电费两亿多块钱。社会上不仅浪费现象非常严重,奢靡之风、奢华之风也渐甚。对此,习近平总书记指出:"我国餐饮浪费包括其他方面的浪费现象和奢靡之风令人痛心!"

（二）整治奢靡之风,倡导勤俭为民

不良社会风气和工作作风是贪污腐败和铺张浪费现象存在和发展的根源,如果任其发展,造成亡党亡国绝不是危言耸听。中央"八项规定""六项禁令"和反对"四风"等重要讲话与中央领导人厉行勤俭节约、反对铺张浪费的重要批示遥相呼应、一脉相承,是对贪污腐败和铺张浪费现象等不良社会风气和工作作风的强烈回击。习近平要求严格落实中央"八项规定""六项禁令",反对"四风",真抓实干,注重成效,向社会传递正能量。

紧紧围绕"人民利益"开展一切工作是马克思主义政党始终坚持的根本原则。中国共产党近百年的发展历程也告诉我们,群众路线是我们党永远立于不败之地的根本。为此,习近平主张净化政治生态,勤俭为民。他指出:"工作作风上的问题绝对不是小事,如果不坚决纠正不良风气,任其发展下去,就会像一座无形的墙把我们党和人民群众隔开,我们党就会失去根基、失去血脉、失去力量。抓改进工作作风,各项工作都很重要,但最根本的是坚持和发扬艰苦奋斗精神。"领导干部是人民的公仆,应该时刻想到人民的冷暖安危,"多想想群众,多想想贫困地区,多做一些急人之困的工作"。同时,"要切实改进工作作风,牢固树立艰苦奋斗勤俭节约的思想,深入实际、深入基层、深入群众,力戒奢靡之风,坚决反对大手大脚、铺张浪费,以实际行动践行全心全意为人民服务的根本宗旨"。

（三）战斗正未有穷期,厉行节约做表率

行胜于言,行动是关键。打铁还需自身硬,榜样的力量是无穷的。习近平总书记率先垂范,中央政治局同志严格遵守有关规定,考察调研期间不铺红地毯,不挂标语横幅,不到风景名胜区参观;安排食宿严格遵守标准,有条件的地方全部安排自助餐,以当地菜为主,不上高档菜肴,不备烟酒,不另备高档洗漱用品。

（四）秉承勤奋之风，弘扬节俭之魂

1. 继承勤俭节约的光荣传统

新时代大学生要继承和发扬勤俭节约的优良传统。勤俭节约永远是时尚，浪费不是新潮，奢侈不是时尚。

2. 增强勤俭节约的文化自信

勤俭节约不仅是中华民族的传统美德，也是中华民族的传统文化。俭，德之共也；侈，恶之大也（《左传·庄公二十四年》）。身修而后家齐，家齐而后国治，国治而后天下平（《礼记·大学》）。

3. 践行勤俭节约的文明行为

勤俭节约犹如甘霖，能让贫穷的土地开出富裕的花；勤俭节约恰似雨露，能让富有的土地结下智慧的果。在建设节约型社会中，要牢固树立"浪费是极大的犯罪""浪费也是腐败"的节约意识，形成"铺张浪费可耻，勤俭节约光荣"的良好氛围，使勤俭节约成为一种时尚、一种习惯、一种精神。时时践行勤俭节约，心中常开文明之花。

4. 加强勤俭节约的自律意识

节约，不浪费，是一种自我约束的方式。节制是人生最大的享受，物质的释放、精神的释放都很容易，但是难的是节制。所以做人的最高意境是节制，而不是释放。做到欲望上的节制，就有了勤俭节约的自律。懂得了自律，所有的困难都不算什么。更重要的是，当你变得高度自律以后，人生的风险就会不断降低，人生的境界就会不断提高。正如方志敏烈士所说的那样："清贫，洁白朴素的生活，正是我们革命者能够战胜许多困难的地方！"

5. 强化勤俭节约的自觉行动

不仅要有勤俭节约的意识，而且要有勤俭节约的自觉行动。现代大学校园节约无处不在，行动随时随地。节约粮食，实施"空盘"计划或"光盘"行动；节约用水，随手关闭龙头；节约用电，随手开关灯，空调温度按规定设置；节约用纸，正反两面用；垃圾不乱扔，分类守规矩。

第二节　源深流长的节约事例

"想当年"不是人人爱听的话，如今不是忆苦思甜的年代，没有人愿意分享你的光荣历史和苦难经历。时代毕竟不同了，你吃过的野菜，现在变成了高档佳肴；你垦荒造田，现在变成了破坏生态。当然，不管时代怎么变，勤俭节约的精神不能丢，节约的故事还是永远都要讲的。

一、富而不奢节约光荣

鲁迅笔下的杨二嫂说过，"愈有钱，便愈是一毫不肯放松，愈一毫不肯放松，便愈有钱"。有人说越有钱的人越抠门,按这种逻辑,顶级富豪岂不是世界上顶级吝啬鬼?她说对了一半,有道是"起家犹如针挑土,败家犹如浪淘沙"。细数抠门的富豪,他们不是不舍得花钱,而是有的人依然保持着创业前艰苦朴素的传统。对于富豪们来说,奢华无罪,节俭生活更加光荣。

富豪们大多数都能遵从节约时尚,节约光荣;富而不奢,贵而不舒;富而不骄,富而不惰。王永庆,一条毛巾用了 27 年;任正非,一间套房与十几人打地铺;包玉刚,一张白纸五次用;董明珠,一人独自坐火车出行。盘点富豪们的节俭生活,他们的节约故事传播的是富而不奢的正能量。

二、影响几代人的节俭故事

(一) 南京路上好八连

南京路上好八连的故事源远流长,教育了一代又一代人;"新三年旧三年,缝缝补补又三年"的艰苦奋斗勤俭节约的精神,在今天教育意义更深更广。

在"南京路上好八连"的带动下,南京路周围的 100 多家单位仿照八连的做法,纷纷走上街头,无偿为群众理发、修伞、裁衣、钉鞋。

艰苦奋斗是中华民族的传统美德,也是八连精神的核心和灵魂。解放初期,八连官兵为支援国家建设,自己甘过苦日子。想尽办法节约资源:衣服上补丁最多的竟然打了三十多个,一口行军锅用了十几年,有的战士一个月的开销只有 4 角钱……

至今,八连仍然在坚持着解放初期艰苦奋斗的节约"五个一":一分钱、一粒米、一滴水、一度电、一寸布;"四个自":仍然坚持头发长了自己理、衣服破了自己缝、鞋子坏了自己补、营具损了自己修。"三箱":木工箱、补鞋箱、理发箱的传家宝已经传承了 42 代。

八连在人民的心中树立了勤俭节约的标兵形象,人民把他高高举起,作为正能量"偶像"角色,广大人民群众能够在八连身上看到人民子弟兵的各种优良传统,并能够相互促进,为国家的建设事业共同蓄力前行。

(二) 雷锋节约的故事

20 世纪 80 年代前出生的中国大陆的民众,只要念完小学,几乎没有不知道《雷锋日记》和《雷锋的故事》。在中小学的教材里,向雷锋同志学习,影响了几代人,雷锋精神教育了几代人。

一个星期天,雷锋的战友王大力把所有战士们的袜子和衣服都洗了,雷锋正在晾衣服时,发现自己的旧袜子不见了,他就到处寻找。这时,王大力说:"雷锋,你有那么多存款,还这么舍不得买一双袜子。你瞧,你这双袜子穿在脚上多难受?"雷锋说:"只要不耽误我的工作就可以啦!"王大力又说:"那你不觉得难看吗?""咱们军人不是把袜子穿给别人看的。"这几句话,就已经体现出了雷锋的节约精神。他每个月只有 6 元钱奖金,他却把钱存在银行,一年一年过去了,雷锋把省下来的钱全都捐给灾区人民,可是他自己却舍不得买新袜子。

三、近乎黑色幽默的真实故事

这是一个真实的故事,近乎黑色幽默。1970 年代,地处江淮丘陵的一个乡村。一天清晨,公社的高音喇叭正在播送罗马尼亚总统齐奥塞斯库来我国进行正式友好访问的新闻,被没有上过学的生产队长听为救济衣服絮袄带絮裤,兴冲冲地跑到公社去领取,结果闹了笑话。

在那个年代,中国经济比较落后,物质十分贫乏,很多生活生产物资都需要凭票限量供应。很多家庭一年四季难得买一次鱼肉,更难得买一件衣服;大人几年才能添置一两件衣服,老人总是穿着自家手工缝制的灰色粗布大襟外罩,很少有不带补丁的。地里的活儿忙完了,就储备柴草过冬。男人们打草鞋、造木屐,妇女们缝补衣服、纳鞋底、补袜子。那时候家家都有鞋模子,旧袜子补了一层如果破了,就再补一层,一双袜子总要一针针一块块补得厚厚的。在那个时代的冬天,特别贫困的家庭一家人真的要轮着穿棉衣,几个人或一家人挤在一张破床上。

在那个物资极度匮乏的年代,不仅贫穷落后的农村如此,在城市,也有不少贫困的家庭基本生活难以得到保障。1988 年上海《解放日报》曾报道:上海住房最困难的一户人家,四世同堂、四对夫妻,十三口之家仅有十八平方米的居住空间。

这样的时代背景下,生产生活物资是十分紧缺的,也是被充分利用的,几乎没有被随手丢弃的可用的物品,当然就不会产生现在这样种类众多的生活垃圾。提及那个年代,并不是怀念那个年代,而是在我们走过的那个年代,虽然没有循环经济的概念,大家却真实地履行着厉行节约,艰苦创业的精神。无论何时,无论社会如何发展,勤俭节约、艰苦创业的精神不能丢。

四、绿色出行作贡献

当城市里的汽车越来越多,道路越来越拥挤时;当路上花费的时间越来越多,出行不再便捷时;当空气被污染,蓝天白云难以再现时。我们应该思考,需要改变我们的自身行为,重新考虑出行方式。20 世纪 70 年代,我国是"自行车王国",很多人都是骑自行车上下班、出行,既锻炼身体,又减少环境污染。

近几年来,随着经济社会的快速发展,机动车保有量持续快速增长,城市交通承受着难以负载的压力。特别是全球能源需求紧张,经济危机日益蔓延的背景下,节能、减排、环保已经成为科学发展的新理念。为了我们的生活更加幸福,为了我们的家园更加靓丽,为了我们的未来更加美好,低碳、健康、绿色、文明出行,势在必行。近年来,推出各种形式的自行车,助力绿色出行。

不少城市推出"135 出行方案",1 千米内步行,3 千米内骑自行车,5 千米内乘坐公共交通工具或选择"拼车"结伴而行等绿色出行方式上下班,把步行和骑车出行作为缓解交通压力、促进节能减排、保护环境、强身健体的有效行动,从而带动更多的人参与到"低碳出行"行动中来。

杭州市居民充分利用公共自行车服务系统。自2008年5月试运营以来,截至2018年12月底,杭州市公共自行车服务系统已有4 198个服务点,10.17万辆公共自行车,累计租用量突破9.25亿人次。每周少开一天车,就能为"蓝天保卫战"贡献一分力量。

第三节　思想之源的有力推促

思想是行动的先导。生活垃圾分类就世界范围来看都是难题,少数人思想仍未统一,推行尚有阻力,关键在于思想根源和行为习惯的养成。在我国,由于前20年提倡生活垃圾分类的铺垫,试点城市的探索,通过正面媒体和网络舆情的充分讨论,有力地推动和促进了生活垃圾分类的展开。

一、"要分类"在思想上高度认同

生活垃圾要不要分类,调查显示,95％以上的人持肯定态度。坚定的支持生活垃圾分类,坚定的支持现在的分类方式,因为这关系着人类的命运。无论如何,做好生活垃圾分类是每个公民的事。再麻烦,也是要做好的。

生活垃圾分类痛苦,被生活垃圾包围难道不痛苦?对此有人说:"生活垃圾分类不是从方便老百姓开始,是从老百姓不方便开始的,但最终是为了老百姓。生活垃圾分类开始是麻烦和不方便,正是有了这种不方便,才能形成特定的意识和习惯。"简单的例子就是,人类最早是不要上厕所的,由于讲文明、讲卫生,必须要在厕所里才能解决大小便的问题,现在没有人说不习惯。

二、"能分类"在论辩中越辩越明

生活垃圾分类没有你想象的那么复杂。可回收物可用五字口诀牢记,即"玻、金、塑、纸、衣"。有毒害垃圾在日常生活中很少,主要是废电池、废灯管、废药品、废油漆及其容器。可腐垃圾主要看其是否易腐烂、易粉碎。排除了以上三种后,其余物品都可扔入可烧垃圾筒。当市民发现有混淆模糊不能准确判断类别的垃圾时,也可以扔进可烧垃圾筒中。

生活垃圾分类究竟怎么分?记牢红、蓝、棕、黑四色桶是前提。实在不会分,可以到"垃圾分类查询"平台一键查询;也可以通过小爱生活垃圾分类小课堂,积极帮助广大市民解决日常生活中的生活垃圾分类难题。

任何事情一旦认真去做,没有实现不了的。对待食品安全、环境污染、资源浪费、垃圾分类等问题,就是要猛药去病,重典治乱;垃圾分类、人人有责,为了祖国富强,为了下一代、必须从我们开始;国家的生态环保机制越来越完善了,必须支持和点赞。

三、"会分类"在实践里得到力挺

不少居民开始由于一知半解,将信将疑,通过广泛的正面宣传,讨论交流,教育培训,消除了疑虑,实现了从"要我分"——"我要分"——"我会分"的转变。

生活垃圾分类从我做起,保护环境,人人有责,公共卫生,人人自觉,习惯成自然,养成良好的生活垃圾分类习惯;生活垃圾分类从今做起,立即行动,养成雷厉风行的工作作风;生活垃圾分类共同参与,治理脏乱差,同心协力靠大家,共建人类命运共同体。

从提倡走向强制,变化的不仅是手段,期待唤醒你的生活垃圾分类意识。归根到底,比起以前的"轻松一扔",生活垃圾分类肯定要麻烦不少,可这件"最难推广的小事"在当下是为了让大家有一个干净整洁的环境;在未来是为了让子孙受益。

上海市自 2019 年 7 月 1 日实行强制生活垃圾分类治理以来,生活垃圾分类取得了明显成效。据上海市容局最新数据显示:上海生活垃圾分类实效快速提升。截至 2019 年 10 月底,上海市可回收物回收量达到 5 960 吨/日,较 9 月的日均回收量增加了约 355 吨/日,而较 2019 年 7 月增加了约 1 560 吨/日,超过 2019 年 2 月份可回收物回收量的 5 倍(图 8-1)。

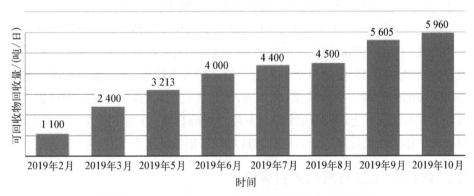

图 8-1 2019 年 2—10 月上海日均可回收物回收量

第四节 探索之路的有益尝试

一、捡拾之殇:处理只达此境界

在我国,若干年前我们是怎么处理生活垃圾的呢?农村除了废品回收站外,就是走村串户的卖货郎收集有用的物品,广阔的天地间垃圾靠风刮,城镇的垃圾分类靠的是人们勤劳的双手。

曾经的北京，8.2 万拾荒者每年能捡出 30 亿元，在庞大的垃圾回收江湖里，有着严格的分工，"有人只捡垃圾，不收废品；有人只收废品，不捡垃圾"；现在的北京，自从生活垃圾分类之后，拾荒者再无去处，生活垃圾分类回收只能靠每一个市民，靠小区，靠物业公司了。

那年的上海。几年前，上海的生活垃圾也是靠人工捡拾的，从业者最多时有近 10 万人。这些适合处理垃圾的行业基本上属于又脏又没有足够税收的"低端产业"，居民们不喜欢家门口有这些东西，政府也不太待见它。如今，上海 10 万原本从事垃圾分拣的低端劳动力，也已经大多被疏散。所以，上海的生活垃圾，除了少数几样可能被分类回收，其余的部分，大体上只适合运到郊区或外省去填埋处理。两年前，上海的垃圾处理能力一天只有几千吨，没法处理一天 2.8 万吨的生活垃圾。

北京、上海如此，其他的地方可想而知，除了部分使用机器，几年前几乎都是"靠人的手"。汽车车轮、旧零件、包装袋、汽水瓶、用过的卫生巾，你能想到多有毒的，多有害的东西，里面都有。有的分拣工人，习惯性地自己用手去翻找。这样子久了，怎么可能不得病？有的工人文化水平不高，捡到装有"盐酸"或"硫酸"或"氢氟酸"的瓶子，想倒出液体，结果不小心伤到自己。无数分拣工人，更要日日夜夜陪伴着处理这些垃圾。因为这些垃圾，没有进行垃圾分类，所以无法回收利用。有的直接填埋，有毒物质就这样流进了土壤中。

被焚烧的垃圾，冒出有毒的烟，直接进入大气中。当地人每天就生活在这样一个土壤、水、空气都被污染了的环境中，他们的身体，也在一天天受着影响。垃圾有时候多到可能会蔓延至全村。据一位全国人大代表介绍，他所在的居委会是风景秀丽的皖南山区小集镇，几年前，因垃圾长期堆积，夏天的苍蝇聚集在垃圾堆上方的高压线上，使高压线看起来超过玻璃杯粗，令人不寒而栗。现在，这里被选中作为垃圾处理厂址，村民们难以接受，抵触情绪大，不少人仍心有余悸。

二、"限塑令"：没有想到的变异结局

（一）未解的难题

1. 塑料垃圾难以承受之重

由于塑料制品的广泛使用，塑料垃圾也开始暴增，从 19 世纪 50 年代帕克斯发明塑料以来，人类大约制造了 83 亿吨塑料垃圾，塑料垃圾已经成为气候变化的主要成因，也逐渐成为环境的"致命杀手"。

2. "白色污染"治理早已成世界难题

作为全球公认的环境问题之一，"白色垃圾"泛滥多年一直未得到根治，对生态和经济都产生了巨大影响。近年来，国际社会不约而同加大治理力度，从"限

塑"到"禁塑",先后出台多个政策或法令,但成效并不乐观。

（二）国外相关情况

为了遏制"白色污染"蔓延,国际上不约而同展开"限塑"甚至"禁塑"之战。目前,全球已有60多个国家出台了相关限制塑料使用的政策或法令。

2018年5月10日,韩国政府表示,计划在2030年前将塑料垃圾减排一半,并将回收利用率从34%提高到70%。自2019年1月1日起,韩国2 000多家大卖场以及1.1万家店铺面积超过165平方米的超市,全面禁用一次性塑料袋。否则,商家将被处以最高300万韩元(约合2 700美元)罚款。

2018年6月30日起,澳大利亚各大超市全面实施禁塑令。Coles也将不再为顾客提供免费的一次性塑料袋。2018年3月5日,霍巴特宣布成为全澳首个禁止一次性塑料的首府城市。可是,面对125万吨垃圾,这不过是杯水车薪。

2018年8月3日,智利颁布法律规定,自2019年2月3日起,所有大型超市、商场不得再向购物者提供免费塑料袋。

2018年8月10日,新西兰政府宣布,2019年起禁用一次性塑料购物袋。

2019年5月21日,欧盟理事会正式批准一项法案,自2021年起,全面禁止欧盟国家使用吸管、餐具、棉花棒等一次性塑料制品。法案明文禁止使用10项抛弃式的塑料制品,如免洗餐具、食物袋、吸管、饮料杯、保特瓶(一种塑料瓶)等。

2019年6月10日,加拿大总理特鲁多表示,加拿大最早将于2021年在全国范围内禁止使用一次性塑料制品。同时,之前由市政府负责回收废旧塑料的职责,今后将移交给塑料制品厂,以便回收更多塑料废旧品。

2019年6月1日,坦桑尼亚大陆地区正式实施"禁塑令",禁止进口、出口、制造、销售、储存、供应及使用所有厚度的手提塑料袋,违法者可能面临罚款或监禁等处罚。

此外,2019年5月13日,来自约180个国家和地区的1 400多名代表在日内瓦对《巴塞尔公约》作出修订,决定将塑料垃圾列入进出口限制对象,以限制目前猖獗的塑料垃圾出口行为。

（三）国内相关情况

2007年12月31日,《国务院办公厅关于限制生产销售使用塑料购物袋的通知》发布,自2008年6月1日起,在全国范围内禁止生产、销售、使用厚度小于0.025毫米的塑料购物袋,所有超市、商场、集贸市场等商品零售场所一律不得免费提供塑料购物袋。这就是人们通常所称的"限塑令"。

"限塑"十二年未能"塑战速决"。我国"限塑令"实施十多年来,对白色垃圾的治理起到了重要作用。数据显示,过去10年间,超市、商场的塑料袋使用量普遍减少2/3以上,累计减少塑料袋140万吨左右,相当于节约了840万吨石油。不过,"限塑令"施行效果仍低于人们预期。管得住生产塑料袋的正规厂家,却管不住小作坊;管得住大超市,却管不住小卖部。主要有几个原因:替代产品较少;塑料限制范畴小;监管力度不大;政策配套不足等。

近年来,消费者收入不断增加,原有的"限塑"价格杠杆作用发挥已不明显,加上人们心理上逐渐接受塑料袋收费,因此未能从根本上改变人们使用塑料袋的消费习惯。随着电商、快递、外卖等新业态的迅速发展,塑料垃圾污染问题再次凸显。

数据显示,仅 2017 年,国内快递包装塑料袋用量约 80 亿个,三大外卖平台(美团、饿了么、百度)每天外卖订单量超过 2 000 万单,如果每单仅使用一个塑料袋,年使用塑料袋就超过 73 亿个。

"限塑令"实施十二年屡限不止,如何寻求突破? 看来,真的难以做到"塑战速决"。

三、"三线三边":局限很大的有益启示

(一)缘起

2013 年 11 月,安徽省正式启动"三线三边"城乡环境治理,计划用三年时间基本实现省域范围内城乡环境治理全覆盖,全面提升城市发展环境和人居环境。"三线三边"主要包括以铁路沿线、公路沿线、江河沿线及城镇周边、县际周边、景区周边脏乱差环境的集中清理,提升城乡发展环境和人居环境。

(二)内容和成效

"三线三边"城乡环境治理的主要任务包括集中开展垃圾污水治理、建筑治理、广告标牌治理、矿山生态环境治理、绿化改造提升等"四治理一提升"。

"三线三边"城乡环境治理,虽然治标不治本,而且是局部的,持续的时间不过是三年,但还是有力地推动全省范围内的主要区域的环境治理问题。

(三)启示

尽管这是一场不彻底的清白行动,但也给了我们许多有益的启示。垃圾分类、环境治理不是三年行动,更不是一朝一夕就能解决的,需要的是持之以恒,久久为功。针对近年来日益严重的农村生活垃圾污染问题,在推进城市生活垃圾分类的当下,必须整体考虑农村生活垃圾的分类与治理,切实保护农村生态环境,减少疫情、疾病的传播风险,维护人民群众卫生健康,推进美丽乡村建设。

四、生活垃圾治理:本质是公共卫生管理

生态一旦遭到彻底的破坏,其伤害便会永久无法复原;健康一旦受到威胁,造成不可逆转,再努力已经了无意义。保护生态、重视环保不仅是挽救濒危的自然,更是人类的自我救赎。因此,生活垃圾分类治理的本质是公共卫生管理。

（一）日本切肤之痛唤醒的定位

目前生活垃圾分类最为出名的国家就是日本,但其实,日本全民垃圾分类的普及,也不过是二十多年前的事情。原因何在? 很简单,当时日本没有那么多土地能填埋垃圾了。1993 年到 1998 年的 5 年间,日本生活垃圾的数量不断高涨,可垃圾堆填区却不见增大,能使用的年数不足 8 年。而且当时未经适当处理的垃圾,已经造成了巨大的污染以及令人恐慌的水俣病、痛痛病等一系列公害病。吃过亏的日本人对污染的危害和代价心知肚明。从这些方面来看,日本的环保意识、垃圾分类,还真是被逼出来的。

（二）我国的经验教训

过去的教训,值得记起;过去的经验,值得借鉴。中华人民共和国成立以来,在应对公共卫生事件上,影响最大的主要有:全民除四害、消灭血吸虫、战胜非典。

洋垃圾的大量输入,造成多个广东贵屿;生活垃圾围城,北京周边大大小小的垃圾场组成了北京的七环;本土垃圾相互倾倒,上海 2 万吨垃圾非法倾倒太湖,垃圾上山下乡频繁出现;中央环保督察组通报的长江流域露天垃圾场,固体废物给长江流域造成灾难后果,这些都是惨痛的教训。

（三）生活垃圾分类治理的本质

生活垃圾虽然看得见,堵得慌,臭得很,但长期以来,我们都是从环境保护的角度来看待它,认识它,宣传它,解决它,主管的是国家发改委、住建部。如果我们从公共卫生管理的角度来看待它呢? 一般情况下,生活垃圾问题不突显,它是公共卫生慢性病,犹如人体的慢性病,有小恙,无大碍,维持基本生活没问题,不至于危及生命。但是,特殊情况下,如果生活垃圾问题暴发,而且是集中暴发呢?造成大面积感染、呼吸道疾病或其他症状呢? 国内见诸媒体的报道也有不少。把癌症村、白血病村放在特定的背景下考量呢? 由此看来,生活垃圾分类治理不仅仅是生态环境保护问题,它的本质是公共卫生管理。

第五节　利用之途的有效路径

美国世界观察所在一项报告中指出:"垃圾回收和再生利用,称得上是 21 世纪人类最主要的效率革命,这种革命在由工业经济走向知识经济的时代变得更有魅力,因为这是人类为了生存而寻找可持续发展道路所必须采取的步骤。"

一、就地就近是最便捷的途径

（一）处理成本划定的服务半径

生活垃圾分类,对我们有多急迫,不言而喻;对处理生活垃圾成本的考量,对于管理者有多重要,不言自明。一望无际的大沙漠可以堆放也可以填埋很多垃坎,但不可回避运距和运费问题。显然生活垃圾分类治理需要考虑成本,政府和企业要对建厂(场)综合考量,其中最主要的两个因素就是服务半径范围和服务人口数量。根据国内外的经验,生活垃圾填埋场、餐厨垃圾处理厂、生活垃圾焚烧厂的最佳服务半径应根据服务范围内人口数量、生活垃圾数量和成分、服务区域面积等因素确定。

(二) 政府和市场搭建交换平台

这些年物质生活极大丰富,很多家庭和个人都会受到旧衣物处理的困扰,不时常穿,不想穿,又舍不得扔;还有旧家具,旧家电,旧手机等更新换代的产品,不在用,但还能用。"敝帚自珍"的情节和"用之无味,弃之可惜"的心态不利于这些旧物品的处理,需要政府或市场搭建回收交换平台,方便民众就地就近处理。

(三) 真实事例

有位同事经常说起他的经历,1986 年,他接受一位由香港亲戚的同事送的旧领带,用了好多年;1988 年,他在上海求学时,用 10 元钱买了同学的一套旧西装,穿到不能再穿;1993 年后,随着条件的改善,他的旧衣服转给农村亲戚,作为干农活的工作服,做到物尽其用。

二、循环使用是最可靠的方式

提高生活垃圾回收率,循环使用是最可靠的方式,也是最好的办法之一。

(一) 从源头进行垃圾分类,可以减少垃圾填埋实现能源再造

据瑞典的经验,1 吨废塑料可回炼 600 千克的柴油;回收 1 吨废纸,可再生纸 800 千克,少砍 17 棵树;1 吨易拉罐熔结成铝块后,可少采 20 吨铝矿。每年,被扔进大海的 816.46 万吨塑料可回炼 489.88 万吨柴油,扔进大海里的塑料,既造成了严重的海洋环境污染,又白白地浪费了宝贵的资源。这些做法,从实践中证明了垃圾是放错位置的资源;垃圾分错了是废物,分对了是资源。垃圾回收再利用,可以节省大量的原生资源。

(二) 循环使用是实现循环经济的可靠方式

初期,日本实行生活垃圾分类的目的之一是从源头规避垃圾焚烧"二噁英"的排放水平。日本在 2000 年提出建设循环型社会,提倡 3R 原则(reduce:减少排放,reuse:重新使用,recycle:再循环利用),目前已经初见成效。日本固废处理推行源头减量、回收利用、能源利用、最终处置路线,其已成为世界范围内生活垃圾分类和资源化利用效率最高的国家之一。

三、其他垃圾也有丰富的宝藏

关于生活垃圾填埋和焚烧,我们大多是混填或混烧,虽是优先措施,但不是优选手段,更不是优选目标,是目前人们在技术上采取的权宜之计,正如石油化

工行业的冶炼技术,没有最好,只有更好;没有最优,只有更优。为其他垃圾寻找出路,是我们在生活垃圾治理过程中必须面对和要解决的问题。

(一) 有害垃圾毒里藏宝

毒害垃圾中有宝可取。有毒有害的垃圾处理,目前的办法是作防护处理后填埋。此办法大体上眼前解决了毒和害的问题,但没有解决用的问题。正如河豚是有毒的,但也是美味佳肴,关键在去毒腺。由此,我们得到启示,对有毒害垃圾,不能一埋了之,应优先考虑在解决毒害问题后变废为宝。美国和日本在废弃垃圾中提取重金属,缓解稀有金属、稀土资源短缺,对我们处理毒害垃圾也不无启示。

(二) 做好分类才能变废为宝

其实,生活垃圾只要处理得当,有 80% 的垃圾能够"变废为宝",关键在于实现分类。在澳大利亚,从生活垃圾中认真分类回收的资源会以不同的方式被加工并再利用。

澳大利亚生活垃圾出口被拒后另辟蹊径。澳大利亚生活垃圾出口转内销后,凭借其工业基础和国民素质,很快得以利用。目前,我们已经看到澳大利亚在生活垃圾回收上的成绩有:南半球最大的垃圾回收厂在珀斯成立,每周处理超过 4 000 吨可回收垃圾,其中 97% 的垃圾可被重新利用;澳大利亚公司开始从中提取天然气,再出售给国家电网用于发电;首都行政区(ACT)升级垃圾回收中心,提高垃圾的分类和降解,并将玻璃瓶回收加工后用于制作混凝土。

(三) 回收生活垃圾增加就业机会

回收生活垃圾对社会的附加经济价值还包括增加就业机会。根据新洲环保机构调查数据显示,每一万吨生活垃圾回收,相当于需要雇用 9.2 位全职员工来处理,生活垃圾填埋需要 2.8 位全职员工。

美国除了在街道两旁设立分类垃圾筒以外,每个社区都定期派专人负责清运各户分类出的垃圾。在纽约,垃圾处理被称为"垃圾管理"。垃圾管理公司是一家全美闻名的垃圾收集和运输公司,它的股票已经上市,且业绩不俗。

好习惯的养成是困难的,但是坏的习惯一旦形成,想要改掉那更是难上加难。行为心理学研究表明:21 天以上的重复会形成习惯;90 天的重复会形成稳定的习惯。让生活垃圾分类成为人们日常生活的动力定型,成为好的习惯,可以说任重道远。社会行为学揭示,人的行为变化,不会因为任何事件的发生而停滞,相反,因外部事件会加速到来。利用好这次全社会推进生活垃圾分类的机会,改掉随意扔垃圾的习惯,养成生活垃圾分类的好习惯。

❖ 复习思考题

1. 为什么说节约是财富,勤俭节约是优良传统?

2. 查阅资料，列举2个节约事例。

3. 谈谈你对富而不奢的节俭生活的看法。

4. "限塑令"效果不佳的原因有哪些？能否完善？

5. 为什么安徽省要启动"三线三边"城乡环境治理？

❄ 案例精选

案例1 "菜鸟回箱"计划

由菜鸟网络等多方发起并已进行了3年的"菜鸟回箱"计划，已成为公众广泛参与的快递纸箱共享行动。通过在全国200个城市的菜鸟驿站铺设5 000个绿色回收箱，该计划培养了社会公众尤其是年轻人垃圾分类、回收利用的习惯。获评"美丽中国，我是行动者"主题实践活动十佳公众参与案例。

案例2 多维生态农业模式

多维生态农业模式是利用自然科学、社会科学、思维科学等多学科交叉，对我国农业发展、生态环境、生活垃圾分类治理等众多问题形成多向思维的系统解决方案。

黄山市多维生物(集团)有限公司在多学科专家、教授、院士指导下，长期扎根山区探索生态农业建设，创建了农业全链绿色大循环体系＋复合式生态产业体系＋多维消费增值平台＋政府体制机制＝多维生态农业"3＋1"体系，通过科技创新解决农业生态安全、食品安全、人民健康、农民增收、农业融资、生活垃圾分类治理等一系列问题。

新型多维生态农业，提高了生态系统的整体功能和综合效益的更大化，构建了农业全链复合式生态产业体系：多物种多链循环种养模式＋多物种多层次保护生态＋中医农业＋多物种收益＋多物种加工＋多级能量物质流＋多物种废弃物循环利用＋多级循环增值＋多维消费增值平台＋体制机制创新＝多级财富倍增。颠覆了几十年化学农业生产方式：单一化学农业＋工农业废弃物＋污染人空气水土食品＋人畜禽鱼虾使用抗生素等＋生物抗药性＝生态链恶性循环。

2014年3月9日，习近平总书记在第十二届全国人大二次会议安徽代表团听取全国人大代表黄山市多维生物(集团)有限公司董事长陈光辉发言后说："复合式循环农业模式这条路子值得好好总结。"

1. 近年来,快递呈井喷式增长,快递包装也呈现出爆发式上升,你觉得"菜鸟回箱"有多大意义,如何解决这个问题?

2. 多维生态农业模式是怎样解决生活垃圾分类治理问题的? 习近平总书记为什么说"复合式循环农业模式这条路子值得好好总结"?

第九讲

生活垃圾分类治理的国际视野

他山之石，可以攻玉。国外一些发达国家及地区很早就开始重视生活垃圾的分类治理，经过多年的经验积累，已经形成一套完整的治理手段。在生活垃圾分类方面，这些发达国家及地区的机制、立法和经济手段都有许多值得借鉴的地方。以发达国家及地区的生活垃圾治理的概况为切入点，从生活垃圾的治理体制、法律法规、治理战略和经济手段等方面解读有关国家和地区对生活垃圾分类的治理，为我国的生活垃圾治理提供借鉴与参考。

第一节　挪威：超强利用的范本

说到挪威，首先想到的肯定是美丽的北欧风光和宜人的生活环境，在流传的多个"全球最适宜居住的国家"榜单中，挪威总是占据前列位置。这一切除了归功地理位置的优越，还在于挪威人对于环境保护的重视。在联合国、世界银行以及几十个国际环保机构联合评选的"良好国家指数"名单里，挪威位列第一名，尤其是环境保护这一项几乎满分，被誉为"最绿色环保的国家"。

一、较强的生活垃圾分类意识

在政策长期的教育和宣传下，也出于对优美生活环境的珍惜和爱护，挪威人普遍具有较强的垃圾分类意识，日常的生活垃圾都会自觉按照后续回收的需要，被划分为食物、塑料制品、纸制品、玻璃制品、金属制品和危险品等十几个类别，并自觉将不同的垃圾放置在不同颜色的垃圾袋或丢弃到有具体标识的垃圾箱或回收点。

二、高效的生活垃圾回收系统

在居民完成生活垃圾的细致分类后，政府会委托第三方服务公司使用专门的生活垃圾收集车，在居民家门口或各垃圾回收站将垃圾回收，并把不同种类的垃圾运送至不同的生活垃圾处理厂处理。到达处理厂后，还将会对生活垃圾进一步分拣以待分类处理,如食物垃圾将用于制造沼气和生物肥料;塑料制品、纸制品、一般金属和玻璃制品等都将重复利用生产再生产品;含有重金属等有害物质的电器、电池和工业垃圾进行无害化处理后重复利用或填埋;其余垃圾残余经过金属提取后予以高温焚化。

三、高水平的循环再利用

挪威生活垃圾处理的基本原则是在垃圾减量化的基础上实现垃圾循环利用的最大化,并通过立法、教育宣传、税收和经济政策等多种手段,促进垃圾的回收治理。其生活垃圾回收再利用水平之高最令人所称道,比例远超英美等发达国家。例如,纸张、轮胎垃圾回收率达到了80%,报废汽车回收率有90%,塑料以及电池等垃圾接近100%的回收水平。

挪威生活垃圾利用水平之所以高,主要在于其领先世界的焚烧发电技术。生活垃圾焚烧发电是挪威垃圾分类处理的重要方式。当其他国家还在考虑如何处置垃圾,要建多少个填埋场的时候,挪威早在多年前就将本国的垃圾利用焚烧再生处理,变废为宝。甚至有媒体报道,由于整个垃圾焚烧系统的高效运转,挪威国内的生活垃圾已经到了不够用的地步,需要从国外进口垃圾填补垃圾处理缺口。

挪威、瑞典等北欧国家,早在20世纪90年代就已解决生活垃圾焚烧的技术问题。如今挪威等国家的焚烧炉利用850至950摄氏度的高温使生活垃圾实现完全燃烧,二噁英排放接近零。生活垃圾焚烧过程中产生的粉尘使用电气集尘器吸附,废气还要经过洗涤装置、过滤式集尘装置等处理程序,符合安全标准后才从烟囱排放。当地官员表示,生活垃圾发电厂的废气,比厨房和野外烧烤带来的环境问题还要小。据报道,挪威的首都奥斯陆主要是通过焚烧生活垃圾、工业垃圾,甚至是有毒和危险废物为市民提供暖气和电力,为当地过半的地区和大部分的学校供暖。

第二节　日本: 超级严苛的成功

凡是去过日本的人,都会惊叹当地街道的干净整洁,同时也会奇怪街头几乎找不到任何垃圾筒,主要原因之一是一般简单粗放的街头垃圾箱,很难符合日本那套严苛到“变态”的生活垃圾分类制度。但是,也正是这些严格到“变态”的规定和执行力,让日本如今成为世界上生活垃圾分类回收做得最好的国家之一。通过30多年的努力,日本每年人均垃圾产生量只有410千克,在发达的国家中处于很低的生产量,近年来日本人均生活垃圾清运量保持平稳。

一、日本生活垃圾分类的历史及现状

第二次世界大战之后，日本经济走上了快速发展的道路，但同时也面临着"大量生产、大量消费、大量废弃"带来的生活垃圾处理难题。以日本东京都为例，20世纪50—70年代，随着城市规模快速扩张和"一次性使用社会"的出现，东京城市生活垃圾量爆炸性增长，处理设施与生活垃圾增长不同步，环境污染相当严重，这使东京居民开始认识到对生活垃圾进行科学治理的重要性。从20世纪70年代起，东京颁布并实施了一系列较为全面、综合的环境政策，管理法律以《废弃物处理法》为先驱，以法律形式对包装、家电和汽车等多方面的资源再利用进行规范。并在1989年首次扭转了垃圾产生量逐年增长的局面。目前，东京市约有40万户家庭参与到生活垃圾分类投放中，生活垃圾分类的观念已深入人心。

日本从节约资源、减少垃圾量的角度出发，对生活垃圾产生源头采取十分严格分类要求，经历了由"大类粗分"走向"精细管理"循序渐进的发展过程。目前已经形成以4类（金属、玻璃、塑料和纸）、11种包装废物为对象，从源头分类到终端处理的较为完善的生活垃圾分类管理体系。前几年横滨市把垃圾类别更细分为十类，并给每个市民发了长达27页的手册，其条款有518项之多。

日本东京生活垃圾分类方式较为特别，具体如表9-1所示。

表9-1　日本东京生活垃圾分类方式

垃圾类型	包 含 内 容	处理方式	回收频率
可燃垃圾	餐厨、果皮垃圾，纸制品，木制品	收费处理	一周两次
不可燃垃圾	玻璃陶瓷制品，金属制品	收费处理	一周一次
资源垃圾	包装瓶类，塑料类，报纸类（仅限有循环标志）	免费处理	一周一次
大件垃圾	自行车，家具	免费处理	预约
其他	家用电器，电脑等	生产商处理	

在东京的住宅小区中，都有告示牌对各类生活垃圾进行明确的解释，居民对某类生活垃圾的内容不确定时，都可以在牌子上找到答案。另外，小区内告示牌会告知市民特定种类的生活垃圾的收集时间。

针对日本国内长期居住的外国人，日本社区内会将生活垃圾分类的指示牌标注多国语言；同时，进行居住登记时，当地政府也会将相关规定派发到每一个人。当游客入住旅馆时，负责人员也会告知生活垃圾分类相关的规定。

二、详尽的法律法规提供制度保障

为了保障垃圾回收的有效实施,日本制定了三个层次的法律,其法律条文之多,量刑之重,堪称世界之最。第一层次是基本法《促进建立循环社会基本法》,制定了有关建立循环型社会的基本政策措施,于2000年12月公布实施;第二层次是综合性的两部法律,1970年制定的《固体废弃物管理和公共清洁法》和2001年4月开始实施的《资源有效利用促进法》,后者的主要内容和目标是控制使用过的物品以及副产品的产生,并采取能促进再生资源及再生零件利用的必要措施;第三层次是根据产品的性质制定的具体法律法规,如《家用电器回收法》《建筑及材料回收法》等。

日本最鲜明的特点是其责任明晰的垃圾分类管理法律体系。政府针对各个时期的社会现状以及垃圾问题的特点,与时俱进地制定法律法规,并不断修订和完善。1900年至1954年,这一时期垃圾管理着重于末端垃圾的合理处置,日本政府先后颁布了以提高公共卫生水平为目的的《污物扫除法》和《清扫法》。1970年代进入经济高速增长期后,产业活动增加导致废弃物剧增,对环境的影响越来越大,因而制定了针对企业排污问题的《废弃物处理法》,对产业废弃物进行界定,明确了企业责任。1980年代末,垃圾处理厂严重短缺和资源枯竭问题产生,日本政府针对资源浪费制定了《促进包装容器的分类收集和循环利用法》《家用电器回收法》《建筑及材料回收法》《食品回收法》《汽车再循环法》等多部法律,强化了不同类型商品生产者、销售者和消费者的责任和义务。2000年,日本政府制定了《循环型社会形成推进基本法》,作为推动日本构建循环型社会的基本法律,它确立了循环型社会的基本原则,提出了减少废弃物的产生(reduce)、再使用(reuse)和再资源化(recycle)的"3R"观点,对国家、地方、企业和个人应履行的责任分别做出了规定,这部法律对日本城市居民树立环境保护的公共意识发挥了重要作用。2000年至今,日本政府把建立循环经济型社会作为基本国策之一,以"环境立国"为发展战略思想,制定并不断完善法律法规,形成了健全的垃圾分类处理的法律体系,真正做到了使垃圾分类处理立法完备,有法可依。国家、地方公共团体、企业和国民分别承担责任的垃圾处理法律体系完全形成。

三、严苛的分类办法和要求提供技术保障

(一)少而精的生活垃圾分类箱

但凡去过日本的人,大多都会对日本大街上的干净印象深刻。同时也会感觉非常奇怪,因为,在日本不像国内走几步就有一个垃圾筒。事实上,像东京这样的大城市,街头几乎是不设任何垃圾筒的。

这种怪现象原因有二:其一,1995年的东京地铁沙林毒气案中,恐怖分子曾

经使用垃圾筒藏匿作案工具，为了防止以后类似情况发生，东京等城市拆除了所有垃圾筒。其二，一般的简单粗放的街头垃圾箱，很难符合日本那套严苛到变态的垃圾分类制度。

一个合格的日本公共生活垃圾箱是怎样的呢？图9-1是日本早稻田大学校园生活垃圾箱，一套共有五个。自左向右分别是纸类箱、不可燃箱、可燃箱、塑料饮料瓶箱和玻璃瓶金属罐箱。

图9-1　日本早稻田大学校园生活垃圾分类箱

日本的生活垃圾箱就是这么细致。事实上这还不是最细的，日本每个地方对于生活垃圾收集规定是不一样的，有一些地区的生活垃圾分类可以达到20多个类目，像这样的地区，在街头设立公共生活垃圾箱几乎是不可能的。市民们只能将生活垃圾带回家去分类处理后再进行丢弃。

（二）生活垃圾回家分类处理

这个回家分类处理，说起来很轻巧，但真做起来很难。日本的生活垃圾分类非常细，除了一般的生活垃圾分为可燃和不可燃垃圾外，资源性垃圾还具体分为干净的塑料、纸张、旧报纸杂志、旧衣服、塑料饮料瓶、听装饮料瓶、玻璃饮料瓶等。除此之外，更换电视、冰箱和洗衣机还必须和专门的电器店或者收购商联系，并要支付一定的处理费用。大件的垃圾一年只能扔4件，超过的话要付钱。

（三）烦琐的生活垃圾分类和投放

看起来如此麻烦的事情，日本人却乐此不疲。喝完一瓶可乐后，其他国家的人都只是一丢了之，但日本人需要分四五步处理。首先他们会洗净饮料瓶，然后揭下外面的塑料包装，把它扔到可回收的塑料垃圾袋中。瓶盖属于不可燃垃圾，而瓶子本身则要放入专门的塑料瓶回收箱。需要注意的是，塑料瓶盖残留在瓶上的那部分也必须特意揭下来,丢到不可燃垃圾中,否则这个处理就算不上"本手"(正宗)。

更为麻烦的是扔垃圾。在日本,每户家庭的墙上都贴有两张时刻表,一张是电车时刻表,另一张就是垃圾回收时间表。日本电车、公交车准点到变态,而丢垃圾时间也如此,每周7天,回收垃圾的种类每天各不相同。居民需要在生活垃圾清运当天早晨8点前,把生活垃圾堆放到指定地,不能错过时间,否则就要等下周。

在日本,虽然各地区对生活垃圾分类的具体要求存在一定差异,但规定的内容都极为细致,特定地区的生活垃圾分类划分甚至多达36种,大多数地区的分类在4~10种。但是,在这些大类之中,每类还要细分成若干小类,如资源性垃圾还具体分为干净的塑料、纸张、旧报纸杂志、旧衣服、塑料饮料瓶、听装饮料瓶、玻璃饮料瓶等。

(四)高频的循环再利用

分类垃圾被专人回收后,会进行加工,以实现循环再利用。日本的免费公厕都提供免费卫生纸,在这些卫生纸上,也打印着一行小字:这些卫生纸都是利用回收的车票做成的。

便利店购买物品会轻松些吗?也不能随意任性。以便当饭盒为例,日本人回家把便当吃完后,不能随手把饭盒扔掉,而是在使用后把饭盒再交回超市,由超市把饭盒统一返还给厂家进行再利用。当然,即便你不这样做,便利店也是无法追责的,但如果你住在附近的小区,常来此买便当而不还饭盒,日子久了就要承受店员和邻里的侧目了。

四、浓厚的督促氛围提供监督保障

事实上,邻里互相监督在日本垃圾分类的执行中起着不可忽视的作用。日本规定的垃圾袋必须是要白色透明或半透明的,这样可以让收集垃圾的工人看清里面装的是什么,也可以让邻居相互监督。如果你不按规定处理垃圾,会被当地居民互助组织点名批评,还会收到警告通知。而你在邻居眼里就是个没素质的人,会受到周围人的白眼,甚至遭到邻居排挤,过得要多难受有多难受。

这种多如牛毛的生活垃圾分类给日本人带来了麻烦,却给国家带来了好处。从生活垃圾中每年可回收上万亿日元的各类资源,比如电子设备中最常使用的稀土元素,日本靠从垃圾分类中回收竟然可以满足其工业需求的30%左右,难怪有人说,生活垃圾分类,其实就是日本人的"隐形矿山"。

与日本相比,很多国家生活垃圾分类虽然开展很早,却效果不好,最典型的案例莫过于法国,早在20世纪60年代,法国在环保主义的驱动下就开始立法进行生活垃圾分类,但时至今日,真正有效的生活垃圾分类制度仍没有被建立起来,法国政府每年要倒贴大量的资金给垃圾处理公司对生活垃圾进行再分拣,生活垃圾回收产业在法国根本无利可图。究其原因,很重要的就是,浪漫自由惯了的法国民众们肯把垃圾老老实实丢到垃圾箱里就已经算很有素质了,让他们给生活垃圾分类,难以想象。

五、教育提供内生的素养支持

生活垃圾分类不仅是一个技术和制度问题,其能否成功直接考验了一个国家的国民素质。目前,在世界上真正将生活垃圾分类做得比较好的,只有挪威、日本、德国、瑞典、新加坡等少数国家,而这些国家除了完备的法律和严苛的民族性格外,教育也是个不可忽视的因素,为生活垃圾分类提供内生的认知和素养保障。

日本的生活垃圾分类训练就是这样从娃娃抓起一步步练出来的,从 1980 年开始立法尝试,到 2000 年左右初见成效,几乎刚好经历了一代人的时间。

第三节　德国: 严谨认真的回报

大多数人的印象中日本一直是垃圾分类的最佳典范,事实上,向来以严谨认真著称的德国人,据德国《焦点》周刊报道,德国是最早实施"强制垃圾分类"的国家之一,在垃圾分类治理方面也有出色表现,其生活垃圾回收利用率达65.6%,资源化利用率达 88.2%,是世界上垃圾分类治理水平较高的国家之一。

一、详尽的生活垃圾分类法律规定

德国的生活垃圾治理的成功,离不开背后强大的法律保障和细致的条文规定。1972 年,德国颁布《联邦清除垃圾法》,这部法律是德国第一部统一的有关垃圾处理方面的法律。据不完全统计,德国联邦和各州目前有关环境保护的法律、法规达 8 000 多部,欧盟还有 400 多部法规在德国执行,是世界上拥有最完备、最详细的环境保护体系的国家。德国生活垃圾分类处理法律和条例如图9-2 所示。

从图 9-2 可以看出,德国与垃圾相关的法律法规,不仅有本国自行制定的法律法规,还遵循欧盟制定的相关法律法规。德国有关生活垃圾处理的法律,以《垃圾处理法》为核心,从源头到分类、处理、循环再利用,都有明确的规定,可以说,德国的垃圾从"摇篮到坟墓"都规定得一清二楚。德国已有的法律法规从法律规范的角度,约束每一个公民的行为,让每一个公民从被动约束环保走向主动

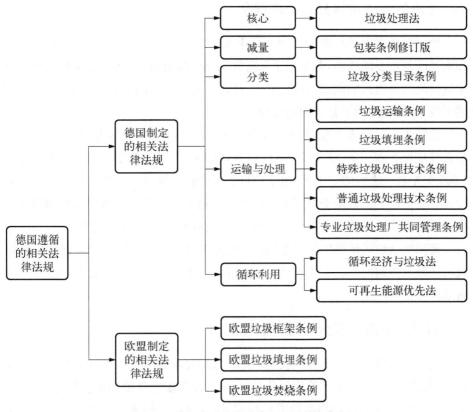

图 9-2　德国生活垃圾分类处理法律和条例

参与生活垃圾分类。

德国是法制化保障生活垃圾分类管理成功运作成功的国家之一。法律不仅明确了国家、企业及个人在生活垃圾分类管理、处理中的责任和义务,还确保生活垃圾处理设施完善有效。早在 1976 年德国就颁布关于生活垃圾管理的法律;1986 年,德国联邦颁布《避免垃圾与垃圾利用法》,与《联邦清除垃圾法》所不同的是,该法将避免和减少垃圾的产生以及垃圾的再利用作为经济发展的前提条件,提高了垃圾再利用的法律地位;1991 年 6 月,德国政府出台了《避免与利用包装废弃物法令》以改善当时垃圾填埋场即将饱和的状况;1994 年,《循环经济和废物处置法》在《避免与利用包装废弃物法令》进行补充和扩增的基础上出台,成为目前作为德国循环经济立法中最重要的内容。1996 年《联邦循环经济法》的颁布实施,代表德国在环境保护以及发展循环经济方面都走上了一个崭新的阶段。

《避免与利用包装废弃物法令》在其后连续经过多次修订,该法令及其所衍生出的“绿点”垃圾管理系统,对生产商和销售商(包括零售商)在生活垃圾分类回收作出明确规定。

二、先进的生活垃圾分类治理理念

德国对城市生活垃圾的管理十分重视,将发展垃圾经济看作是与保护资源和大气同等重要的战略,并采取了具有针对性的解决措施,拥有世界上最成功的生活垃圾治理模式的国家,首推德国。德国人有一个共同的认知就是垃圾是"放错了位置的资源"而不是无用的废物。

德国的生活垃圾治理,并不是最早开始的。20世纪70年代,德国政府才开始重视垃圾管理。20世纪70年代以前,德国全国范围内有生活垃圾堆放场5 000个左右。之后的二十年,由于垃圾管理受到重视,垃圾堆放场从5 000个减少到208个以下。截至2007年9月,德国境内的生活垃圾填埋场被削减到160个,焚烧、生物处理等技术逐渐取代填埋,成为处理生活垃圾的主要方式。

德国生活垃圾治理的宗旨是"避免产生、循环利用、末端处理"。德国生活垃圾治理政策强调商品在生成过程中的环境友好性,从生产阶段最大限度地避免造成废弃物的产生。

三、科学的生活垃圾分类运行制度

高度重视包装废物的再回收与利用。德国要求企业及个人尽量不使用包装材料,若使用,要尽量少地使用包装材料,或者尽可能重复使用包装材料,或者使用无污染能回收利用的物质做成的包装材料,总之一句话,物尽其用,一定要实现包装材料的最大的利用价值。德国针对包装废弃物还出台了专门的法规来约束人们的行为,事实证明,德国这项法规已经深入人心,被广大市民接受并遵循,德国纸张和纸板的回收率已超过一半,在发达国家中处于领先的地位。

建立生活垃圾回收利用系统。德国建设了一个完善的生活垃圾回收利用系统,这个回收系统又被称为"绿点",属于德国回收利用系统股份公司(DSD)。DSD公司在德国工业联邦联合会和德国工商会的倡导下于1990年9月28日在科隆成立,成立之初就有来自包装工业、消费品工业和商业的约95家工商企业加入其中。DSD公司通过发放"绿点"商标,限制和减少废旧包装材料的浪费。"绿点"标志在德国,相当于中国的许可证一样,凡是没有"绿点"商标的商品,在德国的商店里面几乎是看不到的。因为"绿点"商标,表示商品加入DSD公司,是由DSD公司承担回收再利用的义务,商店不需要再单独承担回收再利用的义务。由一个专门的公司负责垃圾的回收利用,承担其他公司回收利用的义务,使得垃圾回收利用的效率得到了提升。德国从1997年到2004年,生活垃圾回收总量总体处于一个上升的趋势,回收比例在2004年略有下降。

实行生活垃圾分类利用"二元系统"。德国循环经济相关法律中,规定了产品的生产者与销售者对生活垃圾的产生都负有责任,并且确定处理生活垃圾的目标之一是控制产品在生产、运输以及销售中包装的数量，以减少生活垃圾产生量。所以产品包装的制造商与使用商联合起来建立一种包装品分类回收系统，使包装垃圾与公共回收系统相分离，形成一种二元的垃圾分类回收格局。并且，这个包装品分类回收系统的投递与运行费由这些企业联合承担。一方面，减轻了政府用于维持垃圾收运的财政负担；另一方面，从源头上抑制垃圾的产生量。

实行塑料瓶回收押金制度。德国是整个欧洲唯一一个实行塑料瓶回收押金制度的国家。德国社会对塑料瓶的需求与使用量都很大，德国政府为了保证能尽快地将塑料瓶回收再利用，采取了塑料瓶回收押金的制度，即居民在购买水或者饮料的同时，提前收取 0.25 欧元当作塑料瓶的押金。喝完饮料将塑料瓶丢进专门的塑料瓶回收机器后，就能拿回之前支付的押金，德国城市中的大型超市都设有专门回收这些塑料瓶的机器。这极大提高了民众参与垃圾分类的积极性。

合理的生活垃圾处理收费模式。生活垃圾处理收费是由各州及城市根据本地区的垃圾处理情况制定的。一般采用定额收费与计量收费相结合的收费模式，有的城市规定对居民产生的生活垃圾的收费由两部分组成，一部分是以家庭人口来计算缴纳基本垃圾处理费，另一部分是在此基础上按垃圾箱的容积和收集率交纳计量垃圾费。但计量垃圾费的收取在公寓式的住宅中难以开展，所以目前德国的居民垃圾收费方式仍以定额收费为主。

四、严谨务实的生活垃圾分类标准

德国生活垃圾分类从 1904 年就已经提出，逐渐实行，全国普及也有 50 多年。德国总共有 16 个联邦州，尽管各州生活垃圾分类标准不尽相同，但多采用更为细致的"五分法"。以其首都柏林为例，分别是有机垃圾、轻型包装产生的垃圾、废弃的纸制品垃圾、废弃的玻璃制品垃圾以及其他生活垃圾等。不同颜色的垃圾筒用来回收不同种类的垃圾，有机垃圾投放到棕色垃圾筒内，轻型包装产生的垃圾投放到黄色垃圾筒内，废弃的纸制品垃圾则投放到蓝色垃圾筒内，废弃的玻璃制品垃圾需要投放到绿色垃圾筒内。所以在柏林街道两旁，通常会看到四个不同颜色的垃圾筒（图 9-3），分别用于装除了废弃的玻璃制品以外的四大类垃圾。

此外，像过期药品、电子废弃物还有家具、家电等特殊垃圾或者大件垃圾则要按规定送到特定的地方。德国考虑到丢弃玻璃制品时会发出声音，影响附近居民的生活，所以将用来装玻璃制品的垃圾筒统一安放在一个远离居民楼的专门的回收区，减少噪声的污染。保洁员只要通过社区内不同颜色的垃圾袋（桶）就可以区分里面装有的生活垃圾种类，不需要二次分拣。对于危险垃圾，需要居民在特定的时间送往专门回收点，政府再进行统一的无害化处理。这些细节既体现出德国细致的分类标准，也表现出对居民的尊重，以人为本。

棕色　　　绿色　　　蓝色　　　黄色

Restmüll　　Glas　　Papier　　Verpackung

图 9-3　德国柏林街头生活垃圾分类桶

正是因为分类处理的方式,很多原本放错了位置的垃圾,也能够找到自己正确的位置,充分发挥回收再利用的价值。德国城市生活垃圾分类的主要类型和处理方式如图 9-4 所示。

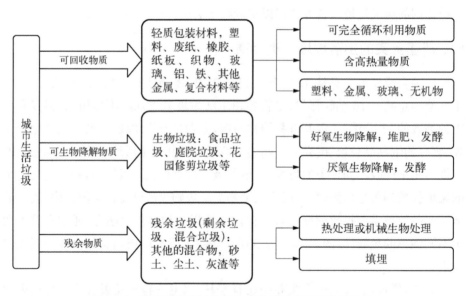

图 9-4　德国城市生活垃圾分类的主要类型和处理方式

五、严厉的生活垃圾分类惩罚措施

为了敦促居民严格遵守生活垃圾分类的规定,德国专门设置了"环境警察",每天在各自负责的区域巡逻,并每周不定期地抽查各居民区的垃圾分类情况。如果发现违章行为,环境警察有权开具最高 35 欧元的罚单。而对于偷倒的"无主"垃圾,警察会仔细查找垃圾中的蛛丝马迹来侦破偷倒者,并记录到其个人信用中。

德国生活垃圾处置的特点在于不但立法细致,而且执法更加严格。在敦促实施生活垃圾分类方面,德国采取"连坐式"的惩罚措施。如果生活垃圾回收公司的人员发现某一处垃圾经常没有严格分类投放,会给附近小区的物业管理员以及全体居民发放警告信。如果警告后仍未改善,公司就会毫不犹豫地提高这片居民区的垃圾清理费。收到警告后,物业与居民自管会将组织会议,逐一排查,找到"罪魁祸首",要求其立即改善。即便不敢承认,犯错的居民也会为了不缴纳更高的清理费,乖乖遵守分类规则。

此外,德国各城市还专门设置了"环境警察",环境警察是联邦内政部警察部门的公职人员,属于警察队伍中的一部分。德国城市的每个辖区一般会有 5～10 名环境警察。每天环境警察都会开着警车到他们负责的区域巡逻三次。除环保警察每天巡逻外,德国的垃圾箱还上了锁。每周不定期抽查各居民区的生活垃圾分类情况,有时甚至会翻看垃圾,确保所有生活垃圾分类正确。

六、非凡的生活垃圾分类治理业绩

(一) 生活垃圾减量明显

众所周知,德国是一个严谨的国家,在任何方面保持严谨的作风,对待垃圾分类亦是如此。正是如此,德国的生活垃圾减量和回收利用率是世界各国中的翘楚。

从 1976 年到 1985 年的 10 年间,德国人均垃圾年产量从 330 kg 增加到 450 kg,并于 1985 年达到顶峰。面对这种情况,德国从生活垃圾管理入手,尤其是生活垃圾源头分类,从而使生活垃圾清运总量逐渐下降。在 1992 年后的 13 年间,尽管国内经济快速发展,但人均生活垃圾产量基本不变,从而使垃圾总量控制在一定的范围内并呈现逐年下降的趋势,生活垃圾分类管理初见成效。这也使德国成为"环保大国"。

(二) 生活垃圾处理技术先进

1. 高水平卫生填埋技术

德国人做事细致严谨的特征也体现在为垃圾厂选址方面,要求垃圾填埋场具备与地质相适应的水文条件,考虑到渗滤液对土壤可能造成的影响,将具有良好的化学稳定性和机械性能的高密度聚乙烯用作卫生填埋的基底防渗层、表面防渗层等所有的防渗系统,而且聚乙烯还具有良好的抗紫外光老化的特性。德国垃圾技术处理标准还规定,禁止填埋没有经过焚烧或机械、生物预处理的生活垃圾,可燃物小于 10% 的垃圾例外。

2. 高质量焚烧技术

生活垃圾焚烧技术是德国将生活垃圾进行末端处理的主要方式之一。2005

年,德国为处理生活垃圾和工业固体垃圾、污泥、危险废物以及垃圾衍生燃料,在各地开始建立高规格的生活垃圾焚烧厂。

3. 先进的现代生物技术

德国应用生物技术已经有十几年的历史了,这一技术就是将生活垃圾的机械处理与生物处理相结合的处理垃圾的手段。在机械——生物处理实施过程中,从生活垃圾中分选出来的金属和玻璃等有用物质可以循环再利用,高热值的物质如塑料等被用来焚烧供电、供暖。

(三) 经济和环境效益巨大

生活垃圾回收行业是发达国家经济的重要组成部分。尤其是德国,自 20 世纪 90 年代开始,为实现生活垃圾分类回收再利用,约 95 家公司联合共同建立了"绿点"公司。"绿点"公司的成立,为德国实现生活垃圾回收再利用提供了可能。每年垃圾行业的生产总值在四百亿欧元左右。不仅在经济方面有巨大的贡献,在就业上,也给德国居民提供了广大的就业机会,德国从事垃圾行业的工作人员约有 20 万人。巨大的经济利益和繁多的就业岗位,推动了德国经济的发展。目前德国生活垃圾回收率已达到近 90％,其中 68％被循环利用。

第四节　澳大利亚：喜忧参半的结局

一直以来,澳大利亚的环境很为人们所称道,街道整洁,空气清新,一度在全球最适合人类居住的国家评比中排名第三,仅次于挪威和瑞典。人们自然想到这一切得益于澳大利亚完备的生活垃圾处理系统,但这只是其中一部分,事实上 2018 年前,大量的澳大利亚产生的生活垃圾经分类后运往中国和印度。

一、完善的法律法规体系

澳大利亚是世界上最早出台环境保护法律的国家之一,政府从环境规划与污染控制、保护自然与人文遗迹、开发与管理自然资源和在相关法律法规中确定环保内容 4 个方面入手,不断完善环保法制建设,目前已建立了十分完善的生态环境保护和建设的法律法规体系。澳大利亚在联邦层次的环境保护立法有 50 多个,有综合立法,如《环境保护和生物多样性保护法》《全国环境保护委员会法》《国家公园和野生生物保护法》《资源评价委员会法》和《国家拨款法》等;也有专项立法,如《濒危物种保护法》《臭氧层保护法》《海洋石油污染法》《大陆架法》《大堡礁海洋公园法》等;还有 20 多个行政法规,如《清洁空气法规》《辐射控制法规》等;还有《清洁空气法规》等。澳大利亚《环境保护和生物多样性保护法(1999)》是澳大利亚政府最核心的环保法律,旨在建立生态可持续发展原则基础上的基本法律框架和决策程序,以平衡社会经济发展与生态环境、文化价值的保护,已于 2000 年 7 月生效。

在环境法律体系方面,澳大利亚除了联邦制定的相关法律,各州也制定了相应的、具体的法律法规。各州的地方环保法规多达百余部,如拥有全国 70% 制造业的维多利亚州和新南威尔士州分别制定有《环境保护法》与《环境犯罪和惩治法》等,新南威尔士州 2010 年还颁布了《垃圾回收和公司处理法》,规定设立专门公司进行生活垃圾回收处置工作。这些法律法规有效地控制了环境污染。

在澳大利亚,不论个人、企业,还是政府机构,只要违反了环保法律法规,都要受到严厉惩罚。对法人可以判处 100 万澳元的罚金,对自然人可判处 25 万澳元罚金,对直接犯罪人可判处高达 7 年的有期徒刑。

二、完备的生活垃圾回收系统

澳大利亚地方政府对生活垃圾分类回收也制定了详细的管理规定,各地的分类标准基本相同,主要分为可回收利用垃圾、生活垃圾以及不可再生利用垃圾三类,分别放到黄、绿、红三色滚轮塑料垃圾筒中,然后由环卫工转运至附近的垃圾处理厂。除了上述三类垃圾外,还存在一些大件的硬质垃圾和化学物品,由服务管理机构进行年度回收或由市民送至垃圾回收服务中心。

澳大利亚政府在生活垃圾回收行业已经取得的成绩有:

(一) 建立南半球最大的生活垃圾回收厂

2017 年 6 月 2 日,南半球最大的垃圾回收厂在珀斯成立。这意味着垃圾填埋将逐渐减少。已开业的名为 South Guildford 垃圾回收厂,每周将处理超过 4 000 吨可回收垃圾,其中 97% 的垃圾可被重新利用。

在全面投产后,该垃圾回收厂每年将分解出超过 23 万吨可回收材料。但这套系统繁杂且昂贵。如果一些不该进入的东西,如婴儿尿片等不慎混入,有可能会导致整个工厂关闭。也就是说,这套系统是否能够普及,在很大程度上依赖于垃圾分类是否到位。

(二) 从生活垃圾里提炼天然气发电

2017 年 6 月 16 日,澳大利亚公司从垃圾里提炼天然气发电,供电 8 万多个家庭。澳大利亚公司 Cleanaway 正在经营的一门生意:从腐烂的垃圾中提取天然气,再出售给国家电网用于发电。

根据 Cleanaway 的年度报告,该公司在上个财年从 1.2 亿立方米垃圾中转换出了 14.5 万兆瓦时的电力。2016 年澳大利亚从生物能源获取了 3 608 千兆瓦时,占总发电量的 1.5%,足以供电 687 238 户。

(三) 升级生活垃圾回收站,提高废品利用率

2017 年 8 月,垃圾回收站升级,废品利用率提高。首都行政区(ACT)投资 800 万澳元的垃圾回收中心升级工程完工,不仅提高了垃圾的分类和降解水平,

并可将玻璃瓶回收加工后用于制作混凝土。垃圾回收站的升级工程共用了六个月的时间来完成。回收站添加了光学分选技术，以确保每年向工厂发送的六万吨垃圾能够被重新利用。该垃圾回收站是全澳少有的几个可将玻璃瓶加工成沙子的回收站之一。

在回收利用方面，澳大利亚取得了一系列的成绩。澳大利亚科学家们、专家们，都在疯狂地想对策。例如，造了"垃圾路"，把垃圾分解，做成沥青路。一些游乐场、停车场以及公园的桌子和长凳，已经开始采用回收材料制成。加热后被扩大的聚苯乙烯（polystyrene）变成了建材，用于房屋墙壁中的绝缘体（insulation，格冷/热板）和墙脚板（skirting board）；塑胶袋变成了塑胶家具；木制货盘（timber pallets）变成了动物的睡铺（木屑品）；有机垃圾变成有机肥料和庭园中的产物；纸类和木板变成了再生纸或木板；玻璃瓶变成更多的玻璃和铺路材料。儿童游乐场（Playground）所使用的地板建材，塑胶富弹性的地面都是用回收的资源建成；塑胶的包装和瓶罐再加工后也可以制成游乐场所里的设备。

三、未解的生活垃圾处理问题

据澳大利亚新闻网报道称，在 2018 年以前的 20 年中，最多的时候，澳大利亚有接近 30% 的垃圾都转运到了中国，同时印度也接收了 10% 左右。2018 年，中国和印度相继实行垃圾进口禁令后，后果开始显现出来，由于垃圾处理量的急剧上升，澳大利亚的垃圾处理设施难以处理现有的体量，垃圾回收系统面临崩溃，垃圾越堆越多，其中一大部分垃圾不得不进行填埋处理。但即便如此，也还是没有办法处理海量的垃圾，造成了严重的环境问题。

对澳大利亚地方政府来说，回收的垃圾最终被运往了中国的这个事实却是他们不愿向纳税人吐露的。垃圾回收的代价，并不是澳大利亚政府在承担，也不是澳大利亚的垃圾处理行业在消化，也不是靠纳税人缴纳的税费在解决。现在面对"垃圾危机"，澳大利亚政府需要正视这个问题。澳大利亚现有垃圾分类体系还是完整的，民众也大多遵守，其实，经过认真分类回收的资源会以不同的方式被加工并再利用。现在需要的是澳大利亚政府对问题的正视，而不是推卸责任。

凭借较强的工业基础和经济实力，澳大利亚政府在垃圾处理站的设计上一般会采用较为先进的技术、装备。这一切都是值得称道的，但想要更普及地实现全澳各地成熟的垃圾回收机制也着实不易，最重要的是，以环境友好为前提的垃圾回收，都是负增值产业，如果没有国家政府足够的财政支持，垃圾回收产业是不可能支撑下去的。垃圾回收商不得不采取更昂贵的处理方法，那么当地政府就需要给予更大的经济支持，而为这笔钱买单的还是纳税人。

最近发生在澳大利亚的森林大火，虽说跟生活垃圾分类关系不大，但对澳大利亚的生态环境影响是十分巨大的,对生活垃圾分类治理的投入也会有一定的影响。

第五节 印度: 难突重围的困境

一、落后的生活垃圾处理方式

印度在公共设施建设方面一直为人所诟病,在生活垃圾处理方面,也存在同样的情况。印度是世界最大的垃圾生产国之一,每年生产垃圾超过 6 200 万吨,但这些垃圾都没有经过分类处理,而是采用最传统的方式:堆积、填埋或是焚烧。即便在首都新德里,这样的情况也屡见不鲜。

二、严重的生活垃圾堆积问题

据《印度斯坦时报》报道,印度首都新德里东部加吉浦(Ghazipur)镇的垃圾堆积问题尤为严重,甚至形成了一座"垃圾山"。其实,Ghazipur 垃圾堆填处在 1984 年投入使用,它原先是一个面积超过 40 个足球场大小的垃圾堆填区,早在 2002 年填埋场已高出地面 20 米,达到过度饱和。原本应该停止使用,但当地所有填埋场至少在十年前都已达到饱和。今天,新德里的 2 100 万人口主要依靠这个不断增长的怪物和另外两处垃圾填埋场。据当地一名官员透露,每天仍有大概 2 000 吨垃圾运往加吉浦,以至于堆成了一座高达 65 米的"垃圾山"。当地人称其为"垃圾珠穆朗玛峰"。2018 年,这一"垃圾山"更是收到来自最高法院的警告,要求该地为垃圾山布设航空警示灯以警示来往客机,但始终未得到执行。专家预测,每年还会增高约 10 米,按这个增长速度估计,2019 年就有望取代高 73 米的泰姬陵,成为印度的"新地标"。

2018 年,"垃圾山"的部分区域在一场大雨中倒塌,致使两人死亡。死亡事件导致垃圾填埋场关闭,并请来美国环境保护局(EPA)的专家进行事故分析。分析报告的作者写道:"垃圾没有得到很好的控制,形成陡峭且不稳定的斜坡。在 2017 年 11 月的实地考察期间,发现了火情,垃圾堆表面有烟雾排放,填埋场里有吃垃圾的动物和非正规部门的垃圾回收者。"结论很简单:应关闭 Ghazipur,尽快启用新的垃圾填埋场,同时转移并清理 Ghazipur 的垃圾山。当地政府开始禁止往该地再运送垃圾,但由于没有找到新的垃圾填埋点,这一纸禁令只持续了短短几天。

除了倒塌,"垃圾山"还经常因为甲烷气体酿成大火,要花费数天时间才能将大火熄灭。专家认为,这些从垃圾中喷出的甲烷气体在与大气混合时,会产生致命的影响。另外,最近还发现,这个"垃圾山"流出的黑色有毒液体正污染当地水源。

附近的居民深受其害,附近居民抱怨焚烧垃圾释放有毒臭气,令人呼吸困难、容易引发疾病,多人因此而搬离。

第六节　借鉴：国外生活垃圾分类治理

一、建立健全完善的法律法规体系

综合世界上发达国家及地区的生活垃圾分类治理经验来看,这些国家和地区都形成了完整的法律体系。几乎所有国家生活垃圾分类都曾出现"垃圾围城""垃圾泛滥"现象,都是运用法律的强制手段来规范居民的"自由扔"行为。法律不仅从宏观层面指导生活垃圾分类的作用及目标,同时在微观层面,更有细致入微的法规来明确分类方法、收运流程和处理技术,有些地区更是严格执法以保障生活垃圾分类的顺利实施。相比之下,我国的生活垃圾分类虽然倡导多年,直到2017年3月才有《生活垃圾分类制度实施方案》,还缺少更深入细致的操作性更强的实施细则。因此从国家层面上结合上海市生活垃圾强制分类的经验,建立健全完善的生活垃圾分类治理法律法规体系势在必行。

二、贯彻执行先进的分类治理理念

"生活垃圾是放错位置的资源""生活垃圾零填埋","抓好源头分类",这些都是生活垃圾分类治理的好理念。实现生活垃圾分类的第一步,也是关键的一步,好的理念在生活垃圾分类治理中的地位非常重要。分类收集和分类处理,在生活垃圾治理中同样重要;建立分类投放—分类收集—分类运输—分类处理的生活垃圾全生命周期处理模式;产品生产商承担相应责任,在产品设计上加强资源减量化标准,体现企业作为生活垃圾分类的责任主体所应尽的义务。这些对于我国而言,都有重要的借鉴意义,我们需将生活垃圾分类好的理念贯彻到生活垃圾治理的每一个步骤。

三、学习借鉴先进的分类治理技术

生活垃圾分类治理不仅需要时尚的理念、精准的分类投放、分类收集、分类运输、分类处理,还需要先进的技术支持,完善的设备设施配套,我们需要学习借鉴国外先进的生活垃圾分类治理技术。对于关键核心技术,更需要我们立足自身,走自主创新之路。

四、早日形成回收利用产业化

形成科学合理的生活垃圾分类标准,并严格执行;建立生活垃圾回收机制,形成高效的生活垃圾资源利用率;建立合理的生活垃圾收费模式,使生活垃圾分类治理进入良性循环。

1. 挪威为什么能成为生活垃圾分类超强利用的范本?
2. 评述日本生活垃圾分类的办法。
3. 德国生活垃圾分类对我们有何启示?
4. 为什么说澳大利亚在生活垃圾分类上是喜忧参半?
5. 印度在生活垃圾分类上的困境对我们有何警示?

✦ 案例精选

案例 1　把垃圾带回家

1964 年的东京奥运会,是日本人的骄傲。那是日本第一次举办奥运会,也是亚洲国家的第一次;这一届奥运会展示出的日本,让全世界感到惊讶,甚至演变出了一个传说般的报道:东京奥运会结束后,所有的日本人都把垃圾带回家,现场没有留下一片废纸。报道虽然略带夸张的成分,但东京奥运会是人类历史上第一次用卫星转播奥运,当时的录像和卫星转播证实这是真实的存在。

边哭边收拾垃圾。2018 年俄罗斯世界杯十大感人画面之一,便是日本队赛后打扫更衣室的佳话传遍世界。不仅是如此,目睹自己国家输球后的日本球迷,还留下了输球后边哭边收拾垃圾的背影。

案例 2　新加坡的生活垃圾分类逼迫有功

生活垃圾分类处理都是被逼出来的。如新加坡,新加坡人口密度比中国高八十多倍,全国面积大概只有北京的海淀区那么大,按理说,垃圾处理是极大的难题。但是,新加坡打造了世界一流的生活垃圾焚烧厂,用生活垃圾发电。

新加坡中下等阶级大多数住政府开发的组屋。许多组屋的厨房墙上就有一个扔垃圾的翻斗,你把垃圾扔进去,一关翻斗,垃圾就掉到一楼密封的垃圾房,不需要拿到楼下扔垃圾筒。清洁工打开垃圾房,把里面的各种垃圾用液压机压成高密度的大块,运走,焚烧再填海。每个组屋的垃圾房就相当于一个微型的垃圾处理站。

中国不仅大多数居民楼根本没有生活垃圾房,也没有足够的生活垃圾处理场地,更没有新加坡那种精密的生活垃圾焚烧发电厂和生活垃圾填海造岛。随着中国人工费的不断上涨,指望生活垃圾大量回收是不可能的,更可行的办法还是生活垃圾焚烧发电。

开放式讨论

1. 对于案例 1 的报道,你是如何看待的?

2. 日本人的举动为什么让全世界感到惊讶?

3. 现场没有留下一片废纸,在你看来是简单的事,还是难办的事? 如果你认为是难办的事,难在哪里? 如何改变这种现状?

4. 上海大中院校学生将清理自己的物品和宿舍作为毕业离校的最后一课,对推进生活垃圾分类有何积极的意义和重要作用?

5. 阅读亚当·明特著:《废物星球:从中国到世界的天价垃圾贸易之旅》,谈谈你对垃圾和垃圾回收产业的认识。

第十讲

生活垃圾分类治理的国内试点

试点是正式进行某项工作之前,先做小试验,以便取得经验,再推广运用。我国生活垃圾分类的试点工作,共有三个阶段近 20 年,这在我国是极为罕见的。梳理这个过程,总结经验教训,有利于我们在理论上深化和完善,在实践层面上推广和推进。

第一节　试点: 聚焦试点城市的探索

一、早期号召全民应,选择回收补家用

我国早在 1955 年就曾号召全国人民进行垃圾分类。在当时,民众可以将旧纸壳、牙膏皮、玻璃瓶等与其他生活垃圾分开,并上交指定地点便可以换取现金。虽然当时民众积极响应这一号召,但主要原因并不是出于对环境的保护或提高生活垃圾处理的效率。一般认为,最直接的动力是由于当时物质匮乏,全民回收生活垃圾只是勤俭节约或补贴家用。

改革开放后,生产力快速提升,国民生活质量提高,生活垃圾数量越来越大,种类也越来越丰富。许多小商小贩看好生活垃圾可以卖钱这一机会,选择性的回收生活垃圾,大量的生活垃圾需要治理。

二、首次 8 市做试点,好言相劝重提倡

为解决终端生活垃圾处理的难题,2000 年 6 月,建设部发布《关于公布生活垃圾分类收集试点城市的通知》,将北京、上海、南京、杭州、桂林、广州、深圳、厦门确定为全国 8 个生活垃圾分类收集试点城市。但由于政策端法制性不强、居民端意识不强、投资端投入不够、设备端配套不全、生活垃圾分类产业链不完善等因素,首批试点城市均未有明显效果。但首批试点城市仍没有停止脚步,各自出台了不少管理办法。如,2013 年,北京市试行垃圾定量定时定点投放、上海市政府推行《上海市促进生活垃圾分类减量办法(草案)》、广州市实行垃圾计量收费、南京市实行

《南京市生活垃圾分类管理办法》。虽然生活垃圾分类效果有所改善,但由于市民对于垃圾分类知识匮乏,生活垃圾正确投放率仅为10%～20%。

总体看,首批试点城市如今生活垃圾分类工作进步明显;先行先试,各家奇招迭出;深入考察,尚未能突破垃圾重围。这是在提倡自觉的框架下非约束的试点,近20年的试点,近20年的探索,也是近20年的过渡,为我们积累了一些经验教训。

法律层面、制度层面缺少刚性。2000年6月建设部发布的《关于公布生活垃圾分类收集试点城市的通知》,在政策端的法制性不强,缺乏刚性约束力。

社会主体垃圾分类的意识淡薄、观念落后。长期以来,我国都处于落后的农业国,工业经济不发达,城镇化率不高,对生活垃圾分类的要求不迫切。大部分人都没有受到过生活垃圾分类教育,特别是老一辈的观念里都不会有生活垃圾分类的意识,思想教育上还要花很大的力气。

一些"坏毛病"要改正,生活垃圾分类既要减量,又要治乱。要想环境好,先要生活垃圾少。我们日常造成的生活垃圾数量巨大。塑料用品、一次性用品以及快递快餐的过度使用,酒店餐饮行业的铺张浪费等,这些都直接导致生活垃圾量的飙升。还有一个很严重的毛病就是"乱丢垃圾",既加大环卫工人工作量,又破坏环境卫生。

设备设施不配套,投资巨大无保障。生活垃圾分类至少涉及分类投放、分类收集、分类运输、分类处理等垃圾处理系统;而且是要在全国乃至世界的范围,这就是多个庞大而复杂的系统;更为难办的是,这些基础设备设施老旧、性能缺失、不配套,资金缺口更是巨大且无法产生利润。这方面特别需要国家的政策支持。

这些因素综合作用的结果,导致生活垃圾分类提倡这么多年,没有本质的改变,没有取得理想的效果。生活垃圾分类还有很长一段路需要走,生活垃圾分类必须纳入法制框架下;生活垃圾分类是一项长期的、艰巨的系统工程。

三、再次试点近半百,强力推进重法制

2017年3月,《国务院办公厅关于转发国家发展改革委 住房城乡建设部生活垃圾分类制度实施方案的通知》将北京等46个城市确定为生活垃圾分类收集重点城市。这是在制度刚性约束下的强制性试点。

北京、上海、广东、深圳等超大城市先后就生活垃圾管理进行修法或立法,通过督促引导,强化全流程分类、严格执法监管,让更多人行动起来。这是生活垃圾分类进入"强制时代""法治时代"。

这次重点推进的生活垃圾分类试点城市,最显著的特点就是加强"立法"。上海等城市要求党政机关、事业单位禁止使用一次性物品,快递企业使用电子运单和可循环使用的环保包装,商品零售场所严格执行塑料购物袋有偿使用制度。

第二节　北京：冲破六环之外的围城

一、400 多垃圾场，难以承受围城之重

早在 2009 年，《南方周末》就报道，时任北京市市政管委负责人称："北京的填埋场都是超负荷运行，四年多不到五年垃圾就无处可填了。"可以说，北京市垃圾处理出现了实实在在的新问题，不仅垃圾包围着城市，而且城市垃圾包围了农村。这些大大小小的垃圾场，远离市中心，远离最繁华的地带，却形成了北京已经被垃圾包围的事实。在六环外的垃圾场边，羊群们啃食着运来的厨餐垃圾；附近的小朋友，也从那些绕不开的垃圾场里，翻找着"玩具"。

二、100 亿元处理费，未突出垃圾重围

2012 年，正式实施的《北京市生活垃圾管理条例》中，已明确要求实施垃圾分类、促进垃圾减量。北京的 323 个街道，有三分之一已经展开了垃圾分类。北京为此投资百亿，对周边垃圾场展开治理。

2010 年北京市政府决定投入 100 亿元对周边垃圾场进行治理。从那时起，北京的垃圾填埋场逐渐减少了，取而代之的，是垃圾焚烧厂。

在这个城市寸土寸金的时代，在这个绿水青山是金山银山的时代，用焚烧代替填埋，是中国环保的大方向，也是世界解决垃圾围城困局的选择之一。

中国人民大学在 2017 年发布的《北京市城市生活垃圾焚烧社会成本评估报告》显示，根据 2015 年北京市常住人口数据，再结合垃圾焚烧厂公布的二噁英数据以及风向预测全市各落地点浓度计算，结果显示：北京市二噁英可能致癌人数为 241 人／年；假设经过妥善分类，每年致癌人数将从 241 人降低至 182 人。

三、约 20 年探索，让北京更加坚定信心

生活垃圾分类试点了约 20 年，有人说民众参与度不高，那些年，生活垃圾分类回收依靠谁呢？是活跃在城市各角落里的拾荒者大军。

北京的生活垃圾量有多恐怖，有人计算后，并形象地说，北京 16 天的生活垃圾就能堆出一幢金茂大厦。

北京市在生活垃圾分类制度方面逐步完善，从最初的垃圾回收中心到如今设立的城市固体废弃物的协调机制，统筹推进废弃物收集的建立和完善，分拣和运输系统，并在资金方面予以大力支持，从 2000 年开始，每年都会分配 2 000 万元用于生活垃圾分类治理，并将市级补助和区县配套结合起来。

四、生活垃圾强制分类：动真格，跟信用挂钩

（一）法制护航

2019 年，北京市修订了生活垃圾分类管理办法，出台生活垃圾强制分类规定。出台这项规定的起因也是由于市民知道生活垃圾分类的概念，但是并未做到真正的生活垃圾分类，所以政府的选项只能是加强生活垃圾强制分类。

（二）科技提效

2019 年，北京市将加快阿苏卫、密云、顺义二期等生活垃圾焚烧厂调试，尽早实现满负荷运行，新增焚烧处理能力 4 300 吨/日。同步推进房山综合处理厂、海淀建筑垃圾资源化项目建设，力争 2019 年年底主体完工。

"监控"，通过对小区垃圾筒、垃圾楼、转运车辆加装身份识别和称重计量设备，对责任主体产生的各类垃圾进行全流程实时监管，对垃圾排放数据进行统计，对垃圾分类效果进行监控，逐步实现垃圾分类动态数据进入大数据"驾驶舱"。

（三）经济杠杆

完善垃圾分类价格机制，试点探索餐厨垃圾全量收费改革。按照准公益性定位，研究基于市场的再生资源专营政策，以及再生资源分拣中心的投资政策，打开通道，欢迎社会专业垃圾收购等力量加入垃圾分类当中，使愿意参与、有能力参与、规范参与垃圾分类企业"进得来、收得着、出得去"。

（四）信用建设

建立全市统一的积分管理制度，建立居民生活垃圾分类的信用账户，通过建立投放生活垃圾的行为约束机制，逐步改变居民随意投放生活垃圾的习惯。

第三节　上海：抢得东方明珠的先机

一、沉寂约 20 年，沪上最先行

上海生活垃圾分类的老皇历，其实可以翻到千禧年。2000 年 6 月，上海是首批实施生活垃圾分类的 8 个试点城市之一。从那时算起，生活垃圾分类已经进行了约 20 年。这么多年来，街道上的垃圾筒走马灯似的翻新花样，而生活垃圾分类却一直没有重大突破。尤其是当大城市无地可埋时，生活垃圾便上山下乡，包围了城市周边的城乡接合部，甚至威胁三四线县城。

2019 年是不平凡的一年。习近平总书记在 2020 年元旦贺词中说："垃圾分类引领着低碳生活新时尚。"2019 年 7 月 1 日，上海成为中国第一个全面实施"生活垃圾强制分类"全覆盖的城市。

——试约 20 年,实属罕见;

——夜收了桶,也属不易;

——一场"垃圾强制分类"大战正在上海火速拉开战线;

——一场上海人必须打赢的战争,已是开弓没有回头箭,但这不只是一场上海人必须打赢的战争。一场事关所有中国人的战役从上海拉开序幕,注定要聚焦全国全世界人的眼光。

如果连经济很发达、文明程度很高、办事精细的上海都做不好生活垃圾分类,那中国的生活垃圾分类治理水平肯定不容乐观。如果生活垃圾分类治理继续原地踏步,全体中国人就必须继续忍受垃圾围城,承担垃圾难以有效控制导致的后果。

上海先行,上海将汇聚中国智慧,彰显体制机制的力量,把"四个自信"融入生活垃圾分类治理的巨大成功之中。

二、探索约 20 年,辛酸苦辣甜

上海市在不同的发展阶段对生活垃圾分类做出不同的标准,从初次的"有机垃圾""无机垃圾"和"有毒有害垃圾"演变到更加细分的标准划分,分出居住区和企事业单位两大类,前者按照"有害垃圾""玻璃""可回收物""其他垃圾"四类分,后者按照"可回收物、其他垃圾"二类分。

试点阶段(1995—1998 年):开展废电池、废玻璃专项分类回收;对有机垃圾、无机垃圾、有害电池和废玻璃进行专项分类。

推广阶段(1999—2006 年):上海成为我国 8 个生活垃圾分类试点城市之一,重点推进焚烧区垃圾分类工作,全市有条件的居住区垃圾分类覆盖率超过60%,并将生活垃圾分为干垃圾和湿垃圾,垃圾区域分为焚烧区域和其他区域。

调整阶段(2007—2011 年):逐步推行垃圾四分类、五分类新方式将垃圾回收区域分类居住区、办公场所和其他垃圾,并将垃圾进行更加细致的大小分类。

实施阶段(2013 年至今):《关于建立完善本市生活垃圾全程分类体系的实施方案》将生活垃圾分类细化为可回收物、有害垃圾、湿垃圾和干垃圾。

三、强制性分类,上海属最坚

上海"生活垃圾分类"方案之所以引人注目,在于其标志性意义:在进行多年倡导工作后,上海率先将生活垃圾分类纳入法治框架。其意义在于,将以往的环保志愿行动转变为每个市民应尽的法律义务。

通过立法,上海市明确了可回收物、有害垃圾、湿垃圾和干垃圾四种生活垃垃分类标准,首次明确对生活垃圾全流程进行分类,确立分类投放管理责任人制度和相应法律责任等。

明确规定旅店、餐馆不得主动提供一次性用品。除此之外,还对如何倒垃圾进行了明确的规定。目前在上海大大小小的社区里,一夜之间楼道里的垃圾筒全不见了。现在,大约 500 户才分得一个垃圾投放点,更重要的是,不能任性倒垃圾。按规定,居民一天倒垃圾的时间段只有早上 6:30—8:30 以及下午 18:30—20:30,垃圾必须分"可回收物、有害垃圾、湿垃圾、干垃圾"四类投放。对于不按要求的行为将会处以罚款,比如:个人如果混合投放垃圾,最高可罚款 200 元;单位混装混运,最高可罚款 5 万元。

四、满意"满月考",成效实明显

2019 年 8 月,《上海市生活垃圾管理条例》实施一个月后,上海市城管执法局公布了"满月考"成绩单。根据公布的数据显示,一个月来,上海湿垃圾日均清运量比上月增加了 15%,比去年年底增加了 82%,说明民众把湿垃圾分出来了。此外,可回收物增加了 10%,干垃圾则下降了 11.7%(表 10-1)。

表 10-1 上海市 2019 年 6 月与 7 月日均生活垃圾清运量比较　　单位:万吨

分　　类	7 月	6 月
湿垃圾	0.82	0.695
干垃圾	1.71	1.937
可回收物	0.44	0.4
有害垃圾(零量)		

一个月之中,全市城管执法人员共开展执法检查 18 100 次,共检查投放环节居住小区、宾馆、商场、餐饮企业等单位 34 985 家(其中餐饮企业 10 976 家、居住小区 7 355 个、企事业单位 6 261 家、小店小铺 2 681 家、宾馆旅馆 1 810 家、商务楼宇 1 586 个、商场 1 229 家、工业科创等各类园区 882 个、学校培训机构 859 家、医院 476 家、党政机关 870 个);共检查生活垃圾收集、运输作业企业 490 家次;共检查个人 18 171 人次。

期间,全市城管执法部门针对生活垃圾违法违规行为,共教育劝阻相对人 13 506 起,责令当场或限期整改 8 655 起(其中投放环节各类单位 6 294 起、收运企业 68 起、个人 2 293 起),依法查处各类生活垃圾分类案件 872 起(单位 798 起、个人 74 起)。

从问题类型分析,《条例》施行一个月以来,发现问题 7 761 个,其中未设置分类容器问题 3 213 个(占问题总数 41.4%),未分类投放问题 4 206 个

（54.2%），未分类驳运问题 129 个（1.7%），随意倾倒堆放生活垃圾问题 213 个（2.7%）。此外，针对收集、运输环节，7 月共检查各类收运作业企业 490 家次，发现 20 家收运企业存在责任落实不到位的情况，共发现问题 68 个。其中混装混运问题 54 个，运输过程中抛洒滴漏污染问题 4 个，收运车辆未安装在线监测系统问题 5 个，收运车辆标识不清问题 3 个，未密闭运输问题 2 个。

第四节　合肥：坚守大湖名城的底气

合肥是安徽省省会城市，全国第五大淡水湖巢湖的滨临城市，有大湖名城、科技之城、创新高地的美誉。

合肥市的城市规划，曾经作为经典载入有关教科书中，随着经济的发展城市的扩张，是否还能经得起我们对这座城市的评价。确切地说，合肥作为全国首批生活垃圾强制分类的 46 个重点城市之一，在生活垃圾分类方面现状如何？有何作为？

2011 年，合肥市政府出台《合肥市生活垃圾分类收集试点工作实施方案》，生活垃圾收运改革的序幕正式拉开。2016 年，合肥市餐厨垃圾处理厂正式投入使用；2017 年，合肥市生活垃圾分类试点工作正式开展；2018 年 3 月底已经正式出台了《合肥市生活垃圾分类工作实施方案》；2019 年 3 月 15 日，《合肥市生活垃圾管理办法》正式实施。

2018 年，伴随着合肥由"江淮小邑"，逐步迈向"文化之都、包容之都、科技之都、创新之都"，合肥市常住人口突破 800 万，生活垃圾显著上升。据统计，合肥市居民每户每天生产垃圾 1.5 千克，每年生产垃圾约 550 千克，全市 260 万户，一年生产生活垃圾约 143 万吨，是 10 年前的 3 倍多。合肥市生活垃圾构成情况如图 10-1，主要是以餐厨垃圾和可回收垃圾为主。

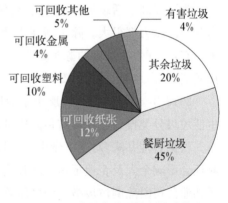

图 10-1　合肥市生活垃圾构成情况

一、探寻出路，让生活垃圾各得其所

这么多的生活垃圾是如何处理的？

（一）出路之一：生活垃圾填埋场

合肥市日均生活垃圾填埋量约 2 000 吨，龙泉山生活垃圾填埋场一期 2007 年就被填满，比预计时间提前了 3 年。知情人士认为，主要因为生活垃圾没有分类,很多可回收垃圾都被填埋在这里,占用土地,浪费资源,非常可惜。

据从合肥市城管局环卫处了解:目前龙泉山生活垃圾填埋场已经开始覆盖修复了,仅剩一小部分在用。

(二)出路之二:生活垃圾焚烧发电厂

合肥市要求 2020 年之前全部进行零填埋,生活垃圾全部进行焚烧。未来这里将新建龙泉山二期生活垃圾焚烧发电厂,2020 年可以投入使用。在合肥市肥东县,中国节能(合肥)可再生能源有限公司每天负责处理合肥市 2 600 吨生活垃圾。

这些生活垃圾经过 900℃ 高温的"消化",每天可以发电 85 万～90 万度,焚烧产生的 500 吨渣滓变成城市道路行道砖等建材。生活垃圾焚烧处理是目前最环保、最有效的生活垃圾处理方式,但日益增长的生活垃圾已经使得这里不堪重负。

(三)出路之三:餐厨垃圾处理厂

合肥市非凡生物科技有限公司是目前合肥唯一的餐厨垃圾处理厂。每天 600～800 吨泔水从合肥的四面八方送到这里,经过处理的餐厨垃圾会变成农场的有机肥料。

因为处理能力有限,每天只有 200 吨餐厨垃圾可以进行资源化利用和无害化处理,剩下的 400～600 吨只能焚烧。

(四)出路之四:做好生活垃圾分类

为了提高生活垃圾处理能力,合肥市将新建部分生活垃圾处理厂,但选址阻力和经济压力都很大。除了新建生活垃圾处理厂以外,有没有办法减少垃圾量呢?有,做好生活垃圾的源头分类。据测算,在城市生活垃圾中,可直接回收利用的资源,占垃圾总量的 42.9%。

2019 年 3 月 15 日,《合肥市生活垃圾管理办法》正式实施。这意味着,城市生活垃圾分类投放已经从宣传阶段进入强制执行阶段。

根据管理办法,对于不做生活垃圾分类处理的个人和单位实行"拒收制",同时还会影响个人及企业征信。2019 年 4 月中旬,合肥蜀山区岳西路广利花园小区物业公司因乱倒垃圾被蜀山区城管局给予了 1 000 元人民币的行政处罚。这是《合肥市城市生活垃圾管理办法》实施后的首张罚单。

合肥市垃圾分类:四分法

2018 年年初,天鹅湖畔小区作为合肥市生活垃圾分类投放的第一批试点小区。参与传统"四分法"居民多为 45 岁以上的中老年人和 18 岁以下的未成年人。

从 2018 年年初,智能生活垃圾分类回收箱进入小区以来,大多数居民每天都会对生活垃圾进行分类投放。通过生活垃圾分类,积分最多的已经达到 2 万多分,每个月可以用积分兑换米油、牙膏、香皂等生活用品。

经过一年的探索,天鹅湖畔小区每个月生活垃圾回收重量在 5 吨左右,但也有不尽如人意之处。餐厨垃圾投放准确率不高是天鹅湖畔小区生活垃圾分类的瓶颈。为此,分拣员每天都要对餐厨垃圾进行二次分类。

二、创新方式,运用互联网＋让垃圾变废为宝

为了更好地引导中青年群体参与生活垃圾分类,合肥市城管部门联合支付宝平台和资源回收企业"便利侠",在合肥市正式推出"支付宝＋垃圾分类"智能回收平台。合肥居民足不出户,就能享受上门回收生活垃圾服务。这项智能回收功能的落地,在安徽省尚属首次。

除此以外,合肥城管部门还和"便利侠"合作试点了 7 座生活垃圾分类社区分拣站,居民可以不定时就近卖掉可回收的生活垃圾。

"便利侠"CEO 表示,回收的产品主要是纸制品、塑料制品、金属制品,运到上游加工企业比如纸厂、注塑厂,进行再利用。目前合肥全市每天通过"便利侠"收集的可回收生活垃圾近 20 吨。合肥市争取在 2 年内完成生活垃圾分类分拣站布点。

当前,合肥市市区公共机构生活垃圾分类覆盖率达到 100％。但合肥市区生活垃圾分类回收利用率并不高,2019 年年底的目标是 20％,分类示范片区覆盖率达到 30％。到 2020 年,生活垃圾分类实现 50％的人口覆盖率,35％的资源回收率。

今天的合肥,距离生活垃圾围城尚有"缺口";今天的合肥,正在努力破除生活垃圾可能围城的困局。

第五节　铜陵：追寻"无废城市"的理念

安徽省铜陵市是全国 46 个生活垃圾分类试点城市之一,是为数不多的几个非省会城市试点单位,也是全国首批 11 个"无废城市"试点城市之一。

一、先进的城市管理理念

铜陵方案的特点在于结合铜陵工业城市的实际,对生活垃圾分类投放、分类收集、分类运输、分类处置。生活垃圾分类管理遵循政府推动、全民参与、属地管理、分步实施的原则。铜陵的追求是:垃圾分类,我是先行者! 创建"无废城市",从我做起。

"无废城市"是一种先进的城市管理理念,"无废城市"并不是没有固体废物产生,也不意味着固体废物能完全资源化利用,而是指以创新、协调、绿色、开放、

共享的新发展理念为引领,通过推动形成绿色发展方式和生活方式,持续推进固体废物源头减量和资源化利用,最大限度减少填埋量,将固体废物环境影响降至最低的城市发展模式,需要长期探索与实践。

"无废城市"建设试点咨询专家委员会主任委员、中国工程院院士杜祥琬介绍,我国目前各类固体废物累积堆存量达600亿至700亿吨,年产生量近100亿吨且呈逐年增长态势。如此巨大的固体废物累积堆存量和年产生量,如不进行妥善处理和利用,将对环境造成严重污染,对资源造成极大浪费,对社会造成恶劣影响。

推进"无废城市"建设,将引导全社会减少固体废物产生,提升城市固体废物管理水平,加快解决久拖不决的固体废物污染问题,使提升固体废物综合管理水平与推进城市供给侧改革相衔接,将直接产生环境效益、经济效益和社会效益。

"无废城市"的建设将是未来城市可持续发展的重要途径,也是造福子孙后代的工程,更是一项全民共建共享的工作,离不开每一个人的参与。

从生活垃圾分类、低碳出行、学会共享、绿色消费、光盘行动开始,践行这些具体的绿色生活方式,对我们每个人来说都是在为"无废城市"的建设添砖加瓦。

二、政府部门的主导作用

充分发挥政府主管部门的主导作用。市机关事务管理局和市城管局紧密配合,具体负责本辖区内生活垃圾分类工作的组织实施。商务、环保、住建、发改(物价)、财政、教育、机关事务管理、国土、规划、农业、工商、公安、旅游等有关部门,按照有关法律、法规、规章和本级人民政府确定的职责,做好生活垃圾分类管理相关工作。

铜陵海螺公司利用水泥窑协同处置城市生活垃圾项目是在铜陵市政府的直接主导下建成的。该项目是世界上首套利用水泥窑协同处置城市生活垃圾示范项目。一期工程于2010年建成投运,日处理生活垃圾可达300吨,目前已累计处理铜陵市生活垃圾超过74万吨,有效地解决了铜陵市垃圾围城问题,为城市居民生活环境的改善和环境保护工作做出了突出贡献。

海螺城市生活垃圾协同处置系统将垃圾焚烧产生的热量替代部分水泥窑燃料,分选出的炉渣、金属,炉渣可替代部分水泥原料,金属可回收,有害气体可分解,真正实现了生活垃圾处理的减量化、资源化和无害化,该系统具有高度自动化的特点。

二期项目还新增了一套污水处理系统,该系统可以对垃圾坑里污水进行无害化处理,处理后的水还可以当作工厂的循环工业用水,做到了水资源的再利用,是典型的循环经济载体。与传统垃圾处理方式相比,该系统每年可减少标煤使用量1.3万吨,减排温室气体3万吨,对建设资源节约型、环境友好型社会具有重要意义。

三、市场机制的功能支撑

积极引进市场机制，进行市场运作。铜陵市隆中环保有限公司（以下简称"公司"）是一家专门从事餐厨垃圾处理业务的环保公司，每天收集并处理的餐厨垃圾大约150吨，这些餐厨垃圾主要来自铜陵市所有的餐饮场所和居民小区分类后的餐厨垃圾，也有一部分来自池州市的餐厨垃圾。公司大约有二十辆餐厨垃圾装载车，每天分别在不同地点进行餐厨垃圾的收集。

公司内有两条处理线，主要处理线为餐厨垃圾预处理线，餐厨垃圾会在分拣机，破碎分拣机和三相分离机中进行分拣、破碎和高温处理，最后得到三种物质，即油、水、沼渣。其中产生的粗脂油会外售给专业拥有相应处理资质的公司进行加工处理生产生物质柴油、润滑油等油制品。而污水处理为另一条处理线，厂区内主要采用高浓度废水厌氧和好氧联合处理技术，污水处理后达到三级标准，被排放至厂区邻近的首创水务有限公司进一步处理，最终达标排放至自然水体。而沼渣通过厌氧发酵产生沼气用于公司内部锅炉房使用。发酵后沼渣一部分用来饲养黑水虻，黑水虻用作牲畜饲料，一部分进行堆肥制作肥料。

垃圾分类在餐厨垃圾处理中有着很重要的作用。餐厨垃圾的处理对餐厨垃圾分类有着较高的要求，事实上对生活垃圾进行有效处置都离不开垃圾分类，生活垃圾分类是生活垃圾治理的一种科学管理方法。通过分类投放、分类收集，把有用物资，如纸张、塑料、橡胶、玻璃、瓶罐、金属以及废旧家用电器等从垃圾中分离出来单独投放，重新回收、利用、变废为宝。这些都是不能进入餐厨垃圾的处理过程的，必须在前端分类好，这是一种以终端处置为目标的倒逼机制。

无论从哪方面看，普遍推行生活垃圾分类制度也是建设"无废城市"不可或缺的重要内容。铜陵市鼓励单位和个人通过捐资、捐赠、义务劳动、志愿服务等方式，参与生活垃圾分类的宣传、监督、引导、示范等活动，推动全社会共同参与生活垃圾分类工作。

四、奖罚分明的促进保障

铜陵对未按要求分类的现象进行处罚，处罚力度较大，种类较多。个人处以两百元以下的罚款，单位有多种类型的罚款，两百元以上五百元以下；五百元以上一千元以下；一千元以上五千元以下；五千元以上一万元以下。

铜陵将生活垃圾分为可回收物、易腐垃圾、有害垃圾、其他垃圾等四类。实施时间自2018年9月1日起。

铜陵"无废城市"建设刚刚开始，对生活垃圾分类工作的宣传力度正在加强，从"生活垃圾分类重点试点城市"到"无废城市"还有很长的路要走。

第六节 县域：未获关键突破的解析

县域生活垃圾分类治理问题，早在 2010 年就引起我们的高度关注，按照问题导向，我们先后多次调研桐城市、枞阳县、望江县、东至县、贵池区、石台县、歙县、休宁县、南陵县、无为县的生活垃圾处理现状，深深地感到要顺利推进美丽乡村建设，解决农村生活垃圾污染问题，不仅需要对新农村建设和农村生活垃圾有一个正确认识，而且需要准确地找到新农村建设中农村生活垃圾处理存在的问题，提出具体政策建议和切实可行的管理运营机制。

一、现状及现行处理模式评价

现行的县域生活垃圾处理运营模式大体可概括为：户分类，村收集，乡（镇）转运，县处理。或称为村收镇运县处理模式，也有称为"政府统一领导、部门分块负责、乡镇属地管理"的城乡一体的生活垃圾处理管理体系。

理论上看，这些都是理想的管理和运营模式，户、村、乡、县职责明确，只要各负其责，运行有序，就能很好地处理县域生活垃圾问题。实践上看，现实中县域生活垃圾处理并未得到很好解决。一方面，由农村集中起来运送到县城生活垃圾填埋场或垃圾处理厂（场）的垃圾量不断增加，既增加费用，又占用土地，还破坏环境。另一方面，农村的白色垃圾遍处可见，泔水污水进塘，死禽废物入水（河、塘、沟、渠、溪、堰），水体污染严重，生态环境恶化。不少地方在处理农村生活垃圾工作中存在重经济，轻环保；重形式，轻实效；重复制，轻创新；重硬件，轻软件；重速度，轻质量等问题。

造成这种状况的原因是多方面的。由于县域乡镇尚处在建设发展的初、中期，目前县域村镇污水垃圾处理存在资金短缺、设施落后、机制不完善、建设起步晚等问题和困难。乡镇已建成污水处理厂或小型污水处理装置的很少，乡镇污水处理率很低；行政村对生活垃圾进行处理的比例很小；县域村镇生活垃圾无害化或资源化处理率非常低。

理想化的县域垃圾处理运营模式是建立在广大民众有环境保护意识，有生活垃圾分类常识，有环境保护的责任性、自觉性、主动性之上的。而广大农村正处于城镇化进程中的阵痛期，农村空心化、老龄化，农业、农村的社会管理未能跟上农村社会发展的步伐，在生活垃圾处理过程中广大的农村做不到全部覆盖、全员参与。

二、指导思想和工作目标

（一）指导思想

以习近平新时代中国特色社会主义思想为指导，紧紧围绕全面建成小康社会和社会主义美好乡村建设总目标,建立和完善县域"村组家保洁、乡镇收集、县运输处理"的生活垃圾收集处理体系,切实加强县域生活垃圾收集处理网络建设与运营管理,促进县域生活垃圾收集处理实现制度化、规范化、无害化、资源化、产业化、市场化,改善农村生产生活条件,优化人居环境。

(二)工作目标

"十三五"末期,基本完成建制镇生活垃圾收集、转运配套设施建设;规划建设一批村、乡镇生活垃圾集运站(点)。"十四五"末期,初步形成"村组家保洁、乡镇收集、县运输处理"的县域生活垃圾收集处理体系和安全稳定的运营机制。最终,建立较为完善的县域生活垃圾收集处理体系,形成较为完备的政策制度体系及运营管理机制。

三、应遵循的几个原则

(一)统筹规划,分级负责原则

要着眼当前,兼顾长远,统筹规划县、乡镇、村的生活垃圾收集处理设施布点,充分利用现有生活垃圾处理场,逐步建设县、乡镇、村充分结合,紧密衔接的生活垃圾收集处理设施。

(二)政府主导,全员参与原则

发挥政府主导作用,完善农村生活垃圾收集处理设施,加大公共财政对农村地区生活垃圾收集处理设施建设及运营管理的支持力度;建立完善公众参与机制,鼓励、引导群众和社会力量参与、支持农村生活垃圾收集处理工作。

(三)分类指导,创新机制原则

根据县域及乡镇实际情况,针对农村生活垃圾的特征,农村生活垃圾的危害,按照经济适用、方便快捷的要求,创新思路,探索不同形式的城乡生活垃圾收集处理及运营管理模式。

(四)方案优化,效益最大原则

做到环保低碳,回收利用最大量,到厂(场)处理最小量,处理成本最低量,社会效益和经济效益最大化。

四、需抓好的几个关键环节

(一)加强组织领导,明确责任主体

各级政府是生活垃圾收集体系运营监管的责任主体,政府分管负责人是直接责任人。在体系运营中,户主是家庭保洁的责任人,村民组长是自然村保洁的责任人,行政村主任是村组收集和保洁的责任人,乡镇长是垃圾收集站(点)责任人。县、乡、村要强化责任意识,切实承担县域生活垃圾收集处理体系稳定运营的责任。

（二）加强宣传教育，建立督查制度

宣传教育是基础，公众自觉是关键，体制机制是保证。县域生活垃圾收集处理体系建设及运营管理工作是一项系统工程，事关广大人民群众的切身利益，涉及面广，工作量大。要充分利用新闻媒体大力宣传这项工作的重要意义，教育、引导广大群众树立良好的生活习惯，形成全社会共同关心、支持和参与县域生活垃圾收集处理体系建设及运营管理工作的浓厚氛围。

县政府加强对县域生活垃圾收集处理体系建设及运营管理工作的指导、监督与检查，建立完善监管、考评、奖惩机制，做到有部署、有检查、有考核、有奖罚，不断提高运行效率，确保发挥社会效益和环保效益。

（三）加强设施建设，完善配套工作

做好生活垃圾中转站设备配置工作。各乡镇要创造条件，建设生活垃圾中转站配套设施，如：配建院墙、大门、硬化地面和道路，建造街道垃圾堆放点等。

做好生活垃圾中转站配套设施规划建设工作。各乡镇要科学规划建设村、乡镇生活垃圾收集站（点），根据实际情况，科学规划，合理布局，配套建设村、乡镇垃圾收集站（点）等生活垃圾收集设施。距城区较远的乡镇，可根据县域村镇体系规划，规划建设区域性乡镇生活垃圾填埋场，服务周边区域。

（四）积极推行生活垃圾分类减量收集处理

建立回收与处理联动，节能与环保并行机制。要根据农村生活垃圾无机物含量少的特点，遵循减量化、资源化、无害化原则，从源头推行生活垃圾分类减量收集处理。要切实解决农村生活垃圾分类治理的两大难题：生活垃圾不落地、生活垃圾不露天；改露天水泥垃圾池为封闭式生活垃圾收集厢（箱）房。

（五）建立完善环卫保洁、垃圾收集、运输处理运营体系

村组家庭保洁是基础，要以村为单位组建卫生保洁队伍，负责将村组生活垃圾收集到村组垃圾收集点；垃圾转运是关键，要建立乡镇环卫队伍，负责将村组垃圾收集点的垃圾转运至乡镇垃圾站（点）；运输处理是重点，环卫公司应统一使用压缩式垃圾车和垃圾清运车。各乡镇环卫队必须将垃圾收集到位，确保县环卫公司每天至少到各乡镇运输垃圾一次。

在积极争取中央、省奖补资金的同时，建立财政投入、引进外资、银行贷款、广泛吸纳社会资金的多元化投资机制，加大对村镇污水垃圾处理工作的投入。实行"以政府为主导、行政村为主体、社会广泛参与"的常态化管理机制，不断改善村镇容貌和人居环境。

此外，应在特色名镇名村开展污水处理设施建设试点，加快重点镇域的污水处理设施及管网工程建设，推进县域重点镇和农村环境连片整治区域的污水垃圾设施建设。为确保工作进度，要建立和完善监管、考评、奖惩机制。县委、政府把村镇污水垃圾处理工作年度目标完成情况纳入绩效考评的重要内容，对工作

不力、进展缓慢的乡镇予以通报批评,并追究有关领导的责任。

总之,传统的填埋法、焚烧法、堆肥法与创新的资源化法,都建立在群众的积极参与之中,各部门和广大民众只有真正行动起来,才能从根本上解决我国农村的生活垃圾问题,早日实现新农村建设的目标:生产发展、生活富裕、乡风文明、村容整洁、管理民主。

复习思考题

1. 我国在治理生活垃圾方面经历了哪些阶段? 你如何进行评价?

2. 国内首次进行生活垃圾分类试点的城市有哪些? 你认为哪个城市做得较好,说明其理由。

3. 针对生活垃圾分类,国内已采取了哪些措施?

4. 针对生活垃圾分类,上海取得了哪些经验?

5. 县域生活垃圾处理应遵循哪些原则? 怎样才能做到农村生活垃圾不落地,不露天?

6. 建设美丽乡村必须解决县域生活垃圾的问题,你认为重点和难点在哪里?

案例精选

案例1　生活垃圾分类的"上海经验"

垃圾分类,引领着低碳生活新时尚

《上海市生活垃圾管理条例》实施至今已逾半年,推行效果怎么样? 根据上海市绿化市容局公布的最新数据,目前上海湿垃圾的日均分出量为9 006吨,比未实施强制分类的2019年6月足足多出2 000多吨。按上海800万户家庭计算,平均每家每天多分出0.26千克湿垃圾。这个数字说明民众对生活垃圾分类普遍接受和认真执行,从自家厨房做起,获得了实实在在的成果。另外,上海干垃圾日均处置量超过1.32万吨,可回收物日均回收量为6 336吨。用一句话总结:上海垃圾分类进展顺利、好于预期,成效不断巩固提升。

一增一减反映分类精度提高。垃圾分类是否细致,从湿垃圾分出量和干垃圾处置量的变化就可见一斑——如果干垃圾处置量下降,而湿垃圾分出量增加,则说明经过分类,原本混在干垃圾里的湿垃圾被专门投放进了湿垃圾筒。数据印证了这种情况:2019年,上海平均每天分出的湿垃圾增长88.8%、干垃圾减少17.5%。

过去原本混入其他垃圾筒的可回收物也被细心地分拣出来,去年日均回收量增长431.8%。这说明,不仅一大批湿垃圾借由居民的自觉分类离开了干垃圾筒,另外一些有价值的可回收物也有了正确的去向。此外,去年有害垃圾增长504.1%,垃圾填埋比例从41.4%下降到20%。

这些具体数据背后,是全市数百万户家庭的努力,居民日常生活发生了明显变化:家里的垃圾筒种类变多了,冰箱上贴了垃圾分类图表,一边做饭一边想着菜叶果皮该怎么扔……有不少人说,垃圾分类已成为申城居民的"开门第八件事"。大家各显神通,分类神器频出,给垃圾分类工作带来颇多便利。去年,居民区分类达标率从15%提高到90%。这一结果显示出《上海市生活垃圾管理条例》在促进生活垃圾分类方面产生了显著作用。

为解全球性难题贡献"上海经验"

前不久,一篇题为《为什么中国这么急着垃圾分类?》的文章刷屏网络,一张张图片、一组组数据,让人触目惊心。而在上海,垃圾围城的隐忧也曾被提及:全市"15天的垃圾量可堆起一幢金茂大厦"。作为中国最大经济中心城市,上海在全国范围内率先进行垃圾分类立法,整体性、高起点推进生活垃圾全程分类,形成独特的工作经验和方法,产生了一呼百应的效果。有了分类,才能在后续更好地对垃圾实施无害化处理,才能更好地提高回收利用率,才能为我们生存环境减负。

今年是《上海市生活垃圾全程分类体系建设行动计划(2018—2020年)》的收官之年,上海将着力提高湿垃圾、可回收物、有害垃圾的分类量,控制干垃圾的清运量,并已敲定今年的目标——实现湿垃圾日均分出量达到9 000吨以上,干垃圾日均处置量控制在1.68万吨以下,可回收物日均回收量达到6 000吨以上,有害垃圾日均分出量达到1吨以上,垃圾资源回收利用率达到35%以上,新增干垃圾焚烧和湿垃圾资源化利用能力3 450吨/日。同时,基本建成生活垃圾全程分类体系,完成6 000个居住区可回收物服务点的质量提升,实现90%以上街镇垃圾分类实效达标、70%以上街镇垃圾分类实效示范。

案例2　上海南京东路街道的实践与启示

对上海方案的认知和上海实践的评析,真是百闻不如一见。纸上得来终觉浅,远不如对上海县区的考察和对上海街道、居民小区的调研走访印象来得深刻。

2019年11月23日,本书作者在相关人士的陪同下走访调研了黄浦区南京东路街道几种不同类型的居民小区生活垃圾分类收集和投放情况。

总体印象:

新区新气象,老区气象新;井然有序,好于预期。基层的创造性,环卫员工的爱岗敬业精神，热情细致地讲解，居民满意自豪的精神状态，生活垃圾收集站点明确的分类标识，清晰的分类投放，小区及站点的清洁卫生给人留下深刻的印象。它的高效治理，它的市民自律还有那些兢兢业业的各级干部，都让人感受到了这座城市的品格和魅力。

基本做法：

一类型一策，一小区一策；变严防死守为疏堵并举，精准施策。

亮点及启示：

注重居民生活垃圾分类意识的培养，上海南京东路街道主张"多措并举"激励居民进行家庭垃圾的源头分类。从激励形式上来看，主要有各种途径的宣传方式、开展活动的居民参与式、经济回馈式等。从内容上看，有积分兑奖激励式、入区入户宣传普及式等。其中积分兑奖激励，主要是通过对各居民户每天的生活垃圾分类情况进行数据统计，对那些准确进行生活垃圾分类的住户进行记录并纳入积分系统，当积分达到一定分值时，可以向生活垃圾分类部门领取相应的奖品。

注重整合"市区政府""街道""小区物业""单位（住户）""志愿者"等各方力量，联合行动合力攻坚。南东街道在生活垃圾分类治理中，不仅善于利用市区政府的政策支持，注重调动小区物业管理部门的配合，同时广泛吸纳志愿者的积极参与。在街道的主导下，通过多元主体的联动，在小区内开展多种形式的宣传工作，增长了居民的生活垃圾分类知识，鼓励居民进行生活垃圾分类，培养了居民生活垃圾分类的自觉性，提高了居民生活垃圾分类的准确性，做到了生活垃圾应收尽收，分类收集准确，分类投放到位。

开放式讨论

1. 街道、居委会、居民小区是生活垃圾分类治理的第一线，是生活垃圾分类收集的最前端，如果你是一位居委会负责人，你将如何开展生活垃圾分类治理方面的工作？

2. 谈谈你对上海的生活垃圾分类治理的总体评价，有何建议？

第十一讲

综合治理是最终的出路

习近平总书记高度重视垃圾分类工作,作出过多次重要指示,为破解垃圾分类难题指明了方向。"推行垃圾分类,关键是要加强科学管理、形成长效机制、推动习惯养成。""要加强引导、因地制宜、持续推进,把工作做细做实,持之以恒抓下去。""通过有效的督促引导,让更多人行动起来,培养垃圾分类的好习惯,全社会人人动手,一起来为改善生活环境作努力,一起来为绿色发展、可持续发展作贡献。"

第一节 由点到面的治理

一、试点先行探标准

根据 2017 年 3 月国务院办公厅公布的方案,试点的 46 个城市到 2020 年年底基本建立生活垃圾分类法规体系、政策体系、标准体系、设施体系和工作体系,垃圾分类工作覆盖范围不断扩大,学校垃圾分类教育培训体系不断完善,居民垃圾分类知晓率、参与率、准确率明显提高,城市生活垃圾回收利用率达到 35% 以上。

垃圾分类试点城市,要以高度的责任感推动"生活垃圾分类试点城市"各项工作深入开展,加快构建生活垃圾分类处理运行体系,在推进党政机关、学校全覆盖的同时,大力开展垃圾分类示范片区建设,加强配套体系建设,积极开展垃圾分类宣传活动,推动广大群众良好垃圾分类习惯的养成,为探索垃圾分类的标准和经验、切实做好垃圾分类治理、改善生活环境贡献力量。

二、其他跟进全覆盖

非垃圾分类试点城市,也要有所行动,应做到未雨绸缪。在国家方案中,由46 个试点城市先行,所有地级市跟进,然后到县区或县级市,再到乡镇,最后到村居以及数亿个家庭,覆盖全国各地。2025 年后,相信会进一步向广大的城镇和农村延伸,由点到面全覆盖。

人们须改变习惯。长期以来,每一天早晨,人们习惯于把家里的所有垃圾,都"打包"在一个塑料袋中,拎出家门,随手扔在小区的垃圾筒里。不久后,垃圾清运师傅开着运输车,来到小区将所有垃圾运走,并运至垃圾处理厂集中处理。在大部分城市人的概念中,没有垃圾分类;即使有,也很难做到垃圾分类处理。这是过去的常态,现在不行了,生活垃圾不仅要分类,而且要准确进行分类。

这里有几点信息非常明确:第一,要探索和借鉴生活垃圾分类试点城市的经验;第二,要建立生活垃圾分类处理运行体系,党政机关和学校要带头做表率,在部分小区开展示范区建设;第三,宣传为上,行动为要,城市居民要逐渐养成好习惯。

由46个试点城市到所有地级以上城市,生活垃圾分类治理涉及人们行为习惯的改变,考验城乡精细化管理水平,需要一个长期的过程。发达国家生活垃圾分类治理都经历了几十年,甚至更长时间的努力。我们对解决垃圾分类问题既要有打攻坚战的决心和手段,也要有打持久战的耐心和准备,做到长短结合,标本兼治。

第二节 可回收物的治理

一、丰富的可回收资源

(一) 我国可回收物总量巨大

随着经济社会的发展,物质生活极大丰富,生活垃圾的总量和品种都呈现爆发性增长。2011年我国再生资源回收总量为1.65亿吨,2017年增长到2.82亿吨,6年时间增长了71%(图11-1)。

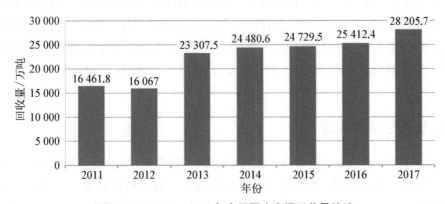

图11-1 2011—2017年中国再生资源回收量统计

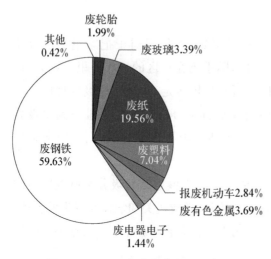

图 11-2 **2017 年中国主要再生资源回收量占比分布**

废轮胎 1.99%
其他 0.42%
废玻璃 3.39%
废纸 19.56%
废塑料 7.04%
废钢铁 59.63%
报废机动车 2.84%
废有色金属 3.69%
废电器电子 1.44%

（二）我国主要可回收资源

我国再生资源非常丰富,主要有废钢铁、废纸、废塑料、废玻璃等回收物。据统计,2017 年主要再生资源回收量废钢铁量最大,达 1.682 亿吨,占比 59.63%;废纸次之 5 517 万吨,占比 19.56%;第三为废塑料 2 087 万吨,占比 7.4%;其余依次为废有色金属 1 041 万吨,占比 3.69%;废玻璃 956.2 万吨,占比 3.39%;报废机动车 801 万吨,占比 2.84%;废轮胎 561 万吨,占比 1.99%;废弃电器电子 406.2 万吨,占比 1.44%;其他 118.5 万吨,占比 0.42%(图 11-1)。

（二）我国可回收物的利用

在我国积极推进循环经济发展的背景下,2004 年修订的《固体废物污染环境防治法》明确规定了政府在编制规划、组织生产、生活垃圾管理等方面促进减量化、资源化及无害化的职责;同时强调了企业在产品设计、制造上的清洁生产责任以及产品使用后的回收利用责任。这些规定有助于在生产、消费与废弃物处置等领域全方位地解决固体废物问题,为我国固体废物管理法制的进一步发展确定了方向。但是,从总体上看,我国的《废物固体污染环境防治法》主要还是强调废物产生以后对环境污染的防治问题,在管理模式上并未摆脱末端控制的治理架构。

2009 年 1 月 1 日,《循环经济促进法》开始实施,而相关的《固体废物污染环境防治法》却没有及时的修订,城市生活垃圾管理理念滞后。为了解决生活垃圾分类处理中日益突出的矛盾,必然要求对现有的管理体制进行改革,以适应新的指导理念,从根本上消解我国现行的城市生活垃圾管理体制和运行机制制约环境保护高效运行的现象。根据住建部《生活垃圾分类实施方案》,到 2020 年我国生活垃圾回收利用率才能达到 35%,德国 2018 年生活垃圾回收利用率已是 65%。

二、塑料垃圾的治理

制造塑料用品的本意是为了给人们提供各种方便,结果给人类造成了大麻烦,塑料垃圾铺天盖地、势不可挡。据调查,塑料垃圾占比排名第二,主要是一些塑料包装袋等垃圾,占比为 12.1%。目前,用于买菜、快餐、购物大大小小的塑料袋,每天的消耗量应在 20 亿只以上。塑料垃圾治理的核心工作,主要是减少使用量,寻找替代用品和做好回收利用。

（一）减少使用量

1. 减少塑料称重袋的使用量

目前,超市每一种蔬菜水果都要装在超市提供的塑料袋里面去称重。但蔬菜水果择、洗后这些塑料袋会统统扔进垃圾筒。很多人的本意都不是要使用塑料袋,但大家都这样,就习以为常了。可以由超市统一提供多次重复使用可降解的环保称重盒,收银结算后,超市回收再用;不使用一次性餐具;不点或少点外卖。

2. 减少塑料包装袋的使用量

在期待可降解垃圾袋的同时,尽量减少塑料袋的使用,比如说:一包海苔、一片牛肉干,明明可以用小小的袋子包装,但商家为了看起来分量很足,就用一个大大的塑料袋包装起来。一个家庭每天要用要丢弃的塑料袋起码十几个,全国一天使用的塑料包装袋至少是十亿条,还不算那些大件的塑料制品。

3. 减少塑料垃圾袋的使用量

湿垃圾可以用专门的桶倒,回家冲洗一下可以反复用。可回收垃圾可以用纸袋装,有害垃圾也可以不用塑料袋,只有干垃圾使用塑料袋,而干垃圾不容易发臭,可以积多一点,这样也可以减少垃圾袋的使用量。对大多数人来说,应该在做好垃圾分类的同时少用塑料制品,养成自带水杯、餐具、吸管的习惯,包里常装一个帆布袋,不仅环保而且结实耐用,一点一滴,做到自己力所能及的事情。

4. 减少塑料制品的使用量

塑料制品与我们日常生活息息相关,除了塑料袋以外,还有塑料瓶、塑料盒、塑料桶、塑料篮、塑料框,几乎占领了我们日常生活的大部分空间,必须尽量减少使用,节约使用。

总之,要有意识减少日常垃圾产生。每家每户准备一两只能重复使用的购物、买菜的布袋或环保袋。否则基于我们人口基数,无论用什么,都是要消耗资源,都是要产生垃圾。用纸袋要砍光几片森林,用布袋可种万顷良田。

（二）寻找替代品

用无纺布或者再生纸袋代替塑料袋,或者研发可降解的塑料袋。希望在不久的将来能够开发更多的塑胶替代产品。用金属杯、搪瓷杯、玻璃杯、陶瓷杯代替塑料杯、纸杯。

自来水变成直饮水,可直接喝。全世界已有 15 个国家的自来水可以直接饮用,亚洲也有两个国家能做到,日本是其中之一。日本的水道局每天都对全市的131 处水龙头做 50 项检测并于当天向市民公布检测结果。日本的建筑工地、公园、地铁站等地随处可以见到免费的饮水机,这些饮水机出来的水源就是普通的自来水,日本自来水管道中的水是可以"直接饮用"的,这是我国努力方向。试想,如果自来水变成直饮水,矿泉水的市场当然会萎缩,用塑料做的矿泉水瓶将会大幅减少。

(三) 做好回收利用

1. 提高塑料垃圾袋品质和价格,促进利用和回收

塑料称重袋、包装袋、购物袋、垃圾袋等一定要是环保的、可多次重复使用的合格的塑料制品。适度提高价格,促进市民重复使用垃圾袋,不会像目前这样随意丢弃。

2. 适度补贴旧袋子回收

源头生产塑料袋子的厂家需上交国家一定数量的环境处理税,鼓励市民重复使用各种袋子,不能使用的旧袋子由国家补贴回收。

3. 为重复使用提供便利

生活垃圾分类之后不用塑料袋装垃圾,物业或社区在门口放置小垃圾筒和清水清洗垃圾筒,每家每户下班回家时带干净的垃圾筒回去,上班出门时带上装有垃圾的桶投送到生活垃圾收集点,方便上班族。用塑料袋图的是过程方便,结果难以处理。政府要创造条件让大家一起努力,提倡使用共享帆布生活垃圾分类袋。生活垃圾分类袋子可以由物业公司提供,居民回家时将洁净的袋子带回家,下次倒垃圾时登记还回去就好了。

(四) 加强立法立规

在制造塑料袋的源头上,要进行严格把控。通过立法,直接把制作塑料袋的厂家管控住,坚决禁止生产无法降解的塑料制品。

在行业管理上,外卖行业的外卖盒子不得选用不能降解的塑料制品,只可选用能重复使用的搪瓷、陶瓷、金属制品或玻璃制品。买菜送菜自带购物袋,不再提供任何塑料制品,只可买布质购物袋等。

禁烟、限塑、禁塑都曾有过,但有令不行,有禁不止,长此以往,反弹更甚;既然是禁,那就是法,法有禁止不可为,违者必纠。这样才能起到震慑作用。

(五) 强化自律监管

1. 个人强化自律

生活垃圾分类需要从我做起,需要加强自我约束。每个人都是一个移动的生活垃圾制造者,没有人喜欢被恶臭的垃圾包围,但却没有人能够不制造垃圾。有人说切断污染的源头,其实真正污染的源头就是每一个人,没有个人的使用市场就不会再生产,所以从现在起不使用或少使用一次性物品。

2. 强化生产监督

禁止生产不可降解的塑料袋、一次性筷子;外卖不提供塑料餐具;禁止过度

包装,一切包装从简,减少垃圾制造量;瓶装水需要研制新的包装材料,要求基本可降解;快递包装必须回收可循环利用。

需要餐具的直接选择金属制品,需要塑料袋的直接选择无纺布袋,这样顾客要么就自己携带了,要么卖了回收利用更环保。

3. 加强供应端监管

生活中对塑料制品的使用是相当可怕的。需要加强对外卖包装盒、街边零食袋、奶茶杯、超市购物袋等的监管。更为严重的是,不少人缺乏环境危机意识。

上海从 2019 年 7 月 1 日开始"不主动"提供外卖餐具,要点外卖必须勾选"提供餐具"。这应只是过渡期,未来的外卖餐具应是可重复使用或可回收、可降解的。

4. 提倡相互监督

社会文明进步不应该只是方便个体,损害群体。这些人人应做、人人可做的点点小事做不好,还算什么文明社会、文明单位、文明个人。但现实生活中并不是每个人都能自觉遵从,相互监督是非常必要的。需要每一个社会组织、党政机关、企事业单位监督执行,需要每一个人身体力行。

借鉴"门前三包"(包卫生、包绿化、包秩序)制度,扩展延伸到整个单位,层层加以引导,从源头控制,从现在做起,加强分区监管。政府适度对生活垃圾治理工作增加监督岗位,市政府主要解决分区监管问题,街道居委会主要负责居民小区和督查员的监管,居民和督查员则有相互监督的责任与义务,同时,对政府是否投入到位也有其监督责任。

不论有多麻烦,多么不适应,我们都有责任和义务做好生活垃圾分类。说到底,不存在素养高不高,经验多不多,只需要看生活在同一个环境中的每一个人,愿不愿意去探索去改变,相互的提醒,相互的督促很有必要。

第三节 餐厨垃圾的治理

我们需要区分餐厨垃圾和厨余垃圾的概念:前者更为广义,是餐饮垃圾(主要来自饭店、食堂等)和厨余垃圾(主要来自家庭)的统称;但前期因为我国厨余垃圾并未单独收集,因此餐厨垃圾基本来自饭店、食堂等部门。

我国生活垃圾有着餐厨垃圾占比较高的特点。据调查,餐厨垃圾在日常生活中占比超过了 60%,有的地区甚至达到 70%~80%。我国城市每年产生餐厨垃圾不低于 6 000 万吨,年均增速预计达 10% 以上,而随着民众生活水平的提升以及餐饮结构与数量的丰富,这个比重还将进一步上升。

中国居民生活垃圾另一个突出特点是平均热值较低。中国饮食的特点高油高盐多配料,在焚烧时需要添加助燃剂,不仅导致焚烧成本增高,而且污染难控制。

餐厨垃圾大致分为三类,家庭厨余垃圾、餐饮业厨余垃圾、机关单位厨余垃圾。主要是剩菜剩饭、菜根菜叶、果皮蛋壳、花草茶渣、动物粪便等。

餐厨垃圾处理多元循环利用系统如图11-2所示。

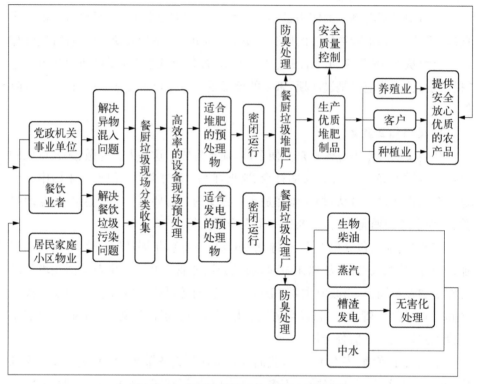

图 11-2 餐厨垃圾处理多元循环利用系统

一、前端减量

餐厨垃圾的源头减量主要在三个环节,一是源头上的原材料生产和启用,增加净菜供应,减少不必要的包装;二是厨房制作前端的备料和清洗;三是用餐后的剩余和清理。

(一)源头把住产生环节

主要是做好三方面工作,一是尽量减少餐厨垃圾量。大中型城市超市进货菜品要求是半成品或净菜,让菜叶、菜根等消化在原产地,实现从哪里来还到哪里去,通过堆肥、沤肥、沼气、还地等措施变废为宝;使用可重复使用的餐具,尽量不使用一次性餐品和纸巾等;二是尽量减少包装使用量。购买简易包装或大包装的商品,尽量不买过度包装或小包装的商品;购买并使用有中国环境标志、循环利用标志和中国节能认证标志的商品;三是尽量减少一次性用品。多用环保重复使用物品,慎用一次性用品;变扔垃圾为分垃圾,综合回收利用垃圾;改变旧做法,养成新习惯。

餐厨垃圾涉及千家万户,涉及所有人,因此,餐厨垃圾的处理是垃圾分类中最重要的部分。餐厨垃圾在日常生活中占比很大,大多数地区在60%与80%之间。这部分处理好了,生活垃圾治理便有了基本保障。

(二) 强力推进光盘行动

不得不说,光盘行动是最大的利用,也是餐厨垃圾处理最值得强制推行的模式。家庭就餐提倡光盘行动;公共就餐强制推行光盘行动,杜绝铺张浪费,吃不完,打包带回家。热情好客,必须适度,钱是你可以支配的,资源却是社会大众的,也是有限的,更重要的是铺张浪费带来的环境问题,容不得我们任性而为。

二、中端简化

餐厨垃圾分类真是斩不断,理还乱。一方面,餐厨垃圾的分类工程可谓浩大;另一方面,大部分的餐厨垃圾不能简单等同于湿垃圾。比如,根据上海市的生活垃圾分类标准,炖的猪骨鸡爪汤,鸡爪属于小骨头,算湿垃圾,猪骨头算大骨头,要作干垃圾。故此,餐厨垃圾分类工作变得更加困难。分类端的简化十分重要,其目的便于居民投送餐厨垃圾。

在试点城市,餐厨垃圾通常占到生活垃圾的近一半。以深圳市为例,深圳居民家庭每天产生的餐厨垃圾高达5 000多吨,在居民生活垃圾中所占比例达44%。安徽省铜陵市市区不足40万人口,餐厨垃圾达到每天100多吨。对餐厨垃圾进行分类处理,是城市生活垃圾分类的突破口。

广州这些年垃圾分类的重要经验是干湿分离。对于餐厨垃圾等湿垃圾,一些广州市民在家里建立处理设施,将餐厨垃圾打碎后排到下水管道冲走;在菜市场、小区,政府建立起一些小型处理设施,就近处理做成有机肥。

北京市始终将餐厨垃圾作为主要分类类别,并且在垃圾分类示范片区普遍建立了餐厨垃圾分类收集运输硬件体系,尝试采取积分制等方式吸引居民参与,在解决餐厨垃圾分类问题上做出了很大努力。

餐厨垃圾的分类治理,我国开展的时间不长,需要总结经验。就目前情况看,关键在于理顺餐厨垃圾收集、转运渠道,加大"监管"力度,保证餐厨垃圾进入正规的处理渠道。如果用餐厨垃圾堆肥处理,要求达到85%以上的纯度才能收运清走。

三、末端加力

(一) 加大投资力度

我国餐厨垃圾处理行业"十二五"期间才开始起步。根据《"十三五"全国城镇生活垃圾无害化处理设施建设规划》，"十三五"期间我国将新增餐厨处理能力3.44万吨/日，对应投资额183.5亿元（即每万吨/日对应的投资规模为53万元）。

（二）提升处理能力

截至2015年年末，全国已投运、在建、筹建的餐厨垃圾处理项目（50吨/日以上）约有118座，总计处理能力约2.15万吨/日；根据E20环境平台的统计，截至2018年10月，我国已投运的规模化企业的餐厨垃圾处置规模为3.37万吨/日（另有0.59万吨/日的厨余垃圾处置设施投运），要达到规划中的要求，仍有1.38万吨/日的处置规模需要再投运，按照53万元/（万吨/日）的餐厨项目投资单价测算，仍有73亿的餐厨投资需要在2019—2020年完成。

四、主动解难

主动积极作为，帮助解决难题。据了解，正规餐厨处理项目面临的难题：收运数量少、收运质量低。从2010年起国家陆续选取5批共100个城市作为餐厨废弃物资源化利用和无害化处理的试点城市，意在探索一条和国情相符的餐厨垃圾处理工艺路线，加快推进我国餐厨垃圾处理行业的发展。但是，从2016年开始进行试点城市验收之后，目前已有鄂尔多斯、呼和浩特等10个城市整体建设显著滞后于预期被撤销试点。

长期以来，非法经营的"黑作坊"会通过低成本的处理方式将流入的餐厨垃圾和废弃油脂转换为猪饲料和地沟油，厨余垃圾的处理同样将受制于此问题。表象原因是指标不达标，核心原因则是正规的餐厨处置企业根本收不到餐厨垃圾。根据规定，试点城市需新增的餐厨废弃物资源化利用能力应达到实施方案设定目标的90%以上，但是在2016年进行第一批验收的33个试点城市中，仅有南昌、潍坊、重庆等6个城市通过验收。无法通过验收的原因有较大可能是新增产能不及预期，而企业不愿新建产能的原因是项目无法盈利，无法盈利的核心原因便是项目较难收到餐厨垃圾。

禁止黑作坊，规范市场行为，提高收运质量，保障正规餐厨处理企业的经营环境。餐厨垃圾项目的营业收入主要来自三个部分：垃圾处理费收入、政府补贴收入和餐厨垃圾处理产品收入。在垃圾收费制度尚不健全的情况下，项目的盈利来源主要来自政府补贴和处理产品收入。在政府补贴收入相对固定的情况下，处理产品（发电、生物柴油销售等）是餐厨项目重要的盈利收入来源，而生物柴油销售的核心原料便是生物油脂。

政策环境正持续改善，未来非法渠道有望减少，处理能否到位，关键在于能否"监管"到位。《关于加强地沟油整治和餐厨废弃物管理的意见》早在

2010 年便已发布,但执行力度有限。近年来随着食品问题越来越多受到社会的关注,地沟油使用的现象有望得到改善;2018 年年底,国务院办公厅印发《国务院办公厅关于进一步做好非洲猪瘟疫防控工作的通知》,要求全面禁止餐厨剩余物饲喂生猪,因为研究表明在我国发生的前 21 起非洲猪瘟疫情中,有多达 62% 的疫情与饲喂餐厨剩余物有关。在政策大方向已经明确堵死餐厨垃圾非法处理渠道之后,后续执行细则的出台,包括对餐饮企业垃圾强制分类制度的建立,以及公安、城管、安监、环保等多个部门共同协力营造良好的餐厨垃圾市场环境,将有望进一步堵死非法渠道,理顺餐厨行业垃圾分类的处理模式。

垃圾分类制度加快推进有望加速收运体系建设,同时也会带来新的厨余处置需求。在全程分类的目标下,建立和完善各类生活垃圾的分类运输系统是核心任务,这也将进一步理顺餐厨垃圾的收运体系,打通餐饮企业的餐厨垃圾流向正规餐厨处理企业的渠道。另一方面,垃圾分类政策要求生活垃圾中的湿垃圾分开收运分开处理,将会带来厨余垃圾(即居民在日常家庭生活中产生的废弃下脚料或剩菜剩饭)的处置需求。

将厨余垃圾作为主要分类类别,建立独立体系。并且在垃圾分类示范片区普遍建立厨余垃圾分类收集运输硬件体系,尝试采取积分制等方式吸引居民参与。

第四节　有害垃圾的治理

有害垃圾很多不为人们关注,但必须处理好,就是不起眼的一粒纽扣电池也会污染 600 吨的水,如果你把它扔到水里,水将无法饮用。这里主要讨论电子废物的治理。由于电子废物面广量大,专业性强,能否取得成效,核心在于以回收利用为主旨,让垃圾减量,为环保助力。

一、无害化处置是最基本的原则

当中国制造的商品运往全世界,它们运行的轨迹会因目的地差异而大不相同。在落后国家,它们会沉积为死寂的垃圾;在发达国家,它们却因垃圾分类变成可回收资源,并运回中国。在中国庞大的资源回收体系里,它们会再度成为中国制造的原材料,成为商品后重返世界。

2015 年,中国拿下了全球 22% 的废钢、57% 的废塑料、31% 的有色金属废料、51% 的废纸、28% 的电子废料。全球一半以上"洋垃圾"会运到中国,美国、欧盟、日本等大搞垃圾分类的国家是大卖家,也是大赢家。无论是耐克球鞋还是苹果手机,中国始终是全球制造与原料轮回的终极核心。

在广东汕头的贵屿、清远的石角,这里曾经是全球最大的电子垃圾集中地。鼎盛时,10多万人搞拆解,家家户户烧垃圾。烧掉塑料皮后,1 000吨电子垃圾中能拆解出300吨铜。这一项,造就了一门产铜10多万吨、价值数十亿的超级生意。这些垃圾,不过经历了最简单的分类而已。

信息化的时代,我们身边大量存在手机、电脑这些电子产品,但是它们给我们带来方便的同时,电子垃圾造成的环境污染,却往往容易被人们忽视。电子废弃物被填埋时,其中的重金属会渗入土壤,进入河流和地下水,常年无法自然分解,将会造成当地土壤和地下水的污染,直接或间接地对当地的居民及其他的生物造成损伤。电子产品中的有机物经过焚烧,会释放出大量的有害气体,如剧毒的二噁英、呋喃、多氯联苯类等致癌物质,腐蚀空气,空气污染则直接会影响到人类的身体健康。无数个惨痛的教训要求我们处理电子废弃物必须坚持无害化的原则。

二、变废为宝是最基本的做法

电子废物作为资源的综合体,蕴藏着众多珍贵的资源。电子废弃物中所蕴含的金属,尤其是贵金属,其品位是天然矿藏的几十倍甚至几百倍,回收成本一般低于开采自然矿床。据统计,用从废家电中回收的废钢代替通过采矿、运输、冶炼得到的新钢材,可减少97%的矿废物,减少86%的空气污染,76%的水污染;减少40%的用水量,节约90%的原材料,74%的能源。

由此可见,所谓的"电子垃圾"本来并不是"垃圾",它们只是被放错了位置的闲置电器而已。这跟"橘生淮南则为橘,生淮北则为枳"是一个道理。有很多种方法可以将"电子垃圾"变废为宝,关键是要建立回收、处理、利用的体系和平台。政府需鼓励支持电子垃圾回收体系、处理和利用平台,在生活垃圾分类收集站设置可回收物收集点,电子产品作为细分类单独回收。

大多数人虽然没有健全的技术和设备能够妥善处理电子垃圾,但我们能做的是提高环保意识,不随意丢弃,把废弃的电子产品交给正规的回收机构,这样既能够获得旧物的剩余价值,又为环保做出了贡献,一举两得,何乐而不为呢?

建立健全专项的电子垃圾回收和处理系统。通过专业的质检团队和先进的仪器设备把闲置的"电子垃圾"进行以下两种方式的处理:一是对于受损、折旧程度比较严重的机器,对其进行拆解处理,回收贵重金属及零部件,物尽其用,杜绝废弃零部件流入造成环境污染;二是对于性能完好、外观折旧的机器,对其进行硬件格式化和外观的清洁,同时将机器重新配件,给予机器"二次生命",供有需要的用户选择。

第五节　校园生活垃圾的管理

一、校园的人群特点

（一）研究校园人群特点的意义

学校是生活垃圾分类治理的重要阵地。人是制造生活垃圾的主体，人同样是进行生活垃圾分类治理的主体，不同的群体制造的生活垃圾有所区别，承担的责任也是有所区别。对于各年龄段人群产生生活垃圾的特点进行研究，有助于我们有针对性地进行生活垃圾分类治理。

（二）庞大的人口基数

根据教育部公布的资料，截至 2019 年 6 月 15 日，全国共有普通高校 2 688 所，含独立学院 257 所（未计入台港澳），在校大学生超过 2 500 万人；全国小学教育阶段共有学校 32.01 万所，在校生 10 564 万人；全国初中教育阶段共有学校 5.94 万所，在校生 5 736.19 万人；高中教育阶段共有学校 31 255 所，在校生 4 527.49 万人；全国中小学生总人数约 2.08 亿。另有幼儿园 26.67 万所，在园幼儿 4 656.42 万人。各类在园幼儿和各类在校学生总数达 3 亿多人，接近全国人口总数的四分之一，而且他们是接受新生事物最快的群体，是生活垃圾分类治理的主力军和宣传员，理应得到高度重视。

（三）高度集中的青少年群体

大学城或教育园区是大中院校和中小学学生最为集中的地方。20 世纪 70 年代，著名的武汉大学校长刘道玉就曾说过，大学就是小社会。根据我国高校的生师比和生员比要求，一般高校在校学生数与师生总数比都在 90% 以上，教师和工勤人员占比 10% 左右。以青少年学生为主体的大中小学校园或园区人群集中度高是最大的特点。

二、大学校园的生活垃圾产生及特点

（一）青年教师及学生群体的生活垃圾

1. 青年教师及学生群体的生活偏好

青年教师及大中学校学生平时接触最多的就是书报、外卖、快递、奶茶、饮料、文化产品、电子产品、化妆用品、护肤用品、宠物等，产生的主要生活垃圾也是如此相关。

2. 青年教师、学生群体产生的生活垃圾

（1）外卖餐盒类。吃完外卖的餐盒、一次性餐具、包装袋，因为已经受到了食物的"污染"，沾上油渍，都算作干（可烧）垃圾一类。切记，餐盒里没吃完的东

西需要先将汤水倒进下水口,再把食物残渣单独扔去厨余(湿)垃圾,不可以连同餐盒一起扔。

(2) 奶茶饮料类。首要的是喝完奶茶,并且一点残渣也不剩,这种状态下,只需要直接将杯子扔进可烧(干)垃圾筒即可。但要是没喝完,必须按以下步骤操作:第一步,先将剩余奶茶倒入下水口;第二步,将珍珠、水果肉等残渣丢入可埋垃圾;第三步,把杯子、吸管丢入可烧垃圾;第四步,这一步因茶而异,如果你是带盖的杯子(比如大部分热饮),塑料盖是可以归到可收垃圾。

其他那些塑料瓶、易拉罐、可乐包装、玻璃瓶等,最好冲洗干净、压扁,再投入可回收物桶。冷饮的包装纸则是归入可烧(干)垃圾。

(3) 快递包装类。"买东西一时爽,拆快递更加爽"是大部分80、90后喜爱网购的现状,尽量采用可以循环使用的快递箱、快递盒;对拆下来的快递盒与快递袋,如不能重复使用,也要保持干净,投入可回收物分类桶里。

(4) 化妆护肤品类。爱美的女生,日常生活中免不了接触各种化妆护肤等消耗品,这类物品的分类可也是门学问。

女生常敷的面膜、面膜包装盒,用完的粉底液、妆前乳、口红等,或是"剁手一时爽"却来不及用完的过期化妆护肤品,都可以列入其他垃圾。

香水瓶因为材质大多为玻璃,因此可以回收利用。另外,指甲油无论是否用完或过期,都是要扔进有害垃圾筒。

(5) 宠物类。自从宣传生活垃圾分类以来,一些冷门的问题便接踵而至,比如宠物产生的猫砂狗屎,究竟算哪门子垃圾? 网上的讨论十分激烈。猫砂中的豆腐砂因为是可降解垃圾,可以归到湿垃圾;而以膨润土和水晶砂代表的不可降解类猫砂,则需要归到其他(干)垃圾。而遛狗时产生的狗粑粑,尽量带回家冲入马桶,而包裹粑粑的报纸塑料袋等,可以参照婴儿的尿不湿,扔进其他(干)垃圾筒。在条件允许的情况下,其实猫砂和狗粑粑都首选冲入马桶。

(二) 中老年教师群体产生的生活垃圾

以厨房、家居打扫为主战场的生活垃圾分类,是中年教师群体经常会碰到的问题。家庭生活过程中,会产生大量的一次性塑料袋、废弃的菜叶、瓜果皮,后者不必说,基本都算是厨余(湿)垃圾。而塑料袋除了严重污染或受损的扔进其他(干)垃圾筒外,可以洗净重复使用。当然,最好还是自带环保购物袋。

常规的瓜果蔬菜、鸡鸭鹅鱼骨、蛋壳、蟹壳、小龙虾壳、蛋糕面包、香料调味酱等,扔进餐厨垃圾(上海分类为湿垃圾)。但体积较大或较硬的猪骨头、榴梿壳、核桃壳、西梅核、大龙虾壳等,需要归到其他(干)垃圾。

老年教师群体除了日常的生活垃圾外,经常遇到的大多数是药品、保健品分类、处理问题。无论过期与否,直接扔进有害垃圾筒即可。中药残渣类基本还是以厨余(湿)垃圾为主,不排除有部分特殊药材或包装,需要挑出来归到其他(干)

垃圾。

端午节收到的粽子,粽叶是湿垃圾还是干垃圾,不同的处理条件,可以有不同的分法。可以作为堆肥或沤肥的湿垃圾,也可以作为可填埋垃圾,还可以作为可烧垃圾,关键是看我们所在城市或地区的垃圾分类处理条件和能力以及据此所作的生活垃圾分类。在上海版的生活垃圾分类体系中,粽叶因为材质的关系,会对湿垃圾的终端处理机器产生干扰,因此要归到干垃圾一类,同理的还有玉米棒、榴梿壳、核桃壳等。

（三）服务外包及社会服务群体产生的生活垃圾

服务外包企业的用工大多以中老年群体为主,从事的是劳动力密集型的体力劳动,如,师生食堂经营与管理、校园卫生保洁、校园安全保卫、校园绿化管理、学生公寓管理、校园水电管理以及为教学科研提供保障的服务型劳动。

据安徽池州学院的调查统计,生活垃圾的构成如图 11-3 所示。

此外,值得高度重视的是学校实验室产生的有毒有害垃圾,必须按照相关规定,严格执行无害化处理。

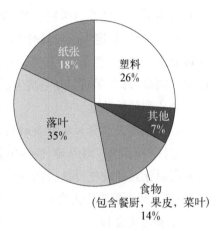

图 11-3 池州学院校园生活垃圾的构成

三、大学校园生活垃圾处理的几点建议

大学的根本任务是立德树人,为党育人,为国育才,培养社会主义建设者和接班人。生活垃圾分类治理,作为引领低碳生活新时尚,大学生理应成为积极的宣传者、参与者、推进者、研究者、践行者,充分发挥高校教书育人的特色和科技创新的优势开展生活垃圾分类治理工作。

（一）学校方面

1. 加大资金投入

改进学校生活垃圾分类、收集、转运全套设施设备系统,做到生活垃圾不落地,餐厨垃圾不过夜,资源垃圾不相混,有毒垃圾单独处。有条件的学校,可以对餐厨垃圾或落叶等垃圾就地资源化处理。根据上海市科委的小型生化处理机技术研究中数据显示,餐厨垃圾的处理成本(不含人工费)为 242.06 元/吨。小型生化处理机每天能处理 0.2 吨餐厨垃圾,大部分学校每天产生的餐厨垃圾能在当天全部处理完,做到日产日清餐厨垃圾。同时解决校园绿化用肥和餐厨垃圾清运问题。

2. 加大宣传教育力度

让师生知道生活垃圾分类的意义和如何进行分类。校内广泛组织大讨论、大辩论、大宣传、大培训,社团举办生活垃圾分类知识大赛。学校的公众号发布生活垃圾分类的相关讲解,同时也发布一些新的政策,比如不再提供一次性餐具,不提倡或禁止外卖入园入校等。有条件的院校,后勤部门可联系相关院系共同设计新生入学生活垃圾分类宣传手册,也可通过有关公众号对新生进行生活垃圾分类教育;组织社团在学校内开展多种形式的生活垃圾分类科普和公益活动,既是面向所有人员的教育活动,也能构建全员分类的氛围。

3. 制定生活垃圾分类有关的奖惩制度

教学管理部门可开设相关的通识课程,进行 1～2 个学分的环保、劳动素养教育及生活垃圾分类的课程学习;学生管理部门将生活垃圾分类作为劳动实践教育的一部分,制定生活垃圾分类相应的奖惩措施。学校爱卫会经常举办生活垃圾分类竞赛、文艺汇演、有奖知识问答等活动,提高同学们对生活垃圾分类知晓率。同时,每个学期举办一次生活垃圾分类星级宿舍评比,上榜学生宿舍获得一定物质和精神奖励。

4. 开展有关生活垃圾分类的科研教育等创新性工作

发挥科研优势,对外卖、快递包装等采取针对性措施。研发和安装餐厨垃圾就地资源化处理设施设备、智能垃圾回收设备等。

(二) 师生员工个人方面

1. 教寝室自扫

20 世纪 70 年代以前出生的人,大都知道教室和宿舍是需要自己打扫的,衣服和被子也是需要自己洗的,对此大家都习以为常,毫无怨言,而且大多是多子女家庭出生,从小就养成了打扫房屋和庭院的习惯,掌握了打扫卫生的技能技巧。随着独生子女的比例不断扩大,洗衣机等日常生活家电的普及,20 世纪 80 年代以后出生的大学生,基本上不需要用手洗被子和衣服,也很少打扫家庭和公共卫生。不少学校都以服务外包的形式将教学楼和学生公寓楼卫生保洁交由物业公司管理。

古人尚有"一室不扫何以扫天下"的训导,以劳动教育为五育并举的人文素养教育是为党育人,为国育才的重要内容,是"三全育人"和立德树人不可或缺的重要组成部分。由此看来,教寝室由学生自己打扫,绝不是生活小事,空洞的劳动教育说教远不如劳动教育实践真实有效。教育的根本目标是培养德智体美劳五育并举的社会主义事业建设者和可靠接班人,必须落实在行动上。

2. 垃圾筒下楼

高校学生公寓每层楼道都设有垃圾筒,只不过是没有分类设桶,现要改为楼下设桶,同学们暂时肯定不习惯。这正是生活垃圾分类需要适应的一个过程,逐步培养生活垃圾分类习惯。从上海的实践看,在生活垃圾分类工作推行过程中,难度较大的是让居民在家中做到自行分类,因此培养居民分类习惯很重要。在国家级试点城市生活垃圾强制分类市级样板小区有的从 2014 年起就推行楼层不设桶,居民统一到楼下扔垃圾,如今推进生活垃圾分类工作获得大部分业主支持。上海市的部分高校试行在楼层不设垃圾筒,楼层撤桶对生活垃圾分类提出了更高的要求,从实行情况看,同学们大都能理解并积极支持配合,如今同学们接受程度很高。

3."双快"需减量

快餐和快递近年来在大学校园呈爆发之势,据池州学院不完全统计,近年来生活垃圾清运量和清运费大幅增加(图 11-4)。增加量中主要是快餐和快递,日常快餐量中餐约占学生数的 20%～25%,晚餐 25%～30%;日常快递量平均每名学生每周一件,这个数字在"双十一"达到 1.6 件。减少快餐和快递量,包含两方面内容:一是减少快餐快递发生量;二是减少快餐快递产生的垃圾量。需要从两方面下功夫:一方面,加大宣传力度,培养同学们生活垃圾分类意识,增强生活垃圾分类能力;另一方面,学校要提高学校食堂饭菜品质,稳控饭菜价格,丰富品种,延长供应时间,提供可回收循环使用的餐具,学校快递服务中心要创造条件为同学们提供可重复循环使用的快递包装盒。

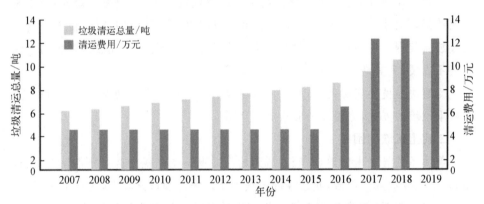

图 11-4　池州学院 2007 年至 2019 年生活垃圾清运量与清运费

4.分类加力度

在可回收物上加力度,做到应收尽收,纸张、塑料、衣物、床上用品、包装袋、包装盒、电子产品等生活用品;在分类细节上加力度,形成生活垃圾分类行为规范,做到规范分类,精准分类。

复习思考题

1.为什么说生活垃圾要进行综合治理?

2.餐厨垃圾与厨余垃圾有什么不同?如何治理它?

3. 塑料垃圾有哪些危害？如何治理塑料垃圾？

4. 电子垃圾有哪些危害？应如何治理？

5. 高校校园生活垃圾有哪些特点？在生活垃圾治理方面，我们应该怎样做得更好？

案例精选

案例1　以人为本，解居民"个性难题"

一解"99"独居老人的困难

上海市淮海中路街道也是老城厢石库门比较集聚的区域，二级以下旧里成片，人口密集，生活空间狭小，还有2 600多户居民使用手拎马桶生活。因此，如何在老旧小区进行生活垃圾分类工作，成为淮海中路街道推进生活垃圾分类工作中的重点难点。

起初听说社区要试点生活垃圾分类，居民都炸开了锅。"这算什么嘛，家门口的垃圾筒没有了，每天要拎袋臭烘烘的垃圾跑这么远，垃圾房定时开，还不能随到随扔。"大华居委党总支一班人表示理解，"由于社区空间有限，能放下的垃圾投放点就那么多，而社区里的独居老年人又多，拎着垃圾走几百米对他们来说的确不方便，尤其遇上恶劣天气更是麻烦。"

为解决居民的实际问题，社区不仅在设置垃圾箱房上下功夫，还通过每天上门收取垃圾的方式，方便高龄独居老人生活。

二解上班族的困惑

解决了独居老人问题，年轻人遇到的问题也不能忽视。这部分年轻人"上班路远，早上投放点开门时，我已经赶地铁去了。平时加班比较多，夜里下班回来，投放点都关门了，那我还怎么扔垃圾。"错过定时投放成为社区里不少远途上班族的烦恼。

"针对上班族错过垃圾投放指定时段的问题，社区专门设置误时投放点，保障上班族的垃圾投放需求。"社区工作人员说道。

三解商铺老板的困扰

"搞啥垃圾分类，真是吃饱了，多麻烦。"商铺老板的抵触情绪常常让志愿者们很无奈。有些商铺老板甚至对生活垃圾不分类就直接投放，给小区的环境卫生造成很大的困扰。

为解决居民和沿街商铺垃圾分类的难题，街道因地制宜地组织协调清运作业公司，每天定时上门收运商铺垃圾。如今，不仅商户的垃圾清运问题解决了，小区的环境卫生也有了很大的提升。

案例2 上海垃圾分类智能化管理的"芯"探索

如何通过智能化手段,实现垃圾分类的闭环管理,是未来探索的方向之一。目前无论是村镇,还是小区,上海都出现了一些探索案例。家用的干湿两分类的垃圾筒、收集车和运输车上,都被装上了芯片。

上海浦东新区航头镇长达村的村民们没想到,自己与"物联网+"的亲密接触竟是从垃圾分类开始的。

900多户村民的家门口都放着一个两分类垃圾筒,桶上有一个小小的芯片。清晨,保洁员上门收垃圾并称重,收集车通过芯片识别户主,并记录垃圾类别和称重等数据。随后保洁员可以通过收集车上的屏幕对村民的分类情况进行评价,共有"优、良、一般、差"四个档位,所有数据即时传送到后台。

不仅是垃圾筒,收集车上也有芯片,记录车辆运行的轨迹。收集车将垃圾短途驳运到村里的处置站,站长会查看收上来垃圾的"干湿纯净度"。村民、保洁员、站长层层监督,实现更精细的垃圾分类管理。

航头镇城市运行综合管理办公室主任介绍,如今,家家户户的分类情况,以及全村每天、每月的垃圾分出量,都能以数据化、可视化的方式呈现出来。源头数据实时可追溯,有助于职能部门精确掌握每户分类情况,对居民进行指导。

与浦东长达村类似,嘉定区新成路街道将感应芯片置于运输车上,运输车每经过一个小区,就会记录相应的干湿垃圾重量。在后台管理中心的大屏幕上,罗列着每个小区的湿垃圾分出率,"51.28%、57.64%、64.10%……",而目标设定则为60%,哪些小区达标、哪些小区待改进一目了然。

"过去垃圾分类实效的评定不够精确,干湿垃圾计量全靠人工。垃圾纯净度也没法保证。现在情况有了好转。"新成路街道办事处副主任说。

此外,从2019年9月份开始,新成路街道的这套智能系统研发出新功能——收大件垃圾。面对丢掉的沙发、床垫,以及各种装修垃圾,物业或者居民可通过系统上报,运输车会根据单子的数量和小区分布情况,规划路线,派遣合适车辆运输。

伴随智能化实践,生活垃圾分类成效明显。今年3月至今,长达村每天的湿垃圾分出量达到55.28吨,生活垃圾减量率61.7%,村子生活垃圾分类覆盖率100%。新成路街道的湿垃圾比例由平台使用之初的18.7%升至66.5%。

案例3 安徽省池州市生活垃圾处理能力亟待提高

安徽省池州市生活垃圾填埋场于2007年4月投入运营,设计日生活垃圾无害化处理能力180吨,总库容142万立方米,使用年限14年。根据池州市填埋场称重记录单据列表反映,2019年1—6月,生活垃圾日均处理量554吨,占设计日处理能力180吨的307.8%。据池州市城管局估算,截至2019年6月,填埋场累计填埋生活垃圾总量约 160 万平方米,占总设计规模的 112.7%。2019 年 10 月 23 日,池州市城管局委托池州新达测绘有限责任公司对填埋场垃圾填埋实际方量进行测量,结果为 135.67 万立方米,占设计总规模的 95.5%。池州市已制定垃圾填埋场应急扩容设计方案,正处于评审阶段。

开放式讨论

1. "生活垃圾分类说难不难,说易不易。但只要找对了方法,养成了习惯,难题自然就能变得容易。"形成正反两方面意见,分组展开讨论。

2. 调查了解你所在学校、所在市区的生活垃圾处理情况,对你参与生活垃圾分类有何影响?

3. 我国高校生活垃圾分类治理工作发展不均衡,效果差异大。请你根据对所在学校生活垃圾分类治理的调查情况,创设你所在学校生活垃圾分类治理的流程图,并分组开展讨论。

第十二讲

生活垃圾分类治理的突破创新

习近平总书记在 2020 年元旦致辞中高度肯定了"垃圾分类引领着低碳生活新时尚"。生活垃圾分类是一项需要全民参与的社会治理工作，新时代的社会治理需要突破与创新，生活垃圾分类治理更应如此。生活垃圾分类治理制度是现代国家制度一个重要的组成部分，生活垃圾分类治理成效如何，实际上就是考验一个国家的治理体系和治理能力。

第一节　突破"瓶颈"：做好顶层设计

审视 2000 年以来提倡生活垃圾分类的过程，我们已经认识到"法治"的缺失对生活垃圾分类治理的影响，并且从立法的层面给予生活垃圾分类以"强制性"保障。但我们是否想过或进行过全面的反思和梳理呢？摸清底数，才能做到心中有数，才能做好生活垃圾分类治理的顶层设计规划。

一、突破生活垃圾分类管理主体的固有模式

增加卫生健康委为生活垃圾分类管理主体。生活垃圾分类治理的本质属性是社会公共卫生管理。生活垃圾分类表面上是个人日常生活行为习惯，实际上是社会公共卫生治理问题，应纳入社会治理范畴，将国家及各级卫生健康管理部门作为生活垃圾分类治理的管理责任主体。

站在全社会的角度和顶层设计的高度，统筹考虑环境效益、社会效益、经济收益和各部门职能职责，我们发现有不少的职能交叉，也有力不能及的问题，住房和城乡建设部的职能偏重于新建小区的绿色建筑标准制定、检测、验收，老旧小区的卫生环境设施的改造，生活垃圾分类的最前端单位、家庭、个人的生活垃圾分类；党政机关、企事业单位食堂，餐饮业和居民家庭的厨余垃圾本来就在卫生健康委、食品药品局、市场监管局的监管之下。将生活垃圾分类治理纳入卫生健康委的监管下，可以充分利用其本身完善的体系和丰富的经验，从中华人民共和国成立后的重要公共卫生事件的处理效果来看，"除四害""防治血吸虫""战非

典""新冠疫情防控"都取得了满意的效果。

二、建立健全生活垃圾分类治理的各项制度

推进资源全面节约和循环利用,实施国家节水行动,降低能耗、物耗,实现生产系统和生活系统循环链接。倡导简约适度、绿色低碳的生活方式,反对奢侈浪费和不合理消费,开展创建节约型机关、绿色家庭、绿色学校、绿色社区和绿色出行等行动。

梳理各项制度,统筹协调生活垃圾分类治理各项制度的废改立。自 2000 年以来,国家为生活垃圾分类出台了不少政策(表 12-1),但从实际效果看,未能取得理想的成效。

表 12-1 2000 年以来国家层面出台生活垃圾分类的主要政策

文　件　名	文　号	发　文　单　位
《关于在全国地级以上城市全面开展生活垃圾分类的通知》	城建〔2019〕56 号	国管局、住建部、国家发改委、生态环境部、教育部、商务部、全国妇联、中央文明办、团中央
《生活垃圾分类制度实施方案》	国管办发〔2017〕26 号	国务院办公厅转发:国家发改委、住建部
《关于公布生活垃圾分类收集试点城市的通知》	建城环〔2000〕12 号	住建部

三、加强生活垃圾分类治理的理论研究

人类命运共同体理论是开展生活垃圾分类治理理论研究的出发点和根本任务,也是增强生活垃圾分类认识的关键。

总结发掘生活垃圾分类治理的规律。全面分析认识和厘清垃圾、生活垃圾、生活垃圾分类及治理的特性、本质和规律,按照生活垃圾分类规律开展生活垃圾分类治理工作。

四、实行生活垃圾分类全生命周期管理

实行生活垃圾分类,关系广大人民群众生活环境,关系节约使用资源,也是社会文明水平的一个重要体现。推行生活垃圾分类,关键是要加强科学管理、形成长效机制、推动习惯养成。要加强引导、因地制宜、持续推进,把工作做细做实,持之以恒抓下去。要开展广泛的教育引导工作,让广大人民群众认识到实行生活垃圾分类的重要性和必要性。通过有效的督促引导,让更多人行动起来,培养生活垃圾分类的好习惯,全社会人人动手,一起来为改善生活环境作努力,一起来为绿色发展、可持续发展作贡献。

改变目前将生活垃圾源头分类和后端处理相割裂的局面,特别是"重后端、轻前端"的思想,以及后端投入巨大、而前段投入很少的状态。将生活垃圾分类治理的重心前移,移到生活垃圾产生的地方,甚至是产品设计生产环节,实行产品"全生命周期"管理。

第二节 突破怪圈: 做到知行合一

一、突破生活垃圾分类治理的"认识层次"

辩证唯物主义认识论告诉我们,认识一个事物,都是由点到面、由浅入深,由感性认识到理性认识。认识生活垃圾分类也是如此。

(一) 社会现实需要层次

这是社会、环境和人类的基本需求,是外在的客观的要求,主要由生活垃圾的危害性所决定。没有做或刚开始做时,觉得生活垃圾分类很简单,要么分两类,要么分三类或四类。然后,在试点小区给居民发两个桶或三个桶、四个桶,在简单的宣传动员后,生活垃圾分类就开始了。此时的认识,仅仅停留在前端分类这个"点"上,属于孤立的零散的碎片化的认识。

(二) 处理内生需要层次

这是生活垃圾分类治理自身的基本要求,生活垃圾分类治理是一个系统工程。生活垃圾分类工作进行一段时间后发现,生活垃圾分类是一个系统工程,不仅仅是前端分类收集、分类投放,还包括中端分类运输和后端分类处理及利用等环节,而且这些环节不但"环环相扣",而且"一环失守,全盘皆输"。如果仅仅是做前端分类,后面的环节没有结合起来,生活垃圾分类就是在做"无用功"。

(三) 改革创新需要层次

生活垃圾分类治理是一场改革,也是一场攻坚克难的改革和创新。这场改革要把"产业链"打通,要涉及体制、机制、法制的创新和改革,还要平衡各种利益主体的利益关系。

(四) 社会治理需要层次

生活垃圾分类治理是社会综合治理的需要。经过两至三年的试点,有些城市小规模的"产业链"初步建成。发现最难的是居民分类不积极,参加的总是一小部分(20%至30%),大部分居民是"理念上认同、行动上滞后",还有分类不精准的问题。这些仅仅靠宣传、动员远远不够。生活垃圾分类是社会综合治理工程。

(五) 本质规律探索层次

这是个需要深度思考和总结的问题。有三个方面的含义:一是需要探索本质和规律,即通过生活垃圾分类这个现象,探索生活垃圾分类背后的本质和规律。二是认识到生活垃圾分类治理是一个复杂的系统工程，应采取"重点论"和"两点论"的统一，主要矛盾和次要矛盾的统一、量变和质变的统一。三是核心处理好政府、市场、社会三者的关系问题。

二、突破"理念认同，行动滞后"的怪圈

目前大中小城市生活垃圾分类工作的痛点很多，主要是"理念认同，行动滞后"。源头上，居民对生活垃圾分类知晓率高，但参与率低，处于"理念上认同，行动上滞后"的阶段。有调查显示，一些城市在源头的生活垃圾分类上主要靠生活垃圾分类劝导员、志愿者和生活垃圾处理公司工作人员进行二次分拣，某些地区动员工作很少做到居民层面，甚至存在避开居民做动员工作的倾向。末端上，分类处理能力不足。另一方面，不断增加的城市生活垃圾数量、生活垃圾分类环节脱节、居民参与度不高，以上种种掣肘也让城市的生活垃圾分类工作变得更为紧迫。

一是对居民加强督促引导。通过政府监管社区，社区督导居民等倒逼机制，督促居民养成生活垃圾分类习惯。二是让生活垃圾分类类别浅显易懂。在国外，很多国家设置了几类可回收垃圾，每种设一个桶，剩下的都叫不可回收垃圾，非常浅显易懂。三是充分利用市场机制，加强与从事生活垃圾分类的公司合作；同时注意通过社会组织、志愿者进行生活垃圾分类宣传。

生活垃圾分类一定要做到全程分类。事实上，如果投放环节已经分类，收集、运输、处理等环节比较容易管理。上海、北京等市此次开展生活垃圾强制性分类，选择从公共机构和经营性场所开始，就在于这些场所责任主体明确，处罚能够落实。

不过，对于相关违规行为具体怎么罚，难点也不少。比如如何监督，如何确定分类正确的标准，谁来检查分类是否正确，惩罚法人、物业还是投放人，责任主体内部如何传导惩罚机制等。专家对此表示，应依靠科技支撑，将罚款与罚人相结合，让未分类机构利益受损与责任人个人利益受损相结合。

三、知行合一，关键在行

推行生活垃圾强制分类，就是打破这个"理念认同，行动滞后"怪圈的钥匙。当然，监督和处罚必须到位。不难想象，下一步，向全国所有地级市，再向全国所有县区，然后向全国广大农村推广生活垃圾强制分类是更难的工作，但必须往前走才有希望。

上海自 2019 年 7 月 1 日正式实施《上海市生活垃圾管理条例》，如果个人混合投放垃圾，最高可罚 200 元；北京已将垃圾分类列入 2018—2020 年立法规划，将对个人明确生活垃圾分类责任，混合投放垃圾将处以罚款；湖北建立生活垃圾处置经费分担机制，加大资金投入，按照污染者付费原则，探索建立农户生活垃

第十二讲 生活垃圾分类治理的突破创新

坡缴费制度；贵阳完成生活垃圾分类大数据云管理平台的建立，对用户进行可溯源的生活垃圾分类管理；合肥将违反规定投放、收集、运输、处置生活垃圾的行为纳入诚信体系，按照规定予以惩戒；兰州新区增加垃圾清运车数量、逐步启用陆续建成的中转站，切实做到生活垃圾收运全覆盖。

生活垃圾分类治理是一项庞大、复杂、长期的系统工程，试点 20 年，未达预期目标，细细想来，不足为怪。20 年前，我们的着重点在分类收集上，没有中端的转运，没有后端的处理，系统工程的四个环节少了两个，知之不明，行之不定，自然不会是我们所要的结果。

第三节　创新创业：　智解分类之困

生活垃圾分类是一场外拒"洋垃圾"输入内治垃圾灾害的攻坚战，说到底是一场艰巨的、长期性的全民爱国卫生运动，也是一场改革性的、创新性的社会治理运动。因此，习近平总书记强调，垃圾分类工作就是新时尚。

一、创新模式竞纷呈

生活垃圾分类治理是一场深入持久的人民战争。这场战争中，群众是真正的英雄，他们充分发挥了聪明才智，生活垃圾分类自强制推行以来，新模式不断涌现。

（一）源头避免和减少垃圾产生机制

实施源头减量可以有效控制生活垃圾的清运量，减低生活垃圾末端处置量，提高生活垃圾资源化水平，可以有效降低生活垃圾清运、处理过程中的环境成本和经济成本，促进环境友好型城市建设。在制定生活垃圾分类治理规划时，要吸取发达国家及地区的经验，在法规中明确"源削减"的战略思路，将避免生活垃圾产生的相关机制都纳入法规，同时要结合相关部门制定可操作性的配套政策。具体采取以下制度：

1. 绿色采购制度

制定相关标准和绿色名录，鼓励政府、企业及个人采购再生产品，对采用再生材料制成的产品实施价格补贴扶持，允许政府以高于市场均价来购买绿色产品，同时对再生产品生产企业提供一定的财政补贴或税费优惠。

2. 绿色办公制度

减少会议、精简文件；鼓励政府部门、企事业单位实行网络化办公；降低一次性纸制品使用率，提倡办公用纸重复使用。

3. 清洁生产制度

生产单位及时更新工艺技术，采用先进的管理手段，管控产品生产环节，减少产品生命周期中废弃物的产生。在生产过程中鼓励优先使用再生原料，提高资源利用率。

4. 答谢品制度

上海及全国不少地方实施答谢品制度,向那些只购物而不索要购物袋的顾客赠送小礼品,不仅可以有效地减少塑料袋、纸袋的使用,也给商家节约资金。

(二)居民小区的绿色生活驿站

北京市东城区建国门街道建立了9个绿色生活驿站,除了收集餐厨垃圾,还收集可回收物和有害垃圾,按重计价,现金支付。街道还采用购买服务方式进行大件垃圾就地处置,将旧沙发、园林树枝等处理为颗粒原料,数据同步上传到生活垃圾排放登记系统,基本实现了生活垃圾分类收集、分类运输和闭环管理,生活垃圾减量效果明显。

在上海,"绿色账户"已发卡500多万张、"大分流、小分类"体系正在完善;在深圳,楼层撤筒、生活垃圾处理费随袋征收也在推进。

二、"互联网+"模式:生活垃圾分类新思维

2017年3月,国家发改委、住建部制定的《生活垃圾分类制度实施方案》中鼓励"互联网+"模式等创新体制机制,社区小卖铺做起"1元代扔垃圾"生意,支付宝上线"易代扔"功能。

实现线上信息流与线下物流的统一。生活垃圾分类主要涉及分类投放、分类收集、分类运输和分类处理四个环节,各类平台及APP可以在互联网技术的支持下,在前端协助居民进行生活垃圾分类、在中端实施有效监控、在终端促进生活垃圾的资源化利用。

北京市东城区建国门街道雅宝公寓通过机器扫描桶上安装的智能积分卡,将投放餐厨垃圾的次数换算为积分,实时上传到生活垃圾排放登记系统里。积分到一定数量后,住户可领取相应奖励。

提升塑料转换器功能,把垃圾变废为宝。完善提升塑料转换器功能,将废弃的塑料转换成一级和二级纳米材料。

三、大学生生活垃圾分类治理创新创业

生活垃圾分类治理这一场攻坚战中,没有人能置身事外。作为新时代大学生,对生活垃圾分类,你的态度是积极的,还是消极的;你的行动是主动的,还是被动的;你期望为生活垃圾分类做些什么?大学生参与生活垃圾分类治理创新创业既体现作为和担当意识,更是能力和水平体现,不仅解决就业创业问题,更是推进生活垃圾分类工作,可谓一举多得。

(一)创新创业项目之一:可回收物智能系统

高校的生活垃圾有其自身的特点。高校的生活垃圾主要集中在快递快餐、

厨余餐余、旧衣旧物、旧书废纸、实验垃圾、树叶杂草等六类,呈现季节性、时段性、大量性等特点。

目前,虽有闲鱼、德邦快递以及支付宝开展回收旧衣服的业务项目,达到一定数量还可以免费上门回收,送一些小礼物,但远远不能满足需要,更不能较为彻底地解决问题。

可回收物智能回收系统,采用最先进的人脸识别技术或语音识别技术。主要是针对高校大学生群体的旧衣旧物、旧书废纸、快递包装盒、电子器物。旧衣服在垃圾中占比不小,尤其是大中学校毕业季,丢弃的衣物、床上用品更是泛滥成灾。回收旧衣服能大幅减轻生活垃圾分类的负担。按照住建部的要求,2025年年底前,全国地级及以上城市都要基本建成"垃圾分类"处理系统。

(二) 创新创业项目之二: 智能楼道生活垃圾运输系统

智能楼道垃圾运输系统,可以每家或每单元楼层配备一个,安装可触摸液晶显示屏,采用人脸识别技术。扔垃圾之前,投送人刷脸认证,在液晶屏上选择要扔的垃圾类型,然后通道开启,垃圾扔进去,直接运输到楼下,分类到不同的垃圾筒中,由垃圾运输车定时收集。采用人脸识别的好处是可以防止乱扔垃圾,起到监督作用。如果系统能更智能一些,实现垃圾自动分类就更好了。

这个智能运输系统不仅能扔东西,还能收东西,比如中小件快递、外卖、订的书报、牛奶等都可以直接从楼外放入系统中再运送到家里,使用人脸识别验证投递人,加载安检模块确保物品安全。甚至以后寄快递,也可以直接通过这个系统在家发出,快递小哥定期在楼下揽收就好。

这是系统适合在新建小区推广,与物联网连接起来,前期投入会较多,解决资金问题一方面可以和政府合作,另一方面可以和各大电商平台、垃圾处理企业合作,居民也需要按月负担一部分。

(三) 创新创业项目之三: 生活垃圾分类机器人

生活垃圾分类虽然是好事,但短时间内不习惯、不适应、不方便的地方太多了。从前,外卖没吃完,把盒子封一封,直接扔掉。现在多了好几步,还不定做得对,做得好,弄不好还得在阿姨的监督下拆解垃圾。

鉴于这么崩溃的体验,渴望有智能机器人代替我们,通过深度学习帮我们完成生活垃圾分类并投送到垃圾分类收集点。其次,湿垃圾不适合放在家里太久,这个很适合互联网改造,机器人可以在楼道里穿行,自动收集用户放在门外的垃圾。

现阶段,生活垃圾分类识别存在一定的主观性,对很多人来说,最大的痛点就是分不清楚到底是干垃圾还是湿垃圾。所以,做个垃圾分类识别小程序,或者嵌入支付宝之类的工具型应用里是个不错的选择,通过简单的扫一扫,立即解决"这是什么垃圾"的疑惑。

从国外的经验看,在一段时间内,生活垃圾分类都将是人们日常生活中碰到的不大不小的烦琐事,会引起人们的持续关注。开发生活垃圾分类识别小程序。

他会像小程序或小游戏一样受到快速关注。基本不用怎么推广,自来水用户就可以,从流量和曝光逻辑讲是没问题的。

(四)创新创业项目之四:物业提供垃圾代分类服务

在没有强制推行生活垃圾分类之前,有不少环保人士平时就会对生活垃圾进行简单的分类:分成干、湿、厨余三类。但真正实行起来,生活垃圾分类的条目细化后对有些人的理解与实施是有一定难度的。

因此,有一种更实际的解决方式是,在小区物业费里面加上生活垃圾分类的服务条目。这样只需要下楼扔垃圾,物业可以帮助住户进行垃圾分类,每个月多收一些物业费,大多数人也是可以接受的。对物业服务人员来说,会增加新的工作量,包给专门的第三方服务公司,会更可行。

(五)创新创业项目之五:餐厨垃圾堆肥桶

现在很多生活垃圾回收的创业更多是在处理如何分类上,其实人没有那么懒,只要稍加培训,度过了适应期,就会熟练起来的。更多的应该是解决处理和利用问题,如有绿化用肥需求的一般单位和农村家庭的餐厨垃圾处理问题,餐厨垃圾堆肥桶就是一个不错的创意。

除将餐厨垃圾作为堆肥原料外,还可以通过生活垃圾分类倒逼我们的消费和制造行为,比如生产或者进口可降解卫生纸,或者利用可再生材料生产可降解餐具餐盒作为堆肥原料。

(六)创新创业项目之六:"分得清"生活垃圾分类服务公司

生活垃圾分类服务公司,主要是为企业提供服务。企业的员工数更多更集中,生活垃圾分类的难度会更大,政策对违规的企业罚款金额也比对个人罚款高很多,企业的付费意愿也会更强。

生活垃圾分类服务公司的最小运营单位为项目组,根据需要每组配备若干人员负责一个公司、一栋楼或者一个小区,连成点线面,搭建生活垃圾分类网络。前期,以人工分拣为主;后期,通过技术研发,用机器人代替人工进行分拣,实现真正的生活垃圾自动化分类。

(七)创新创业项目之七:大学宿舍智能分类垃圾筒(箱)

据了解,在生活垃圾强制分类的城市,为了方便生活垃圾分类,不少大学生宿舍准备了多个垃圾筒,但还是觉得不够用,而且占位子,有碍观瞻,不及时处理,还会散发异味。大学宿舍智能分类垃圾筒(箱),能有效地解决这个问题,应是很好的创新创业项目。

这款垃圾筒(箱)最核心的功能就是能同时放四个垃圾袋,然后在塑料袋上标清楚这是什么类型的垃圾,一个种类一种颜色和 logo,方便使用者区分,同时垃圾装满了能自动打包。

还可以设计一个高配版,搭载一块小屏幕,内置垃圾分类小百科,也可以语音询问垃圾的种类,方便更多的群体使用。

更高端的是当你把垃圾扔进去之后,它会把所有的垃圾进行自动归类,统一整理。这样的智能分类垃圾筒(箱),产品生产成本会比较高,而且技术难度也会比较大。但如果真的被生产出来,价格定得适当,相信不仅大学生喜爱,居民和小区都会十分欢迎。

第四节 外拒内治: 打赢攻坚之战

生活垃圾分类治理,既要有战略定力,又要有只争朝夕的精神,对外拒收"洋垃圾",对内加强生活垃圾分类治理,坚决打赢生活垃圾分类治理攻坚战。

一、强力实施垃圾拒止战略

拒"洋垃圾"于国门之外,是国家战略。跨境输入的"洋垃圾"是垃圾泛滥的源头之一,因此,必须对"洋垃圾"说不,堵住"洋垃圾"进口的渠道,扎紧"洋垃圾"进口的笼子。这是从源头进行生活垃圾分类治理的首要任务。残酷的现实是拒绝"洋垃圾"之后,中国和国外的垃圾之战变得难度加大,明面上,进口数量大幅减少了,暗地里可能是禁而不绝。这是一场长期的战争,截断外部的输入才刚刚开始,不能指望毕其功于一役。全国上下必须同仇敌忾,才能将"洋垃圾"堵截在国门之外。

二、践行垃圾分类新时尚

习近平总书记在考察上海时指出,"一流城市要有一流治理""垃圾分类工作就是新时尚"。

垃圾分类就是新时尚。打赢垃圾分类治理攻坚战的关键环节就是分类。严管就是厚爱,宽容就是祸害。垃圾看似小事,但小事不小,当下,小小垃圾已成绿色发展的路障,阻碍绿色发展的关键环节;生活垃圾分类,分则利国利民,混则害人害己。习总书记已发最强音,垃圾分类工作就是新时尚。向垃圾宣战,全国上下已有行动。

(一)时尚是一种追求

2018 年 11 月,习近平总书记在上海考察,来到虹口区一个市民驿站,看到几位年轻人正在交流社区推广垃圾分类的做法,他十分感兴趣。习近平强调"垃圾分类工作就是新时尚!"此后,"分类即时尚"的号召便传遍全国。细读这句话,会发现有很深刻的内涵。

"时尚"，在《现代汉语词典》里的释义是当时的风尚。毫无疑问，时尚一词关注两个方面，一是时间方面，当时或一段时间段内；二是风尚或崇尚领先。"时尚"一词已是这个世界的潮流代言词，英文为 fashion，几乎是经常挂在人们的嘴边，频繁出现在报刊媒体上，既是人们的一种追求，也是一种引领。

（二）时尚是一种健康的生活方式

所谓时尚，不是标新立异，不是逆反潮流，而是人们追求真善美的意识，是人们追求美好生活的一种集体性的自觉行为，也是一种健康的生活方式。

经济社会的迅猛发展，确实带来了很多便利，但也伴随了不少环境问题。与此同时，人们的环境保护意识也不断增强，开始慢慢认识到生活的美好，不单单是物质层面的消费，重要的还有生活环境的干净整洁。深受生活垃圾问题的困扰，人们开始思考如何更好地处理生活垃圾，减少对生活环境的污染，开始认识到垃圾并不应该和废品废物画等号，它其实是放错位置的资源。垃圾混置是垃圾，垃圾分类就是资源，慢慢成为一种主流的意识和思潮。实践中，政府也出台一系列规章制度，发布一系列宣传画册，引导公众把生活垃圾分类变成一件有趣的事，培养自己形成绿色、和谐、环保的生活方式，这本身就很"时尚"。

"实行垃圾分类，关系广大人民群众生活环境，关系节约使用资源，也是社会文明水平的一个重要体现。"习近平总书记将垃圾分类这件事儿看得很重。对于生态环境问题日益严重的原因，习近平同志早就有所关注和研究，2004 年在担任福建省省委书记时就明确的指出两者间的关联，"生态环境病是一种综合征，病源很复杂，有的来自不合理的经济结构，有的来自传统的生产方式，有的来自不良的生活习惯等"。

（三）推行垃圾分类，就是践行新时尚

党的十八大以来，不论是重要会议还是国内考察，习近平总书记经常问起生活垃圾分类进展情况，点赞一些地方生活垃圾分类做法，要求扎扎实实推进这项工作。

"普遍推行垃圾分类制度，关系 13 亿多人生活环境改善，关系垃圾能不能减量化、资源化、无害化处理。"总书记强调说。2016 年 12 月，习近平在中央财经领导小组第十四次会议上强调，要加快建立分类投放、分类收集、分类运输、分类处理的垃圾处理系统，形成以法治为基础、政府推动、全民参与、城乡统筹、因地制宜的生活垃圾分类制度，努力提高生活垃圾分类制度覆盖范围。

"推行垃圾分类，关键是要加强科学管理、形成长效机制、推动习惯养成。"2019 年 6 月 4 日，习近平对垃圾分类工作作出重要指示。他指出，要开展广泛的教育引导工作，让广大人民群众认识到实行生活垃圾分类的重要性和必要性，通过有效的督促引导，让更多人行动起来，培养生活垃圾分类的好习惯，全社会人人动手，一起来为改善生活环境作努力，一起来为绿色发展、可持续发展作贡献。

2019年6月5日是世界第48个世界环境日,习近平总书记强调要加强群众对生活垃圾分类意识的养成,强烈的生活垃圾分类意识就是一种"时尚"。

在习近平总书记的重视和推动下,我国生活垃圾分类处理工作取得积极进展,许多地方的面貌焕然一新。全国生活垃圾分类工作46个重点城市中,有41个城市已开展生活垃圾分类示范片区建设。按照工作部署,到2020年年底前,46个重点城市将基本建成生活垃圾分类处理系统,可回收物和易腐垃圾的回收利用率合计达到35%以上。

相信,在全国各地试点经验的不断总结和试点工作不断推进下,人们自觉培养生活垃圾分类意识,养成生活垃圾分类习惯,会逐渐成为践行绿色生活的一种方式、一种时尚。

三、夯实生活垃圾分类治理的民生工程

生活垃圾分类就是民生。生活垃圾分类治理是全民卫生运动,生活垃圾制造人人有份,生活垃圾分类人人有责,生活垃圾治理人人参与。我们有除四害、战非典、消灭血吸虫的成功经验。我们崇尚以民为本,为保民生,党和国家会有足够的底气、坚定的信心,在行动上落实"不忘初心,牢记使命"。

（一）生态环境天然地包含在民生之中

民生是一个动态范畴,不同时期内涵也不尽相同。在前工业文明时期,由于受认识水平和生产力发展水平等因素的限制,也由于当时相对良好的生态环境能基本满足人们的生存与发展需要,更是由于生活资料严重匮乏,人们无力关注生态环境的变化对人类特别是子孙后代将产生的影响。于是,物质民生成为首要的民生问题,甚至在一些人眼中,物质民生成为民生问题的代名词,生态环境问题被排除在民生范畴之外。或者说,良好的生态环境之于民众生存与发展的重要性潜藏在人们的无意识之中,处于一种内隐自发而非外显自觉的状态,但不能因此否定生态环境对于民生的重要性。

随着工业文明的兴起,世界范围内生产力的快速发展带来的是物质财富显著增长,以物质需求满足为主要内容的传统民生问题得到了较大改善,而不断枯竭的资源、日益破败的环境和逐步退化的生态系统正在影响甚至威胁人类的生存与发展。改革开放40年的快速发展使我国不断缩小与发达国家的差距,但长期的粗放式经营也使我们在某种程度上忽略了本该重视的生态环境成本。我们做大了经济总量,却同时也付出了生态环境日渐恶化的代价。绿水青山渐行渐远,黑水荒山步步紧逼,重度雾霾频现,波及范围不断扩大,与环境有关的群体性事件呈现突发、高发、频发态势,恶化的生态环境不断吞噬着物质生活丰富所带来的获得感与幸福感。正如习近平总书记所言:"改革开放以来,我国经济发展取得历史性成就,这是

值得我们自豪和骄傲的,也是世界上很多国家羡慕我们的地方。同时必须看到,我国也积累了大量生态环境问题,成为明显的短板,成为人民群众反映强烈的突出问题。比如,各类环境污染呈高发态势,成为'民生之患、民心之痛'。""老百姓过去'盼温饱',现在'盼环保';过去'求生存',现在'求生态'。"央视财经频道发布的《2006—2016 中国经济生活大调查》显示,民众所希望的"山青水绿的生态环境"(50.56%)超过"衣食无忧的富裕生活"(47.20%),在"全面小康社会最期待的图景"中位居第二位。显然,生态环境已成为当前民众最关心的问题之一,曾经内隐的生态环境需求逐步外在化、显性化。

"生态环境没有替代品,用之不觉,失之难存。"绿水青山、蓝天白云、新鲜空气、和风暖阳只能在尊重自然的前提下才能获得自然的馈赠。在经历了用之无忧的"畅快"和失之难存的"痛楚"之后,我们终于逐步意识到良好的生态环境是最宝贵的财富和最重要的民生需求之一,这是阵痛之后的些许觉醒。但我们不能简单地认为,生态需求的这种内隐向外显的转化就是生态民生建设由自发向自觉的演进,生态理念的内化和民生需求的满足需要一个历练过程。

由此可见,环境问题就是民生问题,生态环境的好坏直接关系到人们生产生活的水平和质量。

(二)良好生态环境是最普惠的民生福祉

民生问题大于天。关注民生,解决民忧,让人民获得幸福感,是当前党和政府的一项重要工作。党的十八大以来,以习近平同志为核心的党中央始终怀揣着为中国人民谋幸福的初心,以人民对美好生活的向往为奋斗目标,砥砺奋进,开展各项工作。

2012 年 11 月 15 日,刚刚当选为中共中央总书记的习近平在会见中外记者时就坚定地承诺:"我们的人民热爱生活,期盼有更好的教育、更稳定的工作、更满意的收入、更可靠的社会保障、更高水平的医疗卫生服务、更舒适的居住条件、更优美的环境,期盼孩子们能成长得更好、工作得更好、生活得更好。人民对美好生活的向往,就是我们的奋斗目标。""更优美的环境"这一民生建设新愿景,与其他 9 个方面共同成为当下我国民生建设新目标。不仅如此,习近平总书记还强调:"良好生态环境是最公平的公共产品,是最普惠的民生福祉""建设生态文明,关系人民福祉,关乎民族未来"。"以对人民群众、对子孙后代高度负责的态度和责任,真正下决心把环境污染治理好、把生态环境建设好,努力走向社会主义生态文明新时代,为人民创造良好生产生活环境。"

西方发达国家在近代以来经济发展迅速,因此我国在经济社会发展初期,不可避免地会受到西方发展道路和发展方式的影响,追随工业文明发展步伐,最终导致在资源、环境、生态上的严重破坏,出现了环境污染日益加剧的现象。但是,我国经济社会发展到当前阶段,也慢慢认识到西方式的工业文明发展道路是不可持续的。因为这种发展方式虽然经济发展会比较快,但是环境问题也会比较严重,大到地区之间和代际之间的生态环境公正问题,小到人们的吃穿住用行,甚至是用以维持自然肌体的空气、水源和食物都产生了污染,威胁到人民群众的生存。

良好生态环境是"最公平"的公共产品和"最普惠"的民生福祉。正是基于这样的初心,2016年5月,在省部级主要领导干部学习贯彻党的十八届五中全会精神专题研讨班的讲话上,习近平总书记首次正式提出了"环境就是民生,青山就是美丽,蓝天也是幸福"的重要论断。"青山就是美丽,蓝天也是幸福",传达的是老百姓对良好生态环境强烈的诉求,习近平总书记从人民群众最关心的民生问题出发,提出"环境就是民生"的基本观点,表明了生态环境的重要性。

(三)生态环境保护功在当代、利在千秋

一切工作以人民生活福祉为根本,是中国共产党自成立以来一直践行的宗旨。这就要求要把人民答应不答应、满意不满意、高兴不高兴作为检验工作的标准,维护好最广大人民群众的根本利益。当前我们经济社会发展到了一定阶段,人们物质生活得到了一定满足,开始对良好生活环境越来越渴求,对清新的空气、干净的水源以及青山蓝天越来越期盼,这是人民群众当前的福祉和利益所在。

其实,我们的先人们早就认识到了生态环境的重要性。孔子说:"子钓而不纲,弋不射宿。"意思是不用大网打鱼,不射夜宿之鸟。荀子说:"草木荣华滋硕之时则斧斤不入山林,不夭其生,不绝其长也;鼋鼍、鱼鳖、鳅鳣孕别之时,罔罟、毒药不入泽,不夭其生,不绝其长也。"《吕氏春秋》中说:"竭泽而渔,岂不获得?而明年无鱼。焚薮而田,岂不获得?而明年无兽。"这些关于对自然要取之以时、取之有度的思想,有十分重要的现实意义。

2013年5月24日,在十八届中央政治局第六次集体学习时习近平总书记再次强调:"生态环境保护是功在当代、利在千秋的事业。在这个问题上,我们没有别的选择。全党同志都要清醒认识保护生态环境、治理环境污染的紧迫性和艰巨性,清醒认识加强生态文明建设的重要性和必要性,真正下决心把环境污染治理好、把生态环境建设好,为人民创造良好生产生活环境。"

因此,我们不但要保护好今天的山清水秀,也要为后代子孙留下绿水蓝天;不但要把环境和民生问题摆在重要位置,而且要以高度负责的态度、决心和切实的行动去治理生态环境,"努力走向社会主义生态文明新时代,为人民创造良好生产生活环境"。

四、创设生活垃圾分类治理的中国特色

党的十九届四中全会聚焦于国家治理体系和治理能力现代化建设,系统地

总结了"中国之治"的13项制度原则。生活垃圾分类治理是推进国家治理体系和治理能力现代化的重要组成部分,既要守护这些制度原则,也要推进改革创新,着力固根基、扬优势、补短板、强弱项,构建系统完备、科学规范、运行有效的制度体系。

（一）发挥制度优势,凝聚各方力量

上海强制推行生活垃圾分类的成效表明,再次展现了中国速度、中国能力、中国奇迹,彰显了万众一心的中国力量,也再次呈现了我们集中力量办大事的社会主义制度优势。

制度优势是一个国家的最大优势,也是实现生活垃圾分类治理目标的最可靠保证。习近平总书记深刻指出,在中国共产党的坚强领导下,充分发挥中国特色社会主义制度优势,紧紧依靠人民群众,坚定信心、同舟共济、科学防治、精准施策,我们完全有信心、有能力打赢这场生活垃圾分类治理攻坚战。关键时刻,把我们的制度优势进一步发挥出来,转化为生活垃圾分类治理的强大效能,对取得生活垃圾分类治理的胜利至关重要。

发挥制度优势,践行为人民服务的根本宗旨。聚焦全民的共同目标,谋求中华民族伟大复兴,中国人民共同富裕;带领容纳民族精英的执政团队,凝聚众望所归的核心力量,坚定地走绿色发展之路,具有超强的凝聚力;激发出惊人的能量,展现中华民族的智慧;发扬党的优良传统,弘扬突破创新精神,追寻治国理政的现代化体系和能力。

发挥制度优势,关键要坚持党的集中统一领导。党中央科学决策、各级政府的主动作为靠前指挥,市场主体的协调配合,广大党员干部的主动作为、带头示范。可以说,没有以习近平同志为核心的党中央的坚强领导,没有各级党组织力量的发挥,实现生活垃圾分类治理这样的社会治理能力和水平是没法想象的。

发挥制度优势,还要紧紧依靠人民群众、发动人民群众。"伟大出自平凡,英雄来自人民。"在各地生活垃圾分类治理联防联控工作中,广大人民群众积极响应号召,主动作为……只有广泛动员群众、组织群众、凝聚群众,网格化管理,地毯式排查,才能全民动员,织密生活垃圾分类治理的大网,筑牢生活垃圾分类联防联控的基石。

当前,我国生活垃圾分类刚刚进入新一轮的全面治理之中,需要令行禁止、争分夺秒、雷厉风行、科学高效。我们坚信,在以习近平同志为核心的党中央坚强领导下,有中国特色社会主义制度优势的充分发挥,有亿万人民的齐心协力,任何艰难困苦都阻挡不了中国人民在生活垃圾分类治理上的坚实步伐。

（二）遵循共建共治共享原则,建设生活垃圾分类治理体系现代化

生活垃圾分类治理涉及政治、经济、文化、社会、生态文明等多个领域、多个维度的制度安排。生活垃圾分类治理是社会治理的重要组成部分,生活垃圾分

类治理能力和水平是社会治理能力的重要体现。习近平总书记指出："社会治理是一门科学，管得太死，一潭死水不行；管得太松，波涛汹涌也不行。要讲究辩证法，处理好活力和秩序的关系。"

推进生活垃圾分类治理现代化，需要坚持以解决实际问题为导向，遵循共建共治共享原则，善于自我改革、自我超越，大力发展合作治理、共同治理机制，积极探索自主治理机制，使生活垃圾分类治理体制机制充满生机活力。首先，在党政关系和政府主导方面，要进一步完善党委领导、政府负责的制度安排，优化跨部门议事协调机制，确保生活垃圾分类治理的方针政策和各项决策部署贯彻落实到位。其次，在政府与社会关系方面，要进一步完善政府主导、社会协同、市场运作、公众参与的制度安排，注重发挥社会力量的作用，提高社会治理的社会化、民主化、协同化水平。第三，在治理手段和方式上，要善于运用法治、自治、德治、和技治手段，完善生活垃圾分类治理机制，完善生活垃圾分类治理体系。安徽省铜陵市根据当地社会治理面临的现实矛盾，政府提供政策支持、经费补助，积极引进生活垃圾分类处理企业，形成生活垃圾分类治理的全过程、全链条、全生命周期的技术技能保障体系，成为支撑全市生活垃圾分类治理的骨干力量，为守护生态环境发挥了重要作用。

推进生活垃圾分类治理现代化，需要坚持顶层设计型改革和问题倒逼型改革相结合，既要总结社会治理发展规律，通过自上而下的途径推进制度建设，也要总结全国各地在生活垃圾分类治理实践中积累的成功经验，及时将可复制的地方经验纳入国家政策体系中。国家提出加强生活垃圾分类治理后，全国各地积极行动起来，积累了丰富的生活垃圾分类治理创新实践案例。例如，率先在全国实行生活垃圾强制分类的上海市积累了丰富的经验，尤其是基层的创新实践需要归纳、总结，值得大力推广和借鉴。针对基层生活垃圾分类治理面临的各种各样的难题，上海市黄浦区南京东路街道办事处推进社会治理综合施策与生活垃圾分类治理精准施策相统一，推行"分区施策、分类治理"和"暖心关怀、贴心服务"相结合，取得了很好效果，既得到上级领导的肯定，又得到公众和当地居民的认同。总结各地推进生活垃圾分类治理创新的典型经验，有利于增进相互间学习交流，促进成功经验的推广和运用。

推进生活垃圾分类治理需要坚持和完善党的领导制度，坚持人民当家作主，充分发展协商民主，构建充满活力的社会治理共同体，形成基层社会治理新格局。基层政府及其派出机构拥有的资源有限，社会治理需要调动多元社会主体及其掌握的资源，建设人人有责、人人尽责、人人享有的社会治理共同体，确保人民安居乐业、社会安定有序。

推进社会治理制度建设，需要坚持问题导向，把专项治理与系统治理、综合治理、源头治理结合起来。坚持和完善共建共治共享的社会治理制度，保持社会稳定、维护国家安全。社会治理是国家治理的重要方面。必须加强和创新社会治理,完善党委领导、政府负责、民主协商、社会协同、公众参与、法治保障、科技支撑的社会治理体系。江苏省常熟市支塘镇蒋巷村开展自治、法治、德治、技治"四治合一"建设,这是新时代的"枫桥经验"。

(三)落实"三严三实"要求,建设生活垃圾分类治理能力现代化

分类、减量、提质为我们打赢生活垃圾分类治理攻坚战明确了主攻方向。治理关键在于减量,减量关键在于节约和利用,节约要从源头抓起。当下,制约节约的除观念因素外,一是铺张浪费;二是快递、快餐和过度包装。利用的关键在两个环节,一是使用者自身的循环重复使用;二是通过回收环节他人再度使用或综合利用。提高生活垃圾分类的质量,最终在于提高生活垃圾填埋的质量和生活垃圾焚烧的质量,因为生活垃圾的处理,既不能一埋了之,也不能一烧了之。做好生活垃圾精准分类,才能让生活垃圾埋得安心,烧得放心,用得称心。

提倡生活垃圾分类为我们打赢生活垃圾分类治理攻坚战进行了有益的探索。十九年的实践和两次较大规模的试点,让我们推进生活垃圾强制分类有了广泛的民意基础;制度建设成效得以检验,成功的经验可以坚持,失败的教训可以吸取,让我们进行生活垃圾强制分类在制度建设上有了完善的制度基础;薄弱环节得以充分暴露,让我们进行生活垃圾强制分类在技术环节上有了改造的技术基础。

强制生活垃圾分类为我们打赢生活垃圾分类治理攻坚战树立了必胜的信心。《国务院办公厅关于转发的国家发展改革委 住房城乡建设部生活垃圾分类制度实施方案的通知》,明确了坚强的领导核心和正确的战略指导;各地的积极响应,上海的先行先试,把打赢生活垃圾分类治理攻坚战落在实处;政府主导,市场运作,全民参与、技术支撑的治理机制,在政策端发令,回收端发力,利用端发财,技术端发明,服务端发展,为打赢生活垃圾分类治理攻坚战提供了可靠的制度保障和技术路径。

生活垃圾分类治理工作需要自上而下的推行,自下而上的落实。战略上要藐视它,通过深入细致的工作,全员主动地参与,全程严密的管控,我们定会取得生活垃圾分类的决定性胜利;战术上要重视它,生活垃圾无时不在,生活垃圾无处不在、生活垃圾无人不沾(涉),涉及的链条长,环节多,人员广,必须以"三严三实"的精神和要求,落实、落细、落好。

"世界上怕就怕认真二字,共产党就是最讲认真"。我们完全有理由相信,坚持四个自信,实事求是,我们的组织和个人都认认真真地履行工作职责,完成工作任务,充分发挥体制机制优势,一定能打好生活垃圾分类治理攻坚战,建立起生活垃圾分类治理制度和治理能力现代化,形成生活垃圾分类治理的中国特色。

复习思考题

1. 人们质疑生活垃圾分类的原因是什么？结合实际谈谈你对生活垃圾分类的认识。

2. 生活垃圾分类效果不佳的原因有哪些？做好生活垃圾分类，应采取哪些措施？

3. 在生活垃圾分类中，如何做到知行合一？

4. 如何理解"垃圾分类非小事"？为什么说环境即是民生？

5. 习近平总书记强调"垃圾分类工作就是新时尚"，谈谈你对这句话的认识。

6. 结合生活垃圾分类，尝试提出一个创新创业项目构想。

7. 针对生活垃圾分类，你认为还需在哪些方面取得突破？

8. 为打赢生活垃圾分类治理攻坚战，我国应采取哪些措施？

案例精选

案例 1　用事实说话，生活垃圾分类真的不是笑话

生活垃圾分类的坚定支持者认为，不作分类的垃圾填埋，是无安全保障的填埋；不作分类的生活垃圾焚烧，是无安全保障的焚烧。

网友陆家嘴金融俱乐部的孙先生是生活垃圾分类坚定的支持者。他通过对生活垃圾分类只是一个笑话的主要观点进行一一回应，指出生活垃圾分类还真的不是一个笑话。

生活垃圾居民分类后是否真分类处置，眼见为实

生态环境部已经关注到这个问题了。2019 年 3 月 8 日，生态环境部、住房和城乡建设部公布第二批全国环保设施和城市污水垃圾处理设施向公众开放单位名单，共有 159 家环境监测设施、162 家城市污水处理设施、116 家城市生活垃圾处理设施及 74 家危险废物和废弃电器电子产品处理设施单位向公众开放。

2017 年年底，第一批已经公布的 124 家环保设施一年中已经接待公众超过27 万人次。

生活垃圾"先分后混"现象严重，正在改善，真的有用

《解放日报》报道，截至 2018 年 11 月底，上海已规范配置湿垃圾收运车 650辆、干垃圾收运车 3 000 辆、有害垃圾收运车 15 辆。湿垃圾车多了 200 辆，有害垃圾车多了 15 辆。

《澎湃新闻》报道,到 2019 年年底前上海将配备 960 多辆湿垃圾运输车辆,4 000 多辆的干垃圾运输车辆,还有 17 辆有害垃圾运输车辆。这意味着又要新增 300 多辆湿垃圾车、1 000 辆干垃圾车。

生活垃圾分类后处置各种垃圾的能力不足,缺口将补

2017 年 4 月,中央第二环境保护督察组向上海市反馈督察情况提出,"上海市截至督察时实际处理能力仅为 2.4 万吨/日,缺口较大"。

"经过近年来的不断努力,上海湿垃圾和干垃圾的日处置能力已基本能够匹配源头每天的产量。"根据计划,上海 2018 年新、扩建 5 座湿垃圾处理设施,另有 3 座设施 2019 年上半年开工建设;此外,上海还计划建设 1 座设计能力 5 000 吨/日的综合填埋场,以满足生活垃圾处理后各类无法利用残渣的处理需求。

四分法太麻烦,投放时间不合理,体验差

上海投放生活垃圾定时定点,早 6:30 到 8:30、晚 18:30 到 20:30,还有志愿者在旁边热心指导;四分法,操作起来就是干湿两分法(有害垃圾很少,可回收可积攒后投)。

对比国外,有条件的地方还是填埋好,先分后填,处理后再填埋。

案例 2 "拾尚包":居家"断舍离",回收新时尚

淮海中路街道在推进生活垃圾分类的过程中,为推进源头减量和资源回收再利用,也在不断创新技术。一个 60 厘米左右、贴有专属二维码的无纺布制"拾尚包",正走向淮海中路沿线的众多商务楼宇以及街道社区。

一个"拾尚包"可将塑料、金属、废纸、织物、玻璃、电子废弃物等各种可回收物都纳入其中,积满一袋即可线上下单预约,由回收员上门回收,"拾尚包"内的混合废弃物以每千克 0.5 元的价格与用户结算。每一次下单,"拾尚包"的主人,不但完成了居家"断舍离",也参与了回收新时尚。

在淮海中路街道,依托互联网优势,创新推广的"拾尚包"业务,一来缓解了老旧社区回收场地紧张的问题,弥补了区域局限;二来可以满足年轻人和老年人的回收需求。用环保思维解决环境问题,助力生活垃圾分类工作的深入开展。

案例 3 生活垃圾分类就是一种生活行为习惯

生活垃圾分类之于人类就是一种生活行为习惯。例如大小便需要到厕所里,大小便入池入桶(冲水马桶),手纸入篓;过马路要看红绿灯,走人行横道;吐痰不能随地,要用卫生纸接住、包好,扔进不可回收垃圾筒;进门需要换鞋,不能把家里弄的到处是鞋印、尘土。这些大都已经成为行为习惯,很少有人做不到;而生活垃圾分类提倡了 20 年,但效果不好,现在只能将规范要求变成强制执行了。

开放式讨论

1. 上海市推进生活垃圾分类工作以来，各个街道、小区总体趋势向好，体系日益完善，居民的守法意识、参与意识、自觉意识不断增强，但现实工作中还面临两方面挑战：一是全民自觉分类意识的培养还需要持之以恒；二是老旧住宅小区现有的居住环境对生活垃圾分类工作带来诸多制约，一小区一方案的"定制"是非常必要的。组织讨论如何在更大的范围进行生活垃圾分类要求推广运用，加强引导，因地制宜，综合统筹，多措并举，把生活垃圾分类工作做细做实，持之以恒抓下去，推动生活垃圾分类工作上新的台阶，让居民从中拥有更多获得感和幸福感。

2. 了解新加坡是怎样用生活垃圾填埋造岛的。新加坡造岛是用垃圾焚烧后的废渣，不是直接用垃圾填埋造岛。而要进行生活垃圾焚烧，最好是先经过生活垃圾分类。组织讨论如何实现用生活垃圾填埋造岛。

3. 通过生活垃圾分类管理，可以最大限度地实现垃圾资源利用，减少垃圾处置量，改善生存环境质量。这已经是一个共识，但要做起来，真正落到实处，还有不少困难和问题，组织讨论生活垃圾分类中"知行不一"的矛盾如何解决？

4. 生活垃圾分类关系广大人民群众生活环境，关系节约使用资源，也是社会文明水平的一个重要体现。分组讨论现阶段如何让生活垃圾分类成为中国的新名片，创设生活垃圾分类治理的中国特色，为世界贡献生活垃圾分类治理的中国智慧。

延 伸 阅 读

第一部分　上海市生活垃圾分类

一、分类标准

上海市生活垃圾分类标识如下：

上海市生活垃圾实行"四分类"标准：有害垃圾、可回收物、湿垃圾、干垃圾。

（1）有害垃圾：是指对人体健康或者自然环境造成直接或者潜在危害的零星废弃物，单位集中产生的除外。主要包括废电池、废灯管、废药品、废油漆桶等。

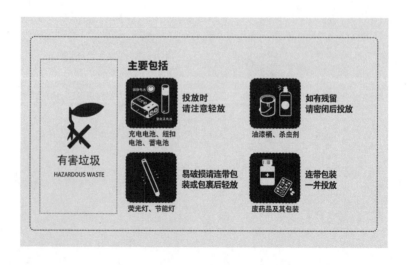

（2）可回收物：是指适宜回收和可循环再利用的废弃物。主要包括废玻璃、废金属、废塑料、废纸张、废织物等。

（3）湿垃圾：是指易腐的生物质废弃物。主要包括剩菜剩饭、瓜皮果核、花卉绿植、肉类碎骨、过期食品、餐厨垃圾等。

（4）干垃圾：是指除有害垃圾、湿垃圾、可回收物以外的其他生活废弃物。

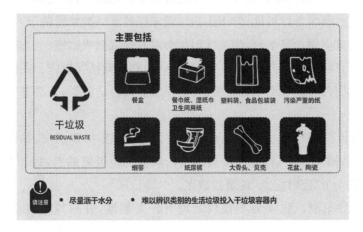

二、分类收运要求

分类后的各类生活垃圾,必须实行分类收运。

有害垃圾清运车　　可回收物清运车　　湿垃圾清运车　　干垃圾清运车

(1) 有害垃圾。

- 居住小区产生的有害垃圾,可采用预约收运或定期收运方式,由环卫收运企业采用专用车辆进行分类收运;
- 单位产生的有害垃圾应当交由本市环保部门规定的收运企业进行回收。

(2) 可回收物。可采用预约或定期协议方式,由经本市商务部门备案的再生资源回收企业或环卫收运企业收运。(注:采取定期收运的,每半个月至少清运一次。)

(3) 湿垃圾。环卫收运企业采用密闭专用车辆收运,日产日清。

(4) 干垃圾。环卫收运企业采用专用车辆收运,合理确定收运频率。

三、上海经验总结:各环节精细化运营推进

(一) 前端分类:各环节细化,配套法规全面推进

上海市在 2018 年全面实行四分类投放和"一严禁、两分类、一鼓励"垃圾分类全覆盖的基础上,2019 年在前端方面继续完善垃圾分类基础设施,70% 以上居住区实现分类实效达标,并在各小区实行垃圾分类"定时定点"投放要求,集中放置垃圾筒到指定点位,设有固定垃圾投放时间。

2019 年 7 月 1 日实行的《上海市生活垃圾管理条例》将垃圾不分类定义为违法行为,对于生活垃圾未按要求分类处置的单位,最高可以处 50 万元罚款,严重的可吊销经营服务许可证;对于生活垃圾未按要求分类处置的个人,其违法信息将记入公共信用信息平台,相关部门也会对其采取惩戒措施。

上海市在前端分类方面 2019 年更进一步,并明确惩罚措施。在四分类投放基础上继续完善垃圾分类基础设施,在居民端直接科学分类,末端进行垃圾分类处理。

(1) 垃圾投放方式。定时定点,集中放置垃圾筒到指定点位,并设有固定垃圾投放时间;撤筒并点,将社区楼道内或门洞前的垃圾筒撤走,每 300 户至 500 户居民设置一个"定时定点"垃圾投放点。

(2) 督导机制。建立分类投放管理责任人制度,并对垃圾投放行为进行

指导。

（3）推广单位。以镇或街道为单位推广，从源头70%以上居住区实效达标；以小区为单位设筒，实效达标到50%。

（4）法律惩罚。对未分类就进行投放的行为，城管部门先责令改正，拒不改正的，对个人处以50～200元罚款；对单位处以最高50万元罚款。截至2019年8月1日，上海强制垃圾分类一个月，依法查处各类生活垃圾分类案件872起（单位798起、个人74起）。

（二）中端收转：硬件到软件全面升级

全程分类运输，信息平台助力。在配置分类运输装备和收运系统方面，逐步增加垃圾专用车数量，对干、湿生活垃圾清运车辆的标识进行进一步规范，并落实再生资源回收"点、站、场"布局。在监督手段方面，上线上海市垃圾全程分类信息平台，通过平台在清运车以及垃圾中转中心安装的摄像头和人工智能技术，在线识别垃圾分类质量、收运环节的合规性。

（1）垃圾清运车和集装箱。逐步增加垃圾专用车数量至780辆，垃圾专用车现有640辆。增加中转码头湿垃圾专用集装箱数量至90只，2020年达到180只，拥有湿垃圾专用集装箱45只。

（2）收运系统。落实再生资源"点、站、场"布局，建成5 000个回收网点，170座中转站，全市已建成2 000个回收网点，109座中转站和10个集散场。

（3）监督机制。全面启用垃圾全程分类信息平台，实现清运处置状态跟踪、生活垃圾全程追踪溯源和垃圾品质在线识别。严格行业监督，落实"不分类、不处置"，鼓励社会监督。

（三）后端处置：重点强化湿垃圾处置和再生资源回收力度

后端垃圾处置能力稳步提升，基本匹配中前端产生量。根据"十三五"规划，生活垃圾处置设施，已有12座实现开工目标，其中湿垃圾项目6个、焚烧项目5个、残渣（应急）填埋场1个，剩余4座尚未开工。为实现《上海市生活垃圾管理条例》的既定目标，调升了湿垃圾的处理能力规划至6 300吨/日，并将区级湿垃圾设施建设成效列入属地行政考核体系；同时提升可回收物资源化回收利用量，从2018年的660吨/日提升至2020年的1 100吨/日，并整体实现干垃圾末端处置量缩减15.4%。

第二部分　生活垃圾分类制度实施方案

国家发展改革委　住房城乡建设部

随着经济社会发展和物质消费水平大幅提高，我国生活垃圾产生量迅速增长，环境隐患日益突出，已经成为新型城镇化发展的制约因素。遵循减量化、资源化、无害化的原则,实施生活垃圾分类,可以有效改善城乡环境,促进资源回收利用,加快"两型社会"建设,提高新型城镇化质量和生态文明建设水平。为切实推动生活垃圾分类,根据党中央、国务院有关工作部署,特制定以下方案。

一、总体要求

(一) 指导思想

全面贯彻党的十八大和十八届三中、四中、五中、六中全会精神,深入贯彻习近平总书记系列重要讲话精神和治国理政新理念新思想新战略,统筹推进"五位一体"总体布局和协调推进"四个全面"战略布局,牢固树立和贯彻落实创新、协调、绿色、开放、共享的发展理念,加快建立分类投放、分类收集、分类运输、分类处理的垃圾处理系统,形成以法治为基础、政府推动、全民参与、城乡统筹、因地制宜的垃圾分类制度,努力提高垃圾分类制度覆盖范围,将生活垃圾分类作为推进绿色发展的重要举措,不断完善城市管理和服务,创造优良的人居环境。

(二) 基本原则

政府推动,全民参与。落实城市人民政府主体责任,强化公共机构和企业示范带头作用,引导居民逐步养成主动分类的习惯,形成全社会共同参与垃圾分类的良好氛围。

因地制宜,循序渐进。综合考虑各地气候特征、发展水平、生活习惯、垃圾成分等方面实际情况,合理确定实施路径,有序推进生活垃圾分类。

完善机制,创新发展。充分发挥市场作用,形成有效的激励约束机制。完善相关法律法规标准,加强技术创新,利用信息化手段提高垃圾分类效率。

协同推进,有效衔接。加强垃圾分类收集、运输、资源化利用和终端处置等环节的衔接,形成统一完整、能力适应、协同高效的全过程运行系统。

(三) 主要目标

到 2020 年年底,基本建立垃圾分类相关法律法规和标准体系,形成可复制、可推广的生活垃圾分类模式,在实施生活垃圾强制分类的城市,生活垃圾回收利用率达到 35％以上。

二、部分范围内先行实施生活垃圾强制分类

(一) 实施区域

2020 年年底前,在以下重点城市的城区范围内先行实施生活垃圾强制分类。

(1) 直辖市、省会城市和计划单列市。

(2) 住房城乡建设部等部门确定的第一批生活垃圾分类示范城市,包括:河北省邯郸市、江苏省苏州市、安徽省铜陵市、江西省宜春市、山东省泰安市、湖北省宜昌市、四川省广元市、四川省德阳市、西藏自治区日喀则市、陕西省咸阳市。

（3）鼓励各省（区）结合实际，选择本地区具备条件的城市实施生活垃圾强制分类，国家生态文明试验区、各地新城新区应率先实施生活垃圾强制分类。

（二）主体范围

上述区域内的以下主体，负责对其产生的生活垃圾进行分类。

（1）公共机构。包括党政机关，学校、科研、文化、出版、广播电视等事业单位，协会、学会、联合会等社团组织，车站、机场、码头、体育场馆、演出场馆等公共场所管理单位。

（2）相关企业。包括宾馆、饭店、购物中心、超市、专业市场、农贸市场、农产品批发市场、商铺、商用写字楼等。

（三）强制分类要求

实施生活垃圾强制分类的城市要结合本地实际，于2017年年底前制定出台办法，细化垃圾分类类别、品种、投放、收运、处置等方面要求；其中，必须将有害垃圾作为强制分类的类别之一，同时参照生活垃圾分类及其评价标准，再选择确定易腐垃圾、可回收物等强制分类的类别。未纳入分类的垃圾按现行办法处理。

1. 有害垃圾

（1）主要品种。包括：废电池（镉镍电池、氧化汞电池、铅蓄电池等），废荧光灯管（日光灯管、节能灯等），废温度计，废血压计，废药品及其包装物，废油漆、溶剂及其包装物，废杀虫剂、消毒剂及其包装物，废胶片及废相纸等。

（2）投放暂存。按照便利、快捷、安全原则，设立专门场所或容器，对不同品种的有害垃圾进行分类投放、收集、暂存，并在醒目位置设置有害垃圾标志。对列入《国家危险废物名录》（环境保护部令第39号）的品种，应按要求设置临时储存场所。

（3）收运处置。根据有害垃圾的品种和产生数量，合理确定或约定收运频率。危险废物运输、处置应符合国家有关规定。鼓励骨干环保企业全过程统筹实施垃圾分类、收集、运输和处置；尚无终端处置设施的城市，应尽快建设完善。

2. 易腐垃圾

（1）主要品种。包括：相关单位食堂、宾馆、饭店等产生的餐厨垃圾，农贸市场、农产品批发市场产生的蔬菜瓜果垃圾、腐肉、肉碎骨、蛋壳、畜禽产品内脏等。

（2）投放暂存。设置专门容器单独投放，除农贸市场、农产品批发市场可设置敞开式容器外，其他场所原则上应采用密闭容器存放。餐厨垃圾可由专人清理，避免混入废餐具、塑料、饮料瓶罐、废纸等不利于后续处理的杂质，并做到"日产日清"。按规定建立台账制度（农贸市场、农产品批发市场除外），记录易腐垃圾的种类、数量、去向等。

（3）收运处置。易腐垃圾应采用密闭专用车辆运送至专业单位处理，运输过程中应加强对泄露、遗撒和臭气的控制。相关部门要加强对餐厨垃圾运输、处理的监控。

3. 可回收物

(1) 主要品种。包括：废纸，废塑料，废金属，废包装物，废旧纺织物，废弃电器电子产品，废玻璃，废纸塑铝复合包装等。

(2) 投放暂存。根据可回收物的产生数量，设置容器或临时存储空间，实现单独分类、定点投放，必要时可设专人分拣打包。

(3) 收运处置。可回收物产生主体可自行运送，也可联系再生资源回收利用企业上门收集，进行资源化处理。

三、引导居民自觉开展生活垃圾分类

城市人民政府可结合实际制定居民生活垃圾分类指南，引导居民自觉、科学地开展生活垃圾分类。前述对有关单位和企业实施生活垃圾强制分类的城市，应选择不同类型的社区开展居民生活垃圾强制分类示范试点，并根据试点情况完善地方性法规，逐步扩大生活垃圾强制分类的实施范围。本方案发布前已制定地方性法规、对居民生活垃圾分类提出强制要求的，从其规定。

(一) 单独投放有害垃圾

居民社区应通过设立宣传栏、垃圾分类督导员等方式，引导居民单独投放有害垃圾。针对家庭源有害垃圾数量少、投放频次低等特点，可在社区设立固定回收点或设置专门容器分类收集、独立储存有害垃圾，由居民自行定时投放，社区居委会、物业公司等负责管理，并委托专业单位定时集中收运。

(二) 分类投放其他生活垃圾

根据本地实际情况，采取灵活多样、简便易行的分类方法。引导居民将"湿垃圾"(滤出水分后的厨余垃圾)与"干垃圾"分类收集、分类投放。有条件的地方可在居民社区设置专门设施对"湿垃圾"就地处理，或由环卫部门、专业企业采用专用车辆运至餐厨垃圾处理场所，做到"日产日清"。鼓励居民和社区对"干垃圾"深入分类，将可回收物交由再生资源回收利用企业收运和处置。有条件的地区可探索采取定时定点分类收运方式，引导居民将分类后的垃圾直接投入收运车辆，逐步减少固定垃圾筒。

四、加强生活垃圾分类配套体系建设

(一) 建立与分类品种相配套的收运体系

完善垃圾分类相关标志，配备标志清晰的分类收集容器。改造城区内的垃圾房、转运站、压缩站等，适应和满足生活垃圾分类要求。更新老旧垃圾运输车辆，配备满足垃圾分类清运需求、密封性好、标志明显、节能环保的专用收运车辆。鼓励采用"车载桶装"等收运方式，避免垃圾分类投放后重新混合收运。建立符合环保要求、与分类需求相匹配的有害垃圾收运系统。

（二）建立与再生资源利用相协调的回收体系

健全再生资源回收利用网络，合理布局布点，提高建设标准，清理取缔违法占道、私搭乱建、不符合环境卫生要求的违规站点。推进垃圾收运系统与再生资源回收利用系统的衔接，建设兼具垃圾分类与再生资源回收功能的交投点和中转站。鼓励在公共机构、社区、企业等场所设置专门的分类回收设施。建立再生资源回收利用信息化平台，提供回收种类、交易价格、回收方式等信息。

（三）完善与垃圾分类相衔接的终端处理设施

加快危险废物处理设施建设，建立健全非工业源有害垃圾收运处理系统，确保分类后的有害垃圾得到安全处置。鼓励利用易腐垃圾生产工业油脂、生物柴油、饲料添加剂、土壤调理剂、沼气等，或与秸秆、粪便、污泥等联合处置。已开展餐厨垃圾处理试点的城市，要在稳定运营的基础上推动区域全覆盖。尚未建成餐厨（厨余）垃圾处理设施的城市，可暂不要求居民对厨余"湿垃圾"单独分类。严厉打击和防范"地沟油"生产流通。严禁将城镇生活垃圾直接用作肥料。加快培育大型龙头企业，推动再生资源规范化、专业化、清洁化处理和高值化利用。鼓励回收利用企业将再生资源送钢铁、有色、造纸、塑料加工等企业实现安全、环保利用。

（四）探索建立垃圾协同处置利用基地

统筹规划建设生活垃圾终端处理利用设施，积极探索建立集垃圾焚烧、餐厨垃圾资源化利用、再生资源回收利用、垃圾填埋、有害垃圾处置于一体的生活垃圾协同处置利用基地，安全化、清洁化、集约化、高效化配置相关设施，促进基地内各类基础设施共建共享，实现垃圾分类处理、资源利用、废物处置的无缝高效衔接，提高土地资源节约集约利用水平，缓解生态环境压力，降低"邻避"效应和社会稳定风险。

五、强化组织领导和工作保障

（一）加强组织领导

省级人民政府、国务院有关部门要加强对生活垃圾分类工作的指导，在生态文明先行示范区、卫生城市、环境保护模范城市、园林城市和全域旅游示范区等创建活动中，逐步将垃圾分类实施情况列为考核指标；因地制宜探索农村生活垃圾分类模式。实施生活垃圾强制分类的城市人民政府要切实承担主体责任，建立协调机制，研究解决重大问题，分工负责推进相关工作；要加强对生活垃圾强制分类实施情况的监督检查和工作考核，向社会公布考核结果，对不按要求进行分类的依法予以处罚。

（二）健全法律法规

加快完善生活垃圾分类方面的法律制度，推动相关城市出台地方性法规、规章，明确生活垃圾强制分类要求，依法推进生活垃圾强制分类。发布生活垃圾分类指导目录。完善生活垃圾分类及站点建设相关标准。

（三）完善支持政策

按照污染者付费原则，完善垃圾处理收费制度。发挥中央基建投资引导带动作用，采取投资补助、贷款贴息等方式，支持相关城市建设生活垃圾分类收运处理设施。严格落实国家对资源综合利用的税收优惠政策。地方财政应对垃圾分类收运处理系统的建设运行予以支持。

（四）创新体制机制

鼓励社会资本参与生活垃圾分类收集、运输和处理。积极探索特许经营、承包经营、租赁经营等方式，通过公开招标引入专业化服务公司。加快城市智慧环卫系统研发和建设，通过"互联网＋"等模式促进垃圾分类回收系统线上平台与线下物流实体相结合。逐步将生活垃圾强制分类主体纳入环境信用体系。推动建设一批以企业为主导的生活垃圾资源化产业技术创新战略联盟及技术研发基地，提升分类回收和处理水平。通过建立居民"绿色账户""环保档案"等方式，对正确分类投放垃圾的居民给予可兑换积分奖励。探索"社工＋志愿者"等模式，推动企业和社会组织开展垃圾分类服务。

（五）动员社会参与

树立垃圾分类、人人有责的环保理念，积极开展多种形式的宣传教育，普及垃圾分类知识，引导公众从身边做起、从点滴做起。强化国民教育，着力提高全体学生的垃圾分类和资源环境意识。加快生活垃圾分类示范教育基地建设，开展垃圾分类收集专业知识和技能培训。建立垃圾分类督导员及志愿者队伍，引导公众分类投放。充分发挥新闻媒体的作用，报道垃圾分类工作实施情况和典型经验，形成良好社会舆论氛围。

第三部分　大学生参与生活垃圾分类情况调查问卷

问卷（一）

（本问卷只为做研究使用，不涉及个人隐私，请您放心作答。谢谢您的配合！）

学校□　　学院□　　年级□　　专业□　　性别□　　籍贯□

1. 你关注生活垃圾分类问题吗？（　　　）

　　A. 经常关注　　　　　　B. 偶尔关注　　　　　　C. 从未关注

2. 你是通过何种渠道关注生活垃圾分类问题的？（　　　）

　　A. 网络　　　　　　　　B. 电视　　　　　　　　C. 报纸

3. 你认为生活垃圾分类问题与自己的责任大吗？（　　　）

　　A. 大　　　　　　　　　B. 不大　　　　　　　　C. 无关

4. 你所在的学校开展过生活垃圾分类的讲座吗？（　　）

　　A. 开展过一次　　　　　　B. 开展过三次以上　　　　C. 从未开展过

5. 你会阻止别人混合投放生活垃圾吗？（　　）

　　A. 会　　　　　　　　　　B. 不会　　　　　　　　　　C. 与自己无关

6. 你认为在全国范围内大力倡导公众进行生活垃圾分类有必要吗？（　　）

　　A. 有必要　　　　　　　　B. 没有必要　　　　　　　　C. 可有可无

7. 你愿意通过以下哪种渠道参与生活垃圾分类？（　　）

　　A. 讲座　　　　　　　　　B. 听证会　　　　　　　　　C. 展板

8. 当受到环境侵害时，你会到地方环保部门投诉、向政府反映吗？（　　）

　　A. 会　　　　　　　　　　B. 不会　　　　　　　　　　C. 偶尔

9. 你参加过有关生态环境的报告会、研究会吗？（　　）

　　A. 经常　　　　　　　　　B. 偶尔　　　　　　　　　　C. 从未

10. 你会为环境保护行为进行捐赠？（　　）

　　A. 会　　　　　　　　　　B. 不会　　　　　　　　　　C. 也许会

11. 你参加过环境教育学习培训吗？（　　）

　　A. 有　　　　　　　　　　B. 偶尔接触　　　　　　　　C. 从未学习过

12. 你对生活垃圾分类知识了解多少？（　　）

　　A. 很多　　　　　　　　　B. 仅限表面　　　　　　　　C. 不了解

13. 你会去主动学习生活垃圾分类方面的知识吗？（　　）

　　A. 会　　　　　　　　　　B. 不会　　　　　　　　　　C. 也许会

14. 你认为学习生活垃圾分类知识的最好形式是？（　　）

　　A. 渗透在不同课程中　　　B. 开设专业选修课　　　　　C. 组织参观

15. 你认为是否有必要加强生活垃圾分类专业知识的普及教育？（　　）

　　A. 很有必要　　　　　　　B. 不必要　　　　　　　　　C. 可有可无

问卷（二）

（本问卷只为做研究使用，不涉及个人隐私，请您放心作答。谢谢您的配合！）

　　学校□　　学院□　　年级□　　专业□　　性别□　　籍贯□

1. 2018 年 11 月 7 日，习近平总书记在考察上海虹口区市民驿站嘉兴路第一分站时指出，垃圾分类工作就是（　　　　　　　　　），如今，你不懂得垃圾分类，你就不懂得新时尚。

2. 五大发展理念是指创新、协调、（　　　　）、（　　　　）、（　　　　）。

3. 看得见山，望不见水，记得住（　　　　　　　　　）。

4. 绿水青山就是（　　　　　　　　）。

5. 党的十九届四中全会（　　）垃圾分类。

6. 1996 年池州成为中国第一个（　　　　　　），21 世纪议程（
　　　　　　），2014 年池州成为全国（　　　　）海绵城市。

7. 2000 年全国 8 个城市作为垃圾分类试点城市。2017 年 3 月，国务院办公厅转发国家发改委、住建部通知，确定全国（　　　　）个城市作为垃圾分类强制试点城市。

8. 你校现有在校生（　　）人。你判断每日产生的生活垃圾量为（　　）吨，主要的垃圾有塑料垃圾、（　　　　）、（　　　　）等几种。

9. 你对校园卫生状况是满意（　　）或基本满意（　　）或不满意（　　）。你对食堂卫生状况是满意（　　）或基本满意（　　）或不满意（　　）。你对所在宿舍卫生状况是满意（　　）或基本满意（　　）或不满意（　　）。你对校园教室环境状况是满意（　　）或基本满意（　　）或不满意（　　）。

10. 垃圾不分类的坏处有哪些？（　　　　　　　）。

11. 垃圾分类的好处有哪些？（　　　　　　　）。

12. 2019 年 7 月 1 日，（　　　　　　）作为全国第一个强制进行生活垃圾分类的城市。

13. 统计显示，每年全世界大约产生（　　　　　）城市固体废弃物，这些垃圾足以填满（　　　　　）个标准尺寸泳池。从 1950 年至今，人类大约创造了（　　　　）吨塑料垃圾，塑料垃圾已经成为气候变化的主要原因，也逐渐成为环境的"致命杀手"。全世界每年会产生（　　　）吨垃圾，我国占（　　　）吨，垃圾年增长率超过（　　　）。

14. 我们在享受城市便捷与高效时，可能很少有人关注人口不断增长带来的垃圾问题。你关心过你城市每天产生多少垃圾吗？（　　　　　）你关心这些垃圾去哪儿了吗？（　　　　　）

15. 你校的生活垃圾箱将垃圾分为（　　　　　）、（　　　　　）、（　　　　　）。

16. 你对当前你校垃圾分类存在的问题主要原因是(可多选，打"√")：

　　1. 宣传不够（　　　）

　　2. 分类技术落后（　　　）

　　3. 缺乏系统的规章制度保障（　　　）

　　4. 设施不完善（　　　）

　　5. 其他（　　　）

17. 你对生活垃圾分类知识了解程度：

　　1. 很了解（　　　）

　　2. 基本了解（　　　）

　　3. 不清楚（　　　）

18. 你对生活垃圾处理方式：

    1. 整袋处理(   )

    2. 简单分类后处理(   )

    3. 将不同垃圾分开处理(   )

主要参考文献

［1］ 马克思.1844 年经济学哲学手稿［M］.北京：人民出版社,2008.

［2］ 毛泽东.毛泽东选集(第1—4卷)［M］.北京：人民出版社,1991.

［3］ 习近平.习近平谈治国理政［M］.北京：外文出版社,2014.

［4］ 习近平.习近平谈治国理政：第二卷［M］.北京：外文出版社,2017.

［5］ 马瑟里.垃圾历史书［M］.王金霄,文铮,译.北京：北京联合出版公司,2018.

［6］ 拉什杰,默菲.垃圾之歌：垃圾的考古学研究［M］.北京：中国社会科学出版社,1999.

［7］ 芒福德.城市发展史：起源、演变和前景［M］.宋俊岭,倪文彦,译.北京：中国建筑工业出版社,2005.

［8］ 帕克尔.环境危机：垃圾与回收利用［M］.张晓欣,译.北京：科学普及出版社,2009.

［9］ 明特.废物星球：从中国到世界的天价垃圾贸易之旅［M］.重庆：重庆出版社,2015.

［10］ 廖泉文.人力资源管理［M］.北京：高等教育出版社,2018.

［11］ 王延寿.逐梦之思——一位挂职干部的知行感悟［M］.北京：党建读物出版社,2017.

［12］ 本书编写组.上海市生活垃圾分类知识读本(小学生版)［M］.华东师范大学出版社,2018.

［13］ 本书编写组.上海市生活垃圾分类知识读本(中学生版)［M］.华东师范大学出版社,2018.

［14］ 余谋昌.生态文明论［M］.北京：中央编译出版社,2010.

［15］ 孙道进.马克思主义环境哲学研究［M］.北京：人民出版社,2008.

［16］ 崔凤,陈涛.中国环境社会学［M］.北京：社会科学文献出版社,2014.

［17］ 陈亮.人与环境［M］.北京：中国环境出版社,2018.

［18］ 秦海波.环境治理研究：以社会—生态系统为框架［M］.北京：社会科学文献出版社,2018.

［19］　钟其.中外环境公共治理比较研究［M］.北京：中国环境出版社，2015.

［20］　张云飞.开创社会主义生态文明新时代［M］.北京：中国人民出版社，2017.

［21］　王丽萍.中国环境管理的理论与实践研究［M］.北京：中国纺织出版社，2018.

［22］　陆浩，李干杰.中国环境保护形势与对策［M］.北京：中国环境出版集团，2018.

［23］　夏光，李丽平.国外生态环境保护经验与启示［M］.北京：社会科学文献出版社，2017.

［24］　李艳芳.公众参与环境影响评价制度研究［M］.北京：中国人民大学出版社，2004.

［25］　董阳.环境监管中的"数字减排"困局及其成因机理研究［M］.北京：经济管理出版社，2018.

［26］　卡普拉，雷纳克.绿色政治：全球的希望［M］.北京：东方出版社，1988.

［27］　莫尔特曼.创造中的上帝：生态的创造论［M］.北京：三联书店出版社，2002.

［28］　奥康纳.自然的理由：生态学马克思主义研究［M］.南京：南京大学出版社，2003.

［29］　南川秀树，崎雄太.日本环境问题改善与经验［M］.北京：社会科学文献出版社，2017.

［30］　北京市环境卫生科学研究所.国外城市废弃物处理：第一集［M］.北京：中国环境科学出版社，1989.

［31］　王蓉，王仲怀，周训芳.《里约宣言》与中国的湿地环境管理［J］.中南林业科技大学学报，2012(12).

［32］　刘君.绿色发展对我国经济与就业问题的影响［J］.工会信息，2017(6).

［33］　张飚.提升基层社会治理水平的"黄梅样本"［J］.人民法治，2018(14).

［34］　任希珍.绿色转型发展与环境治理研究［J］.企业改革与管理，2016(22).

［35］　董杰.新时代我国绿色社区的建设与完善［J］.治理现代化研究，2018(1).

［36］　马鹏.生态学马克思主义中国化探究［J］.经济师，2016(4).

［37］　晋海.基本法模式：我国环境立法的理性选择［J］.江淮论坛，2007(5).

［38］　张福东，姜威.产业环保化、环境产业化与生态文明建设［J］.青海社会科学，2013(5).

［39］　陈荣，张玉婕，刘强等.城市生活垃圾发酵恶臭及生物法应用研究［J］.环境卫生工程，2008(6).

［40］　黄舒慧.上海生活垃圾清运量数据分析及预测［J］.环境卫生工程，2013(5).

[41] 杜倩倩,宋国君,马本等.台北市生活垃圾管理经验及启示[J].环境污染与防治,2014(12).

[42] 胡倩雨,陈超,黄盈盈等.上海市城市社区推行垃圾分类存在的问题及其改进措施[J].绿色科技,2013(3).

[43] 贾悦,董晓丹,夏苏湘等.上海市分类垃圾理化特性分析及处置方式探讨[J].绿色科技,2013(8).

[44] 蒋琥.上海市生活垃圾内河集装化转运信息化系统的研究与实现[J].环境卫生工程,2013(2).

[45] 郭娟,贺文智,吴文庆等.物联网技术在城市生活垃圾收运系统中的应用[J].环境保护科学,2013(1).

[46] 张佳梅.从法制来看日本的生活垃圾处理[J].科技创业月刊,2011(17).

[47] 陈秀珍.德国城市生活垃圾管理经验及借鉴[J].特区实践与理论,2012(4).

[48] 张义红.德国生活垃圾分类对我国大学城垃圾资源处理的启示[J].改革与开放,2015(17).

[49] 夏旻,邰俊,余召辉.上海市分类后家庭厨余垃圾理化特性分析[J].安徽农业科学,2015(7).

[50] 陈展,张以晖,林逢春等.上海市垃圾生化处理机现状调研[J].环境卫生工程,2014(1).

[51] 贾凡,陈海滨,汪洋.特许经营模式在垃圾转运项目中的应用研究[J].环境卫生工程,2013(1).

[52] 于君博,林丽.我国城市生活垃圾分类治理模式的交易成本分析[J].中州学刊,2019(10).

[53] 钱坤.从激励性到强制性:城市社区垃圾分类的实践模式、逻辑转换与实现路径[J].华东理工大学学报(社会科学版),2019(5).

[54] 罗楠.上海生活垃圾分类治理模式探索[J].城乡建设,2019(8).

高等教育出版社

教学资源索取单

尊敬的老师：

您好！

感谢您使用**王延寿、陆安静**主编的《**生活垃圾分类治理十二讲**》。为便于教学，本书另配有课程相关教学资源，如贵校已选用了本书，您只要添加服务 QQ 号 800078148，或者把下表中的相关信息以电子邮件或邮寄方式发至我社即可免费获得。

我们的联系方式：

联系电话：(021) 56718921/56718739　　　　电子邮箱：800078148@b.qq.com

服务 **QQ**：800078148（教学资源）　　高教社经济类教师交流群（**QQ** 群）：247459712

地址：上海市虹口区宝山路 848 号　　　　邮编：200081

姓　　名		性别		出生年月		专　　业	
学　　校			学院、系			教 研 室	
学校地址					邮　　编		
职　　务			职　　称			办公电话	
E-mail					手　　机		
通信地址					邮　　编		
本书使用情况	用于_____学时教学，每学年使用_____册。						

您对本书有什么意见和建议？

您还希望从我社获得哪些服务？

☐ 教师培训　　　　☐ 教学研讨活动

☐ 寄送样书　　　　☐ 相关图书出版信息

☐ 其他_____